普通高等院校计算机基础教育“十四五”规划教材

计算机应用实践教程

何士产　俞伟广◎主　编
吕光金◎副主编

中国铁道出版社有限公司
CHINA RAILWAY PUBLISHING HOUSE CO., LTD.

内 容 简 介

本书着重于计算机应用的实践操作，重点介绍了办公自动化软件 Office 2019、多媒体技术应用和信息技术应用等。

本书内容涵盖全国高等学校计算机等级考试办公软件应用的二级考试内容，可单独作为高等学校计算机应用基础课程和习题练习及上机指导教材，目的在于辅助读者更好地理解基本理论知识，指导读者完成教学实践环节，完成从理论到实践并最终熟练应用的学习过程。

本书适合作为高等学校计算机应用基础的教材，也可作为高等学校计算机等级考试的学习参考资料。

图书在版编目（CIP）数据

计算机应用实践教程/何士产，俞伟广主编. —北京：中国铁道出版社有限公司，2021.9（2024.8重印）

普通高等院校计算机基础教育“十四五”规划教材

ISBN 978-7-113-28181-6

Ⅰ.①计… Ⅱ.①何… ②俞… Ⅲ.①电子计算机-高等学校-教材 Ⅳ.①TP3

中国版本图书馆 CIP 数据核字(2021)第 144970 号

书　　名：计算机应用实践教程

作　　者：何士产　俞伟广

策　　划：侯　伟　　　　**编辑部电话：**（010）51873135

责任编辑：汪　敏　李学敏

封面设计：刘　颖

封面制作：刘　莎

责任校对：苗　丹

责任印制：樊启鹏

出版发行：中国铁道出版社有限公司（100054，北京市西城区右安门西街 8 号）

网　　址：https://www.tdpress.com/51eds/

印　　刷：三河市宏盛印务有限公司

版　　次：2021 年 9 月第 1 版　2024 年 8 月第 4 次印刷

开　　本：787 mm×1 092 mm 1/16　**印张：**17.25　**字数：**407 千

书　　号：ISBN 978-7-113-28181-6

定　　价：49.80 元

前　言

随着计算机科学技术、网络技术和多媒体技术的飞速发展，计算机在各个方面的应用日益普及，已成为人们提高工作质量和工作效率的必备工具；同时随着计算机技术的不断更新，更需要与时俱进，向学生传授最新知识。

我们在多年的教学实践中深感学生要掌握好所学的知识，除了教师的知识传授外，还需要一本好的辅导教材，帮助学生总结各章的学习要点、掌握各章的知识结构，以及通过大量有针对性的上机习题和课后练习题巩固所学知识。为了满足高等院校计算机基础教育系列课程的教学需要，适应智能时代计算机课程教学改革的要求，我们根据高等院校《大学计算机基础课程教学基本要求》以及在教学实践中积累的经验，编写了本书。

本书着重于计算机应用的实践操作，重点介绍了办公自动化软件 Office 2019、多媒体技术应用和信息技术应用等。

全书包括 7 章，分别是 Word 2019 高级应用、Excel 2019 高级应用、PowerPoint 2019 高级应用、图像处理软件 Adobe Photoshop CS、信息技术应用、信息处理综合案例和 MS Office 二级高级应用模拟题。本书编写的目的在于辅助读者更好地理解信息技术基本理论知识，指导读者完成教学实践环节，完成从理论到实践并最终熟练应用的学习过程。

本书面向教学过程，内容全面、习题丰富、实践性强，力求概念清楚、层次清晰、内容新颖、结构完整，强调基本理论的学习和扩展应用，注重理论知识与实际应用的紧密结合，使大学教育课程始终能够跟上信息技术的发展水平。本书可以作为《计算机应用》配套的习题与实验指导教材。

本书由何士产、俞伟广任主编，吕光金任副主编，参加编写的人员有芮廷先、章露萍等，全书由何士产统稿，由芮廷先主审。

衷心感谢帮助和关心本书出版的所有朋友和工作人员。由于编者水平有限，加之时间仓促，书中难免存在疏漏和不足之处，恳请广大读者和同行批评指正。

编　者

2021 年 4 月

目 录

第1章 Word 2019高级应用

作为 Microsoft 公司最新的办公软件，Office 2019 必须在 Windows 10 操作系统上运行，其流畅度十分出色。

Word 2019 是 Microsoft 公司的一个文字处理应用程序，是 Office 2019 的重要组件之一。Word 2019 旨在提供最好的文档格式设置工具，利用它可以更轻松、更高效地组织和编写文档。

1.1 Word 2019 的基本界面

学习一个软件或者工具，比较好的方法是掌握最基础的概念，了解常用的基本功能，熟悉软件界面，然后通过大量的练习来拓展此软件的其他知识和功能，并达到精通使用软件的地步。

Word 2019 的软件界面如图 1-1 所示。其中，功能区中每两根竖线间的区域称为分组，表示某一类功能的集合。如“字体”分组中各个功能按钮都是“字体”这个概念的属性，用来设置不同的字体格式。

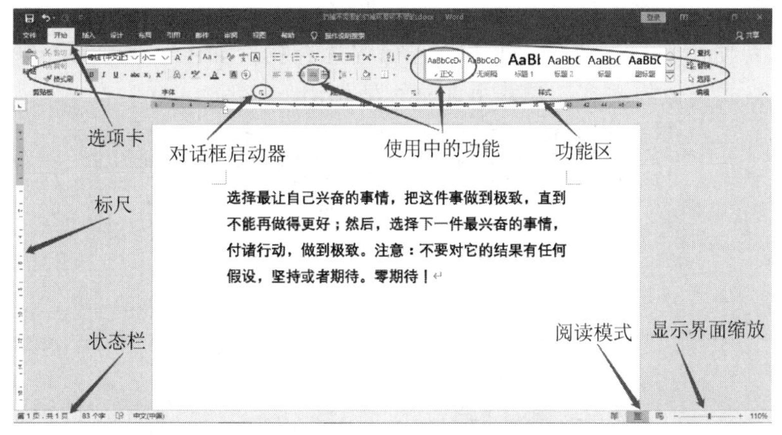

图 1-1　Word 2019 的软件界面

1.2　Word 2019 的常用功能

Word 2019 是非常强大的工具，包含很多功能，本书作为实践指导就不一一详细列出，只简单介绍一些基本功能和部分 Word 高级应用中常见的功能。各个功能的具体应用在后续小节的实例练习中熟悉掌握。

在“开始”选项卡中的基本功能有：字体，段落，编辑等。可以在编辑时右击，打开“字体”或“段落”的功能对话框，也可以通过单击字体或段落分组的对话框启动器打开，如图 1-2 所示。

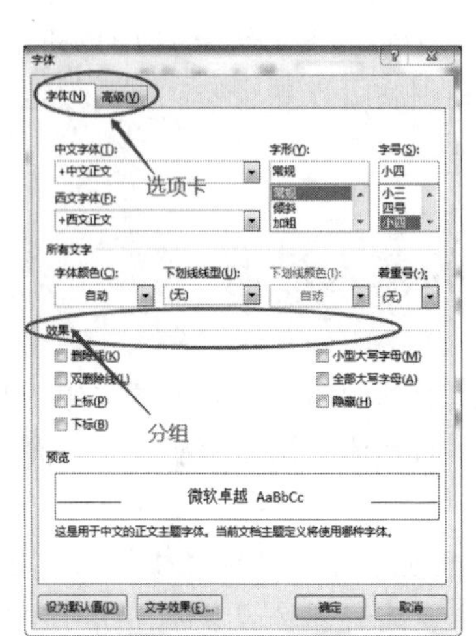

图 1-2　“字体”对话框和“段落”对话框

在“编辑”组中，除了打开“查找”对话框之外，还可以通过选中文字然后单击“查找”按钮（或者使用快捷键【Ctrl+F】），进行快速查找，如图 1-3 所示。另外，“选择”→“选定所有格式类似的文本”功能也非常方便好用。

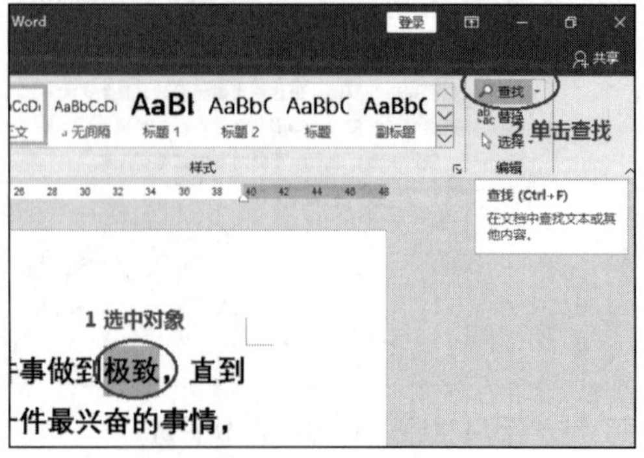

图 1-3　快捷查找

“文件”选项卡用来新建、保存、打印文件等，还可以新建各种常用模板、设置密码、设置文件属性等。

“插入”选项卡用来插入各种图形、表格、公式、艺术字、多媒体等元素。

“设计”选项卡用来设置 Word 文档的主题及其相关属性如字体、颜色、间距等，也可以设置页面背景。

“布局”选项卡用来设置纸张的相关属性，以及页面的排版。

“引用”选项卡用来设置目录、索引、引文、题注、脚注、尾注等。

“视图”选项卡用来设置不同的阅读模式、导航窗格等，比较实用。

1.2.1　样式

样式是一组已命名的格式组合。使用各种样式对 Word 文字进行排版。“开始”选项卡→“样式”组列出了常用的和已经应用过的样式，如图 1-4 所示；也可以单击“样式”组右下角的对话框启动器，打开“样式”任务窗格，如图 1-5 所示。

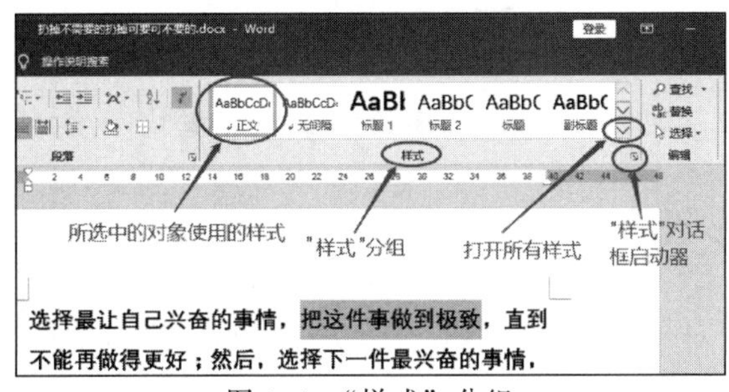

图 1-4　“样式”分组

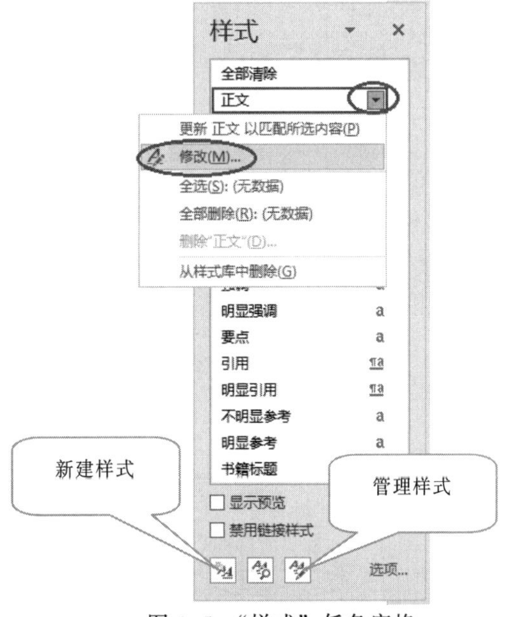

图 1-5　“样式”任务窗格

单击图 1–5 的“正文”样式，在弹出的快捷菜单中选择“修改”命令，弹出“修改样式”对话框，可以修改该样式的具体格式，如样式名称、字体、段落等，如图 1–6 所示，也可以新建样式、管理样式等。

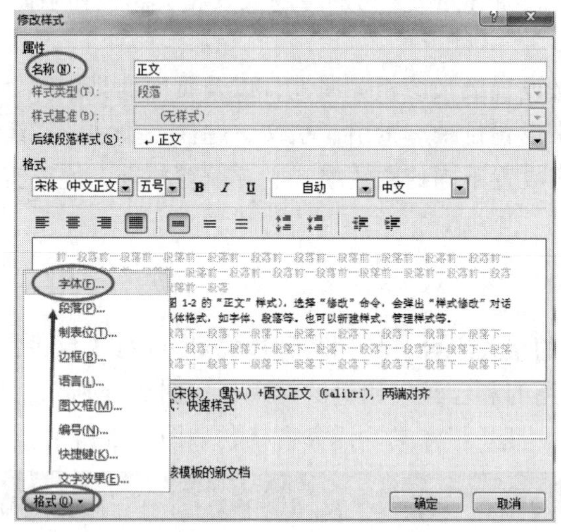

图 1–6 “修改样式”对话框

1.2.2 多级列表（多级符号）

多级列表一般用于对文章的章、小节进行关联编号，很多书籍、毕业论文等，都使用此功能进行章节编号。

一般设置章为“级别 1”并关联“标题 1”样式，小节为“级别 2”并关联“标题 2”样式，依此类推。

单击“开始”→“段落”→“多级列表”按钮，可以在列表库中选择预置的多级列表，或自定义新的多级列表，如图 1–7 所示。

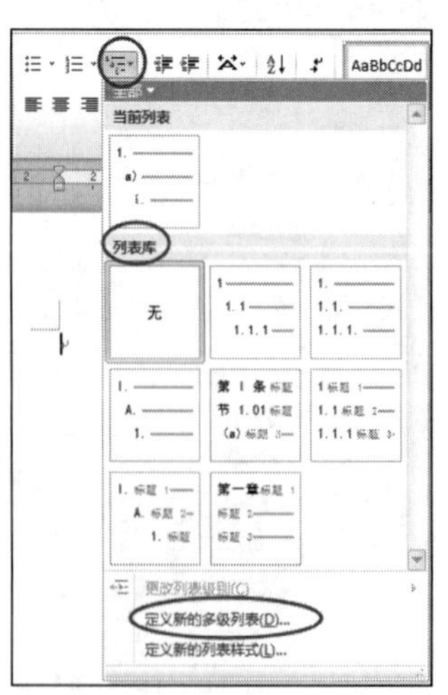

图 1–7 多级列表

1.2.3　域

Word 里面的域是指可能发生变化的数据，可以理解为通过鼠标单击就可以自动生成的不需要键盘输入的数据，是可以自动更新的数据。

单击“插入”→“文本”→“文档部件”→“域”命令，打开“域”对话框，如图 1–8 所示。按概念从大到小分别是“类别”“域名”“域属性”，先选择域的“类别”，可以更快捷地找到目标“域”。“域名”里的每一个具体域名都有对应的中文说明。

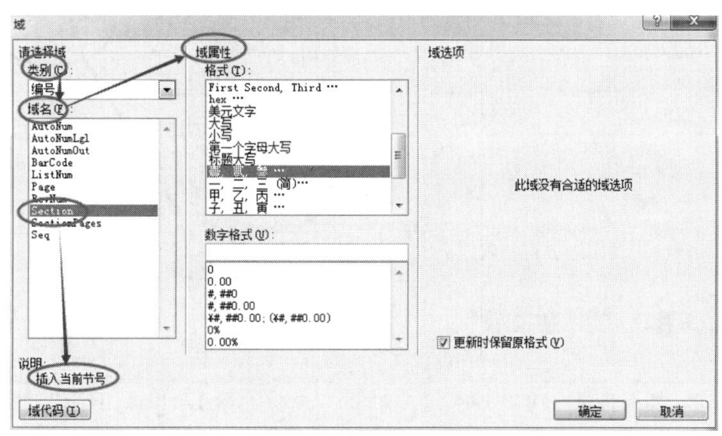

图 1–8　“域”对话框

1.2.4　分节符

节，是一篇文档版面设计的最小的有效单位，即文档的页面设置、页眉页脚等是以“节”为单位的，也就是说同一节内的几个页面，其页面大小相同、页眉页脚相同，等等。

单击“布局”→“页面设置”→“分隔符”→“分节符”命令，可以在文档中插入相应的分节符，如图 1–9 所示。

通常使用“下一页”分节符对文章进行分节。特殊时候，如需要插入新的一节，新插入节的页码要求从奇数页开始，则使用“奇数页”分节符。

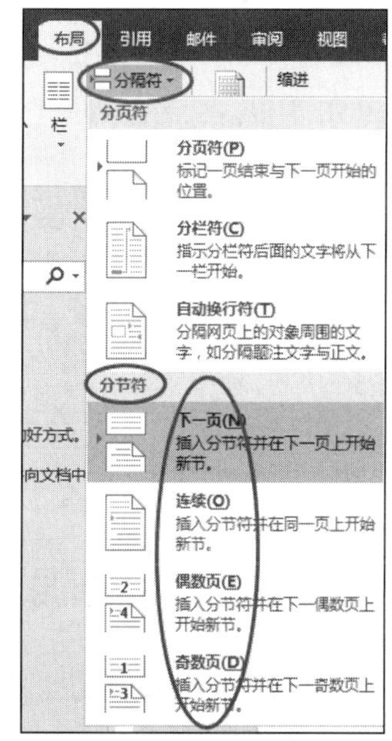

图 1–9　分节符

1.2.5　目录、图/表目录（索引）

单击“引用”→“目录”→“目录”→“自定义目录”命令，打开“目录”对话框设置，如图 1–10 所示。

也可以使用某个内置的自动目录生成文章的目录，但内置目录往往格式上不能满足题目的要求，一般建议使用“自定义目录”命令。“目录”对话框如图 1–11 所示。

单击“引用”→“题注”→“插入表目录”按钮，可以插入图目录/表目录（又称图索引/表索引），弹出对话框如图 1-12 所示。

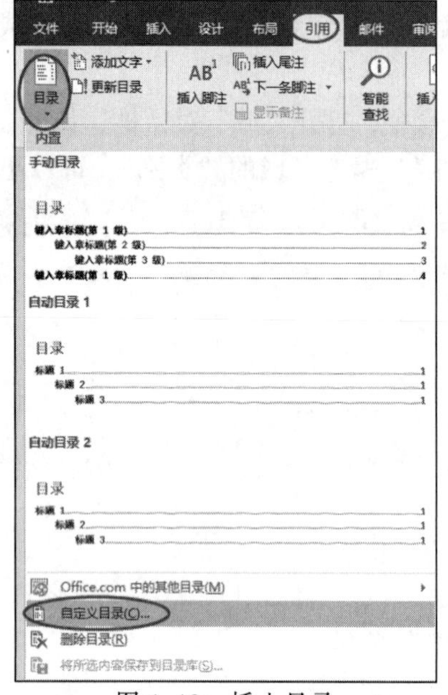

图 1-10　插入目录

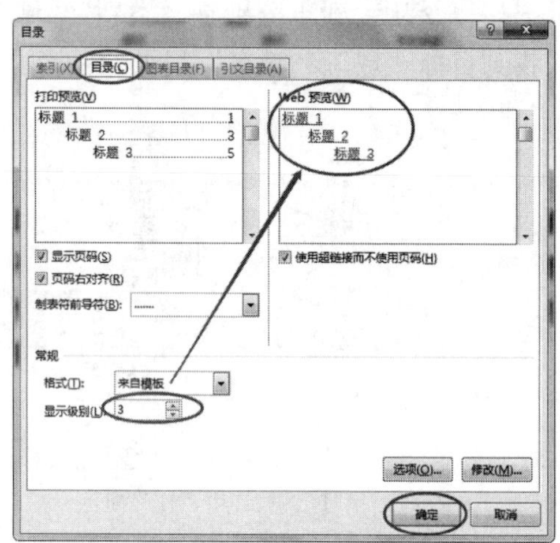

图 1-11　“目录”对话框

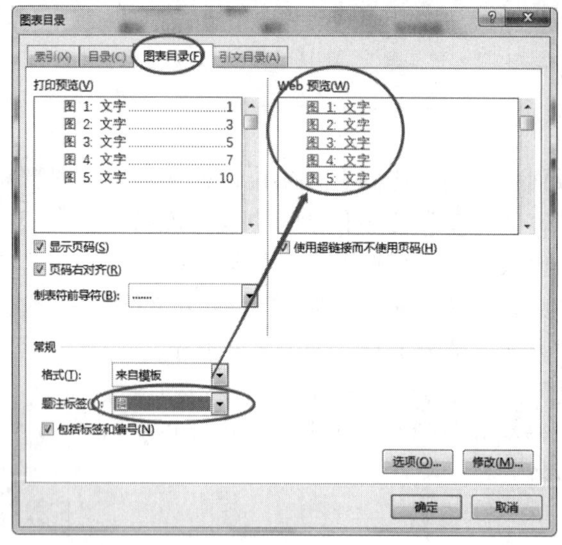

图 1-12　“图表目录”对话框

1.2.6　题注和交叉引用

“题注”的作用是为文档中的图片、表格、公式、脚（尾）注等添加题目名称，由标签和编号组成。“题注”往往和“交叉引用”关联使用。

单击“引用”→“题注”→“插入题注”按钮，打开“题注”对话框，如图 1-13 所示。

单击“引用”→“题注”→“交叉引用”按钮，打开“交叉引用”对话框，如图 1–14 所示。使用交叉引用，既方便阅读，又方便管理图（表）的编号。

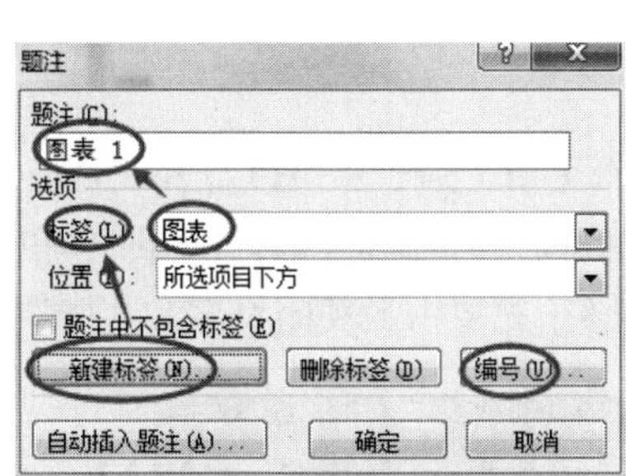

图 1–13 “题注”对话框

图 1–14 “交叉引用”对话框

1.2.7 邮件合并

“邮件合并”功能可以将 Excel 表格文件（数据源文件）中的数据以“域”的方式加入到 Word 文档相应的位置，合并时一一生成 Word 页面或一一发送电子邮件等。可以使用邮件合并功能，同时生成班级里每个人的成绩单，或同时给公司每个员工发邮件等。

邮件合并功能在“邮件”选项卡中设置，如图 1–15 所示。

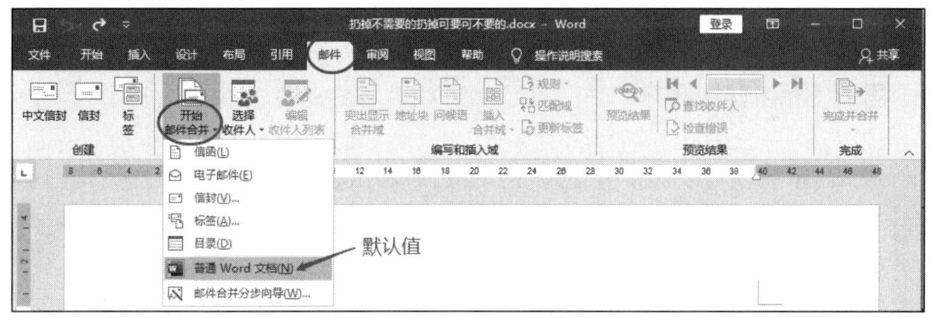

图 1–15 “邮件合并”功能

1.2.8 大纲视图（主控文档、子文档）

视图，是一种界面显示的方式。大纲视图，是表达文件和文件之间级联的界面。例如主控文档和子文档之间，就需要用到大纲视图。

单击“视图”→“文档视图”→“大纲视图”按钮，会自动切换到“大纲显示”选项卡，在“主控文档”分组可以创建或插入子文档，如图 1–16 所示。

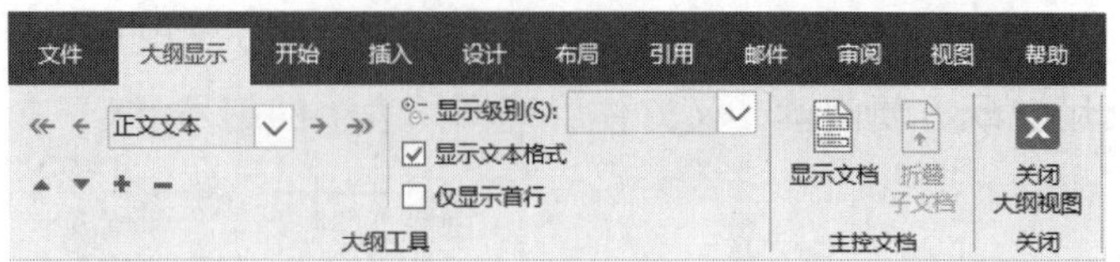

图 1-16 “主控文档”组

1.2.9 页眉页脚

单击“插入”→“页眉和页脚”→“页眉”→“编辑页眉”命令，可以打开“页眉和页脚工具-设计”选项卡，进入页眉和页脚的编辑状态，编辑页眉和页脚的内容，如图 1-17 所示。此时编辑的所有内容都属于页眉，如果想编辑正文，则必须先单击“关闭页眉和页脚”按钮。

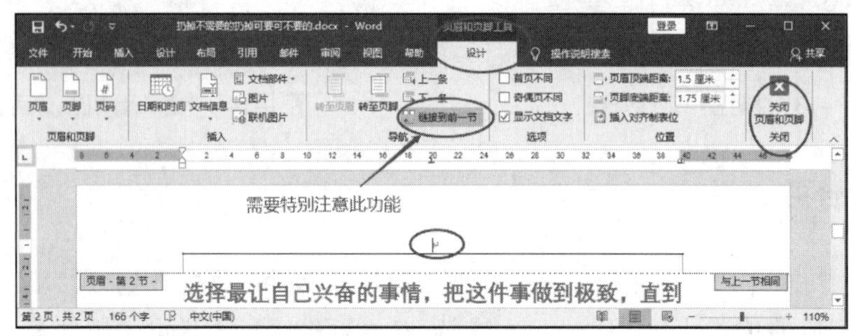

图 1-17 编辑页眉和页脚

特别注意：在 1.2.4 小节曾提到，页眉页脚是以“节”为单位进行设置的，如果不同页面想要输入不同的页眉，则各页面间必须用分节符来间隔。

1.2.10 插入 SmartArt 图

使用 SmartArt 图，可以非常方便地在 Word 中画出多种流程图、层次结构图、关系图等。单击“插入”→“插图”→“SmartArt”按钮可以打开“选择 SmartArt 图形”对话框，如图 1-18 所示。然后可以对 SmartArt 图形进行编辑，如编辑文字、增减数量、改变顺序等，如图 1-19 所示。

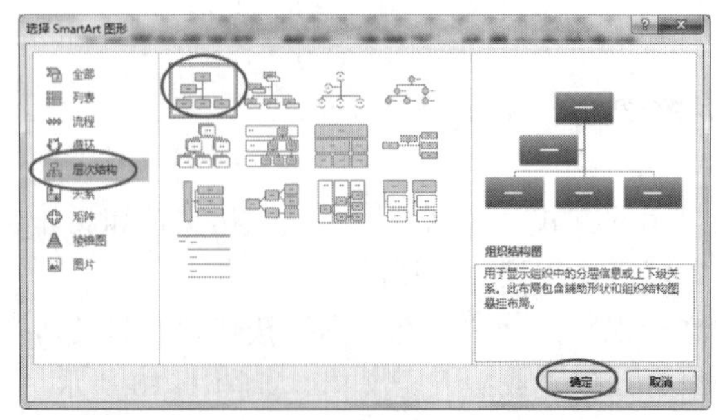

图 1-18 “选择 SmartArt 图形”对话框

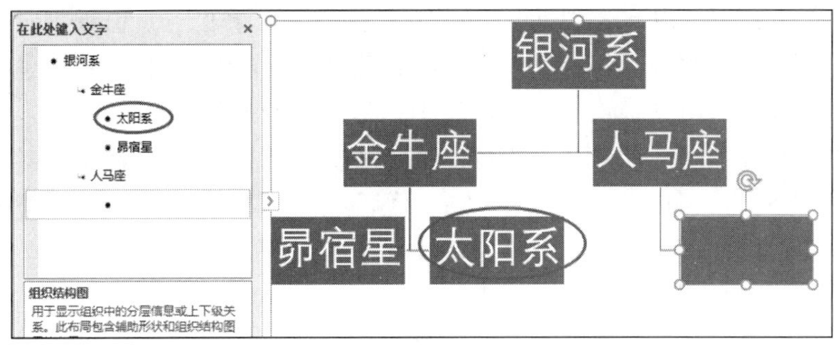

图 1-19　编辑 SmartArt 图

1.2.11　格式刷和导航窗格

选中某个对象（一个或多个文字、段落等），单击“开始”→“剪贴板”→“格式刷”按钮，然后用鼠标选中需要应用该格式的对象即可。如果双击“格式刷”按钮，则可以无限次使用该功能。

单击“视图”→“显示”→“导航窗格”复选框打开“导航”窗格，如图 1-20 所示。“导航”窗格可以理解为是文章的“目录”，通过“导航”窗格可以迅速定位到相应的位置，也可以快速搜索想要的文字。

格式刷和“导航”窗格，是非常方便、高效的工具。

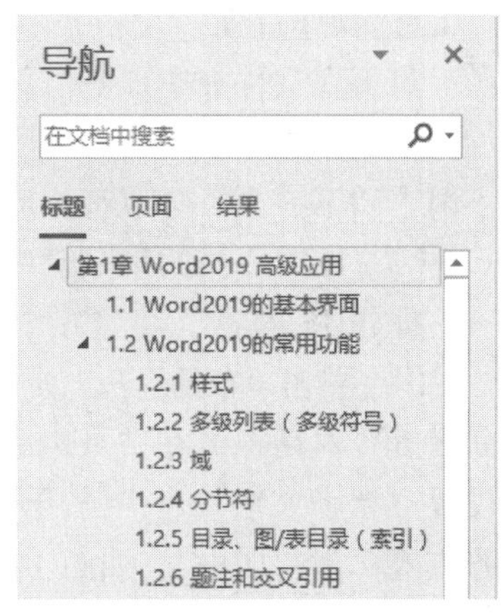

图 1-20　“导航”窗格

1.3　Word 单项操作

Word 单项操作，侧重对 Word 单个或几个功能模块的学习和实际应用，常使用本章 1.2 节里的功能。这里用题目的形式来练习和掌握相关功能，主要包括页面设置、自动索引、子文档、邮件合并、邀请函的制作等。

注意：新建文档“同理心.docx”，操作为：在文件夹空白处右击，选择“新建”→“Microsoft Word 文档”命令，在系统高亮显示的部分输入“同理心”即可。其中，“.docx”是文件的扩展名，该扩展名表示这是一个 Word 文档，不需要输入。

1.3.1　页面设置

1. 题目要求

在考生文件夹下，建立文档“法则.docx”，由三页组成。其中：

（1）第一页中第一行内容为“爱的法则”，样式为“标题 1”；页面垂直对齐方式为“居中”；页面方向为纵向、纸张大小为 16 开；页眉内容设置为“爱心”，居中显示；页脚内容为“Love”，居中显示。

（2）第二页中第一行内容为“业力法则”，样式为“标题 2”；页面垂直对齐方式为“顶端对齐”；页面方向为横向、纸张大小为 A4；页眉内容设置为“同理心”，居中显示；页脚内容为“Empathy”，居中显示；对该页面添加行号，起始编号为“1”。

（3）第三页中第一行内容为“吸引力法则”，样式为“正文”；页面垂直对齐方式为“底端对齐”；页面方向为纵向、纸张大小为 B5；页眉内容设置为“分享心”，居中显示；页脚内容为“Share”，居中显示。

2. 本小题涉及的概念

因为三个页面分别是不同纸张大小、不同页眉页脚，所以页面之间必须使用分节符。另外还涉及样式、页面设置等功能。

3. 操作过程

（1）在文件夹中，右击新建 Word 文档，并命名为“法则.docx”。

（2）单击“布局”→“页面设置”→“分隔符”→“分节符”→“下一页”命令，插入两个“下一页”分节符，此时 Word 文档总共有 3 张空白页。

（3）在第一页的第一行中输入“爱的法则”，选中这几个字，单击“开始”→“样式”→“标题 1”样式，将这几个字设为样式“标题 1”，如图 1-21 所示。

（4）单击“布局”→“页面设置”组右下角的对话框启动器，如图 1-22 所示，打开“页面设置”对话框。在“页边距”选项卡中设置“纸张方向”为“纵向”；“纸张”选项卡中设置“纸张大小”为“16 开”，如图 1-23（a）所示；“版式”选项卡中设置“页面垂直对齐方式”为“居中”，如图 1-23（b）所示。

图 1-21 设置样式

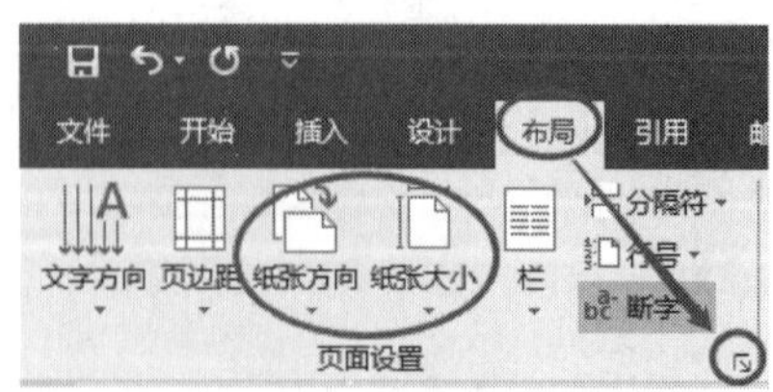

图 1-22 “页面设置”对话框启动器

对应功能如“纸张方向”“纸张大小”等，也可以在功能区里直接设置。

（5）按照题目要求，分别在第 2、3 张空白页中执行类似（3）（4）的操作。其中第 2 页中，还需要在“版式”选项卡中设置行号。

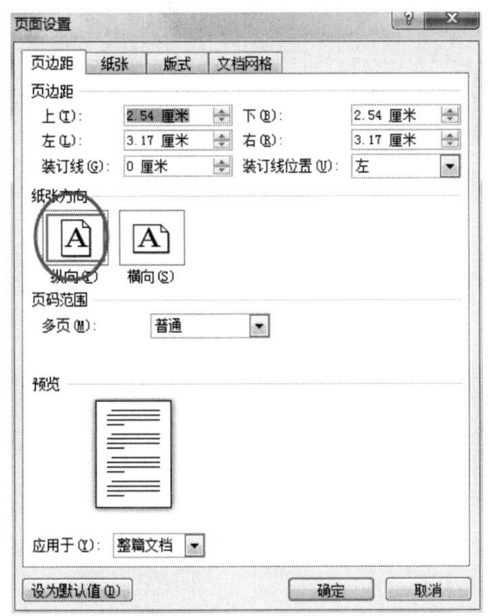

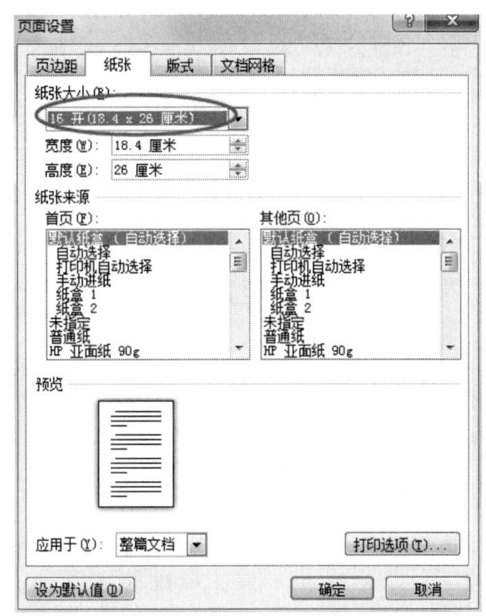

（a）设置纸张方向和纸张大小

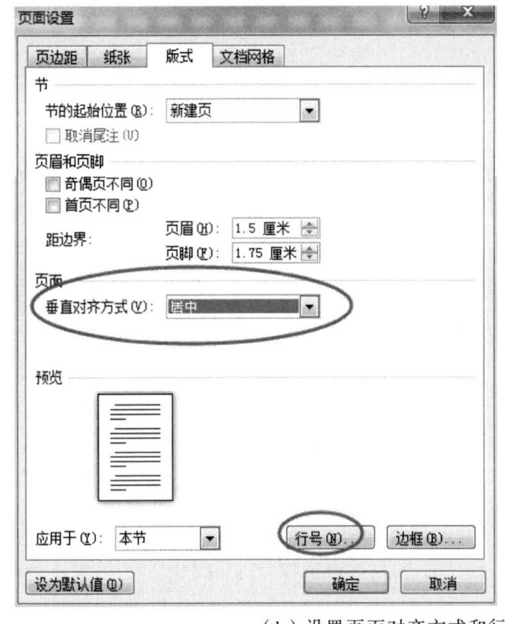

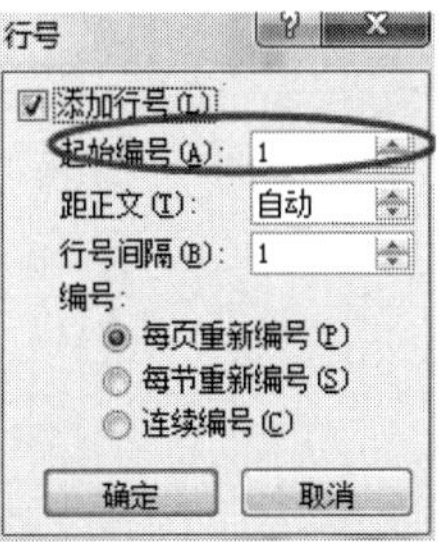

（b）设置页面对齐方式和行号

图 1–23　页面设置

（6）在第一页页眉中输入“爱心”，然后光标定位在第二页的页眉，单击“链接到前一条页眉”按钮，输入“同理心”，如图 1–24 所示。以同样的方法，完成其余页眉页脚的内容。

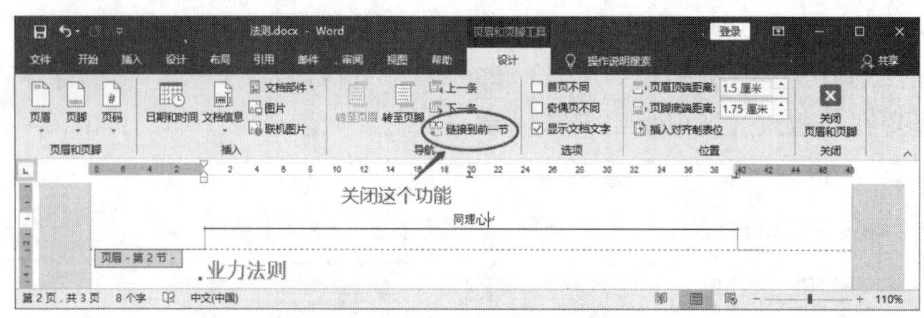

图 1-24　设置不同页眉页脚

（7）保存，关闭文档。

1.3.2　主控文档和子文档

1. 题目要求

在考生文件夹下，建立主控文档“Main.docx”，按序创建子文档“Sub1.docx”和“Sub2.docx”。其中：

（1）“Sub1.docx”中第一行内容为“E=MC^2”，第二行内容为“→”，第三行内容为“Ü”，样式均为正文，第四行使用域插入该文档的存储大小。

（2）“Sub2.docx”中第一行内容为“冥想开启智慧”，样式为正文，将该文字设置为书签（名为 Mark）；第二行为空白行；第三行插入书签 Mark 标记的文本。

2. 本小题涉及的概念

主控文档、子文档、特殊字符、域、书签。

3. 操作过程

（1）在文件夹中新建三个 Word 文档“Sub1.docx”、“Sub2.docx”和“Main.docx”。

（2）“Sub1.docx”的第一行需要用到字体功能（上标）；第二行的符号是输入法关闭的状态（英文状态）下的两个减号和一个大于号自动组合生成；第三行右击，“插入符号”功能，弹出对话框，如图 1-25 所示；第四行，使用域设置文档大小，对话框如图 1-26 所示（注意：此处答案不唯一，有多种设置方法），然后保存文件。

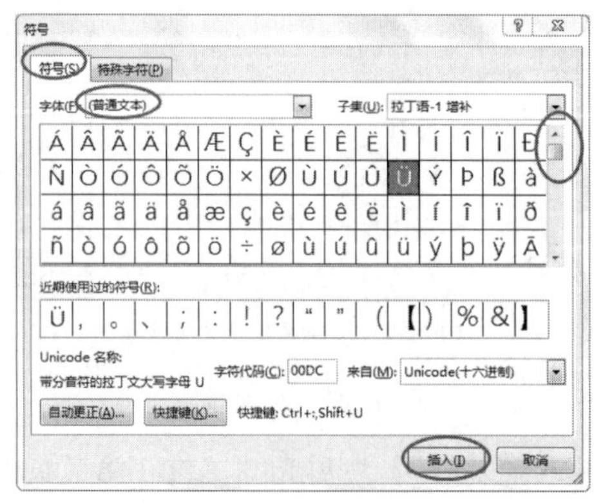

图 1-25　插入特殊符号

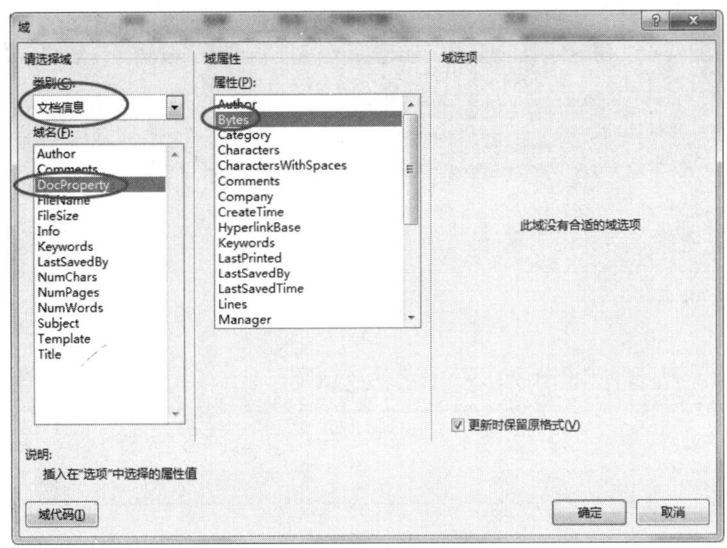

图 1-26　使用域设置文档大小

Sub1 文档的结果如图 1-27 所示。

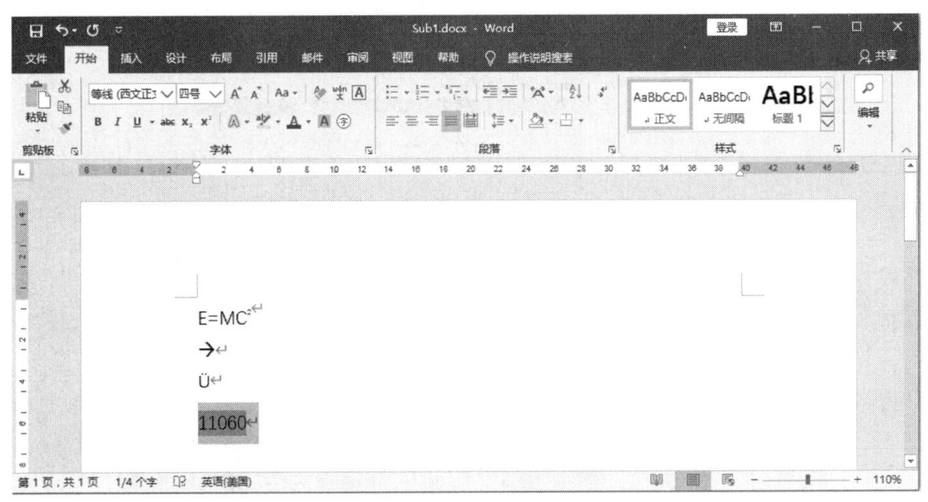

图 1-27　Sub1 文件完成图

（3）“Sub2.docx” 文件中，在第一行输入 “冥想开启智慧”。选中这几个字，单击 “插入” → “链接” → “书签” 按钮，打开 “书签” 对话框，添加书签，如图 1-28 所示。在第三行，使用 “交叉引用” 按钮（此功能在书签功能旁边）插入书签 Mark 标记的文本，如图 1-29 所示。保存文件。也可以使用 “域” 功能来插入书签 Mark 标记的文本，请读者自行思考。

（4）打开 “Main.docx” 文档，单击 “视图” → “视图” → “大纲”，进入大纲视图，在 “主控文档” 组插入子文档 “Sub1.docx” 和 “Sub2.docx”，如图 1-30 所示。保存文件。

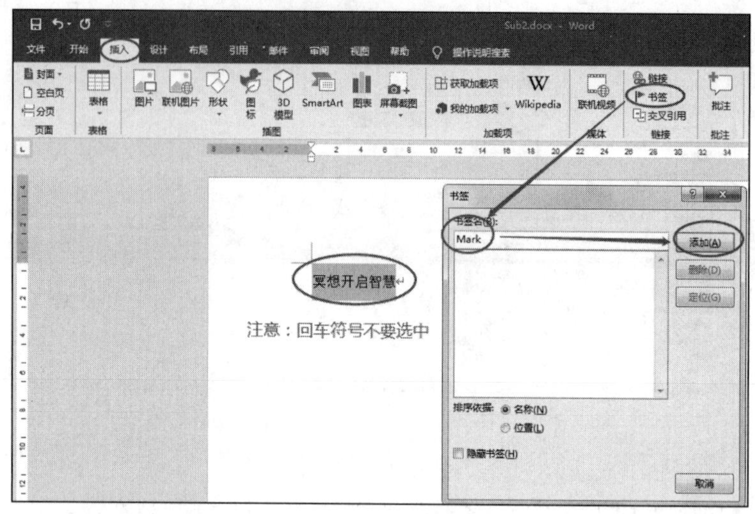

图 1-28　添加书签

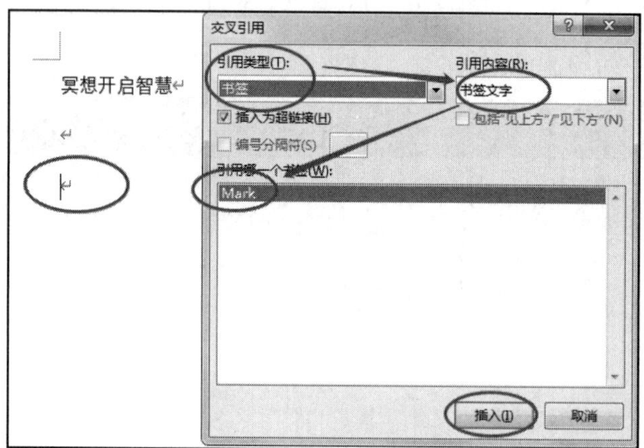

图 1-29　插入书签

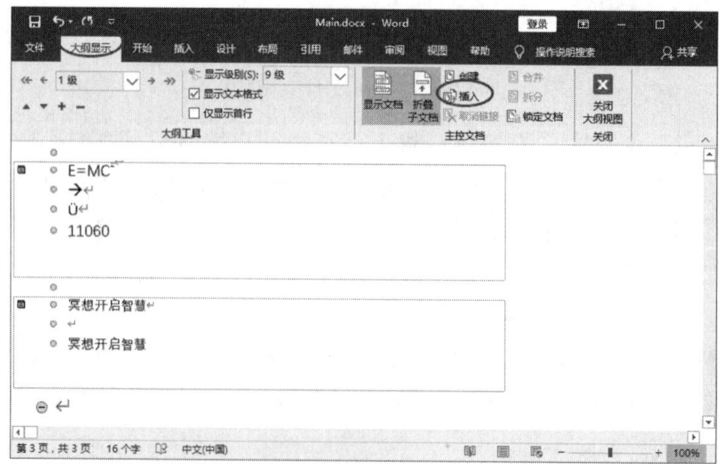

图 1-30　主控文档

（5）注意：题目要求每个文档的行数，不要多出空行。

保存、关闭子文档 Sub1、Sub2 后，再在主控文档执行插入子文档的操作。

Main 文档关闭后重新打开，其界面如图 1-31 所示。此时并没有出错，只是显示 Word 界面方式换了。重新打开大纲视图，单击“大纲显示”→“主控文档”→“展开子文档”按钮就可以看到原来的显示界面。

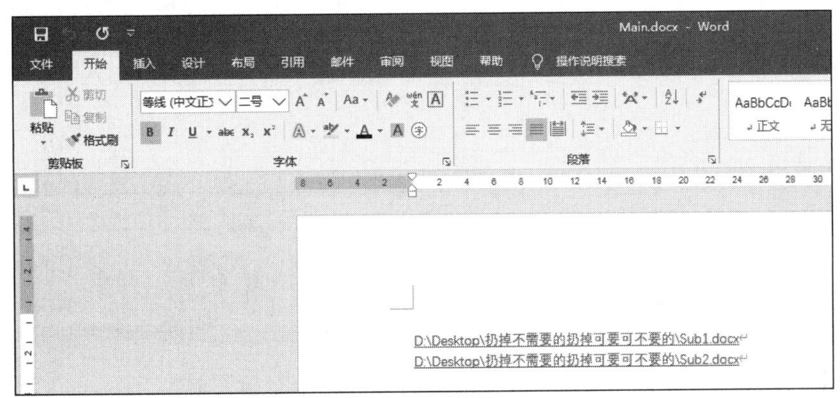

图 1-31　主控文档重新打开后的界面

1.3.3　自动索引

1. 题目要求

在考生文件夹下，先建立文档“单项测试.docx”，由 5 页组成。其中：

（1）第一页为空白。

（2）第二页中第一行内容为“闭上眼睛，注意力放在心的位置，对自己说”，样式为“标题 1”。

（3）第三页中第一行内容为“我爱你”，样式为“正文”。

（4）第四页中第一行内容为“谢谢你”，样式为“正文”。

（5）第五页中第一行内容为“对不起”，样式为“正文”。

（6）在文档页脚处插入“第 X 页，共 Y 页”形式的页码，X、Y 自动生成，居中显示。

（7）使用自动索引方式，建立索引自动标记文件“Index.docx”，其中：标记为索引项的文字 1 为“我爱你”，主索引项为“Love you”；标记为索引项的文字 2 为“谢谢你”，主索引项为“Thank you”。使用自动标记文件进行标记，并在文档“索引测试.doc”的第一页中创建索引。

2. 本小题涉及的概念

域、样式、页脚、自动索引。

3. 操作过程

（1）在文件夹中新建 Word 文档“单项测试.docx”。

（2）插入 4 个“下一页”分节符，也可以是分页符，此时文档共有 5 张空白页。根据题目要求，输入每页内容并设置相应的格式。

（3）在任意一页页脚处右击，选择“编辑页脚”命令打开编辑页脚，居中输入“第页，共页”，使用域，在“第”和“页”中插入页码，“共”和“页”中插入文档的总页数，居中显示，如图 1-32 所示。完成后退出页眉页脚编辑状态。

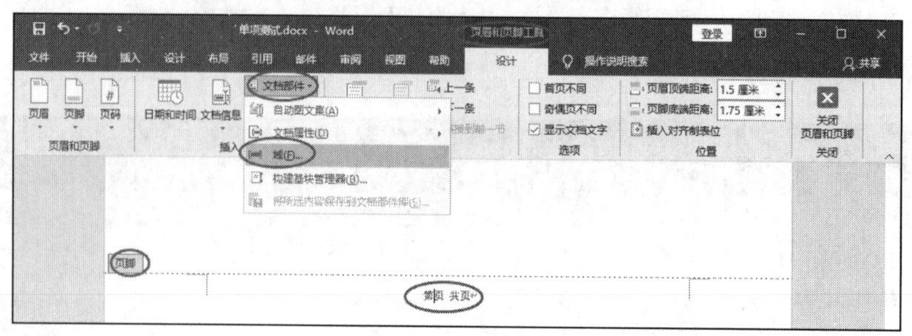

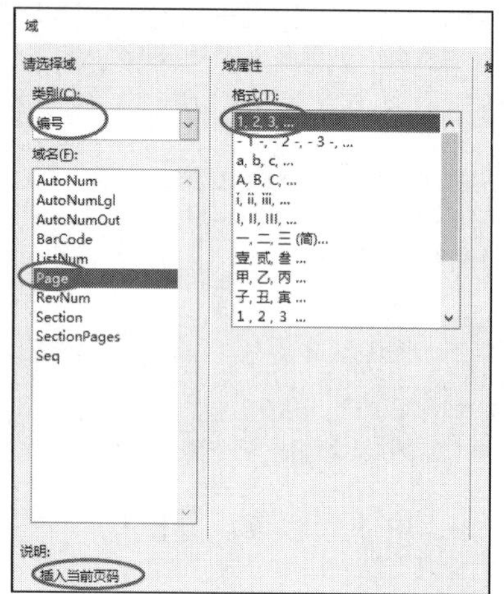

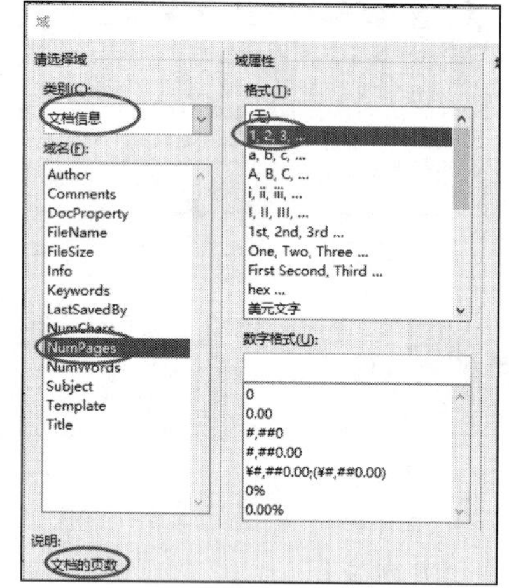

图 1-32　插入页脚内容

（4）新建 Word 文档“Index.docx”，插入一个两行两列的表格，并输入对应的内容，如图 1-33 所示。此文件即为自动索引文件。保存文件。

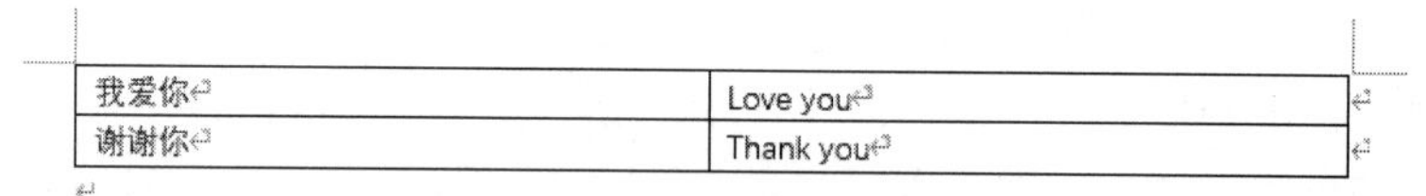

我爱你	Love you
谢谢你	Thank you

图 1-33　自动索引文件内容

（5）光标定位在“单项测试.docx”的第 1 页处，单击“引用”→“索引”→“插入索引”按钮，弹出“索引”对话框，单击“自动标记”按钮，如图 1-34 所示，在弹出的“打开索引自动标记文件”对话框中选择“Index.docx”文件并打开。

此时可在文档“单项测试.docx”的左下角看到标记了 2 条索引项，文件中有“我爱你”或“谢谢你”的地方出现了对应的索引项，如图 1-35 所示，但第 1 页中并没有索引生成，此操作只是标记了索引项。

（6）光标定位在“单项测试.docx”的第 1 页处，单击“引用”→“索引”→“插入索引”按钮，弹出“索引”对话框，单击“确定”按钮，插入索引，如图 1-36 所示。两个索引项分别在第 3 第 4 页。

（7）保存，关闭文件。

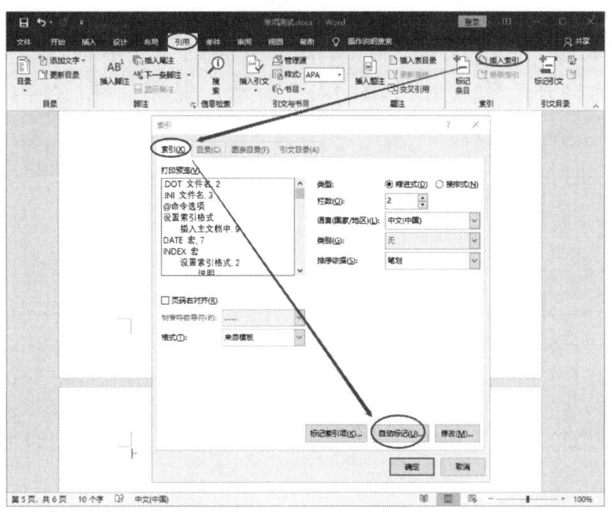

图 1-34　打开自动标记

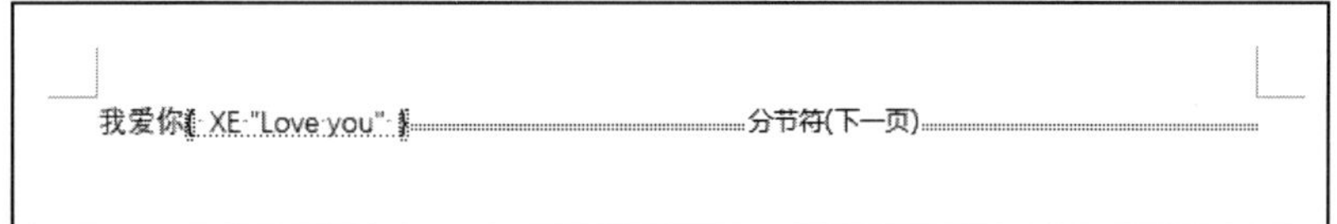

图 1-35　自动标记索引项

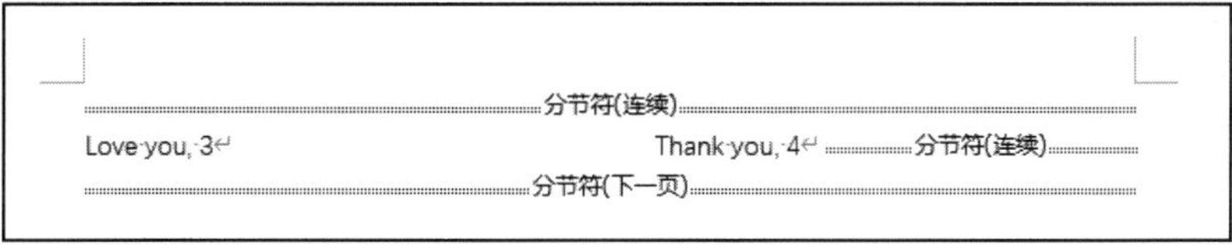

图 1-36　插入索引

1.3.4　邮件合并

1. 题目要求

在考生文件夹下，建立成绩信息（CJ.xlsx），如下所示。要求：

（1）使用邮件合并功能，建立成绩单范本文件“CJ_T.docx”，如下所示。

（2）生成所有考生的成绩单“CJ.docx”。

表1

姓名	语文	数学	英语
张三	80	91	98
李四	78	69	79
王五	87	86	76
赵六	65	97	81

«姓名»同学

语文	«语文»
数学	«数学»
英语	«英语»

2. 本小题涉及的概念

邮件合并、域。

3. 操作过程

（1）在文件夹中新建 Excel 文档“CJ.xlsx”，并按题目要求输入“表 1”数据，注意顶格输入（即从 A1 单元格开始输入），如图 1-37 所示，保存文件。

	A	B	C	D	E
1	姓名	语文	数学	英语	
2	张三	80	91	98	
3	李四	78	69	79	
4	王五	87	86	76	
5	赵六	65	97	81	
6					

图 1-37　数据源文件内容

（2）新建 Word 文档“CJ_T.docx”，插入一个三行两列的表格，并输入需要手动输入的数据，如图 1-38 所示。

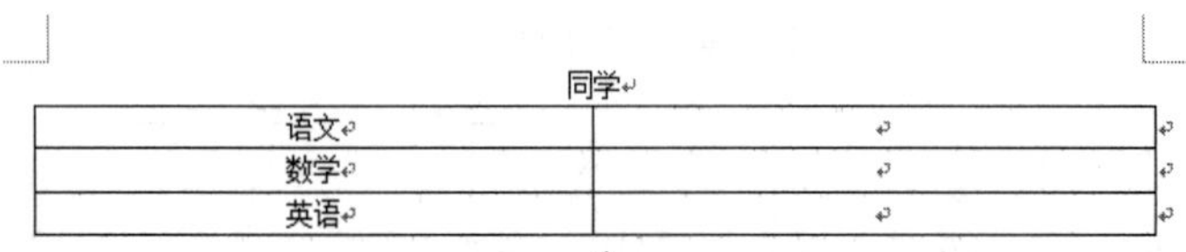

同学

语文	
数学	
英语	

图 1-38　邮件合并主文档框架

（3）单击“邮件”→“开始邮件合并”→“选择收件人”→“使用现有列表”命令，在弹出的“选取数据源”对话框中选择“CJ.xlsx”文件并打开，弹出“选择表格”对话框，单击“确定”按钮。此时可以看到，“邮件”选项卡里各个分组功能，处于可用状态了。

光标放在“同学”前，单击“编写和插入域”→“插入合并域”→“姓名”命令。同理，在其他位置插入相应的域，如图 1-39 所示。保存文件。

（4）在“CJ_T.docx”中，单击“邮件”→“完成”→“完成并合并”→“编辑单个文档”命令，弹出“合并到新文档”对话框，单击“确定”按钮，生成 Word 文档“信函 1.docx”，将此文件重命名为“CJ.docx”并保存到考生文件夹中，此文件即为所有考生的成绩单文件。

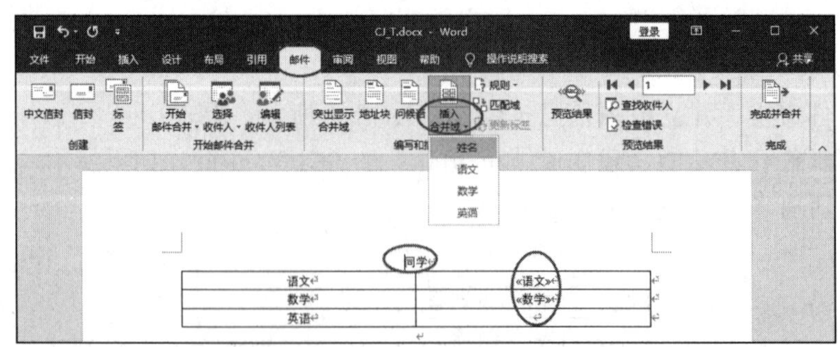

图 1-39　插入合并域

（5）注意：答题结束后在考生文件夹中，共有 3 个文件。

另，邮件合并题可以有多种形式。不管哪种形式，都会包含 3 个文件：一个数据源文件（Excel 文件），一个邮件合并的主文件（模板文件，Word 文件），一个最后合并完成的文件（目标文件，Word 文件 2）。通过分析“Word 文件 2”的内容（如哪些需要手动输入，哪些属于域），也可以倒推出主文件的架构和内容，再用类似上面的步骤操作。

1.3.5　章节编号和样式

1. 题目要求

在考生文件夹下，建立文档“城市.docx”，共有两页组成。要求：

（1）第一页内容如下：

第一章 浙江

第一节 杭州和宁波

第二章 福建

第一节 福州和厦门

第三章 广东

第一节 广州和深圳

要求：章和节的序号为自动编号（多级列表），分别使用样式“标题 1”和“标题 2”。

（2）新建样式“福建”，使其与样式“标题 1”在文字格式外观上完全一致，但不会自动添加到目录中，并应用于“第二章 福建”；在文档的第二页中自动生成目录。（注意：不修改目录对话框的默认设置）

（3）对“宁波”添加一条批注，内容为“海港城市”；对“广州和深圳”添加一条修订，删除“和深圳”。

（4）设置打开文件的密码为：123。设置修改文件的密码为：456。

2. 本小题涉及的概念

分节符、样式、大纲级别、目录、批注、文档安全。

3. 操作过程

（1）在文件夹中新建 Word 文档“城市.docx”，设置两页。在第一页中，根据要求输入 6 行内容。

（2）光标定位在正文第一行，选择“开始”→“段落”→“多级列表”按钮，单击列表库里第二行第三个列表，如图 1-40 所示。

（3）单击“开始”→“段落”→“多级列表”→“定义新的多级列表”命令，打开“定义新多级列表”对话框，选择“单击要修改的级别”为“1”，在“输入编号的格式”下面的“1”左右两边分别输入“第”“章”，“此级别的编号样式”设置为中文的“一，二，三（简）…”。可以在预览栏中看到此时的格式为“第一章 标题 1”，如图 1-41 所示。

此时预览栏中的“一.1 标题 2”中的“一”对应“章”的自动编号，“1”对应“节”的编号。

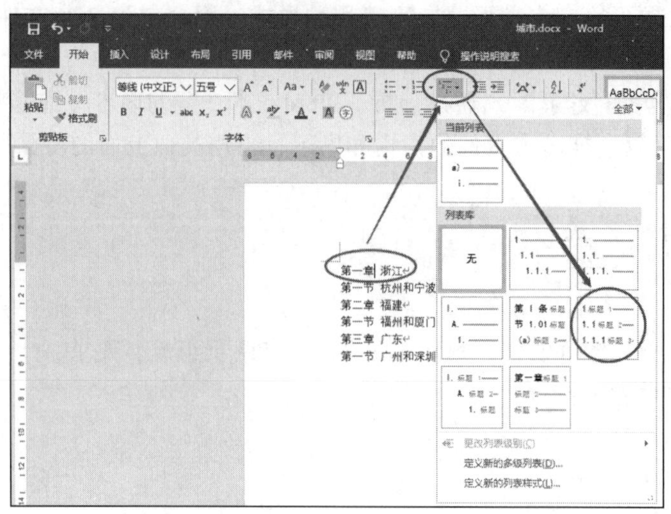

图 1-40　打开多级列表

选择“单击要修改的级别”为“2”，在“输入编号的格式”中删除“一.”留下“1”，在“1”左右两边分别输入“第”“节”，并在“此级别的编号样式”设置格式为中文的“一，二，三（简）…”，如图 1-42 所示。单击“确定”按钮。

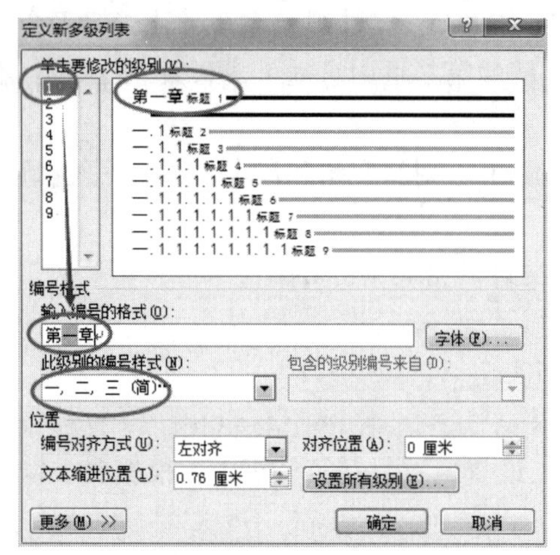

图 1-41　修改“章”编号

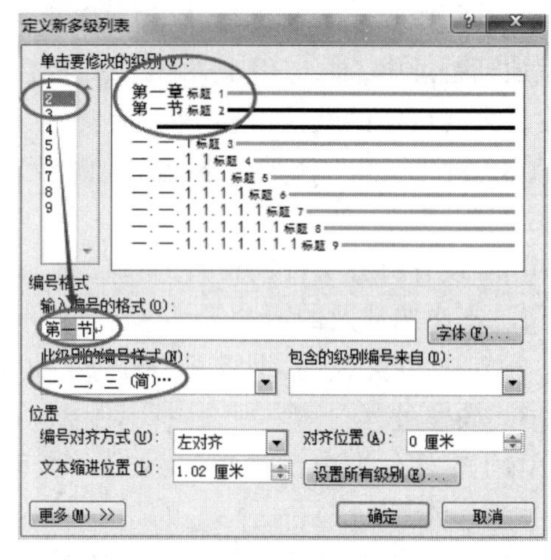

图 1-42　修改“节”编号

其中，级别 1 使用标题 1 的样式，对应到“章”的内容；级别 2 使用标题 2 的样式，对应到“节”的内容。

（4）选中第一行的内容，应用样式“标题 1”，第三、第五行同样；第二、四、六行（即“节”的内容），应用样式“标题 2”。删除多余的内容，如图 1-43 所示。

（5）光标定位在“第二章　福建”这行，单击“样式”组右下角的对话框启动器，打开“样式”任务窗格，单击“新建样式”按钮。在弹出的对话框中，样式“名称”设为“福建”。单击“格式”→“段落”命令，打开“段落”对话框，设置“大纲级别”为“正文文本”，如图 1-44 所示。单击“确定”按钮。

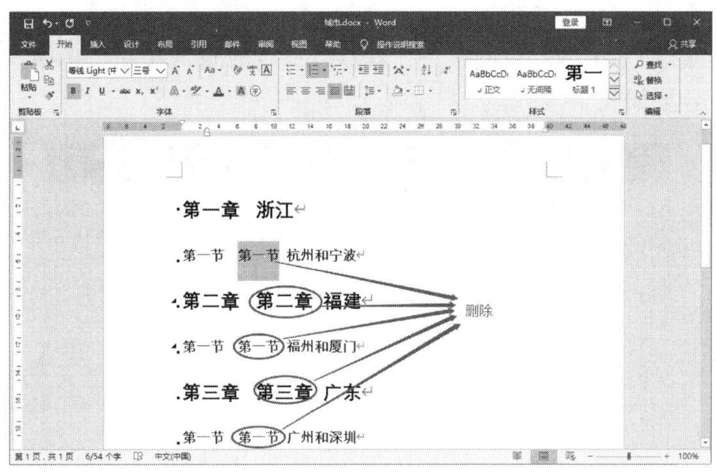

图 1-43　应用多级列表

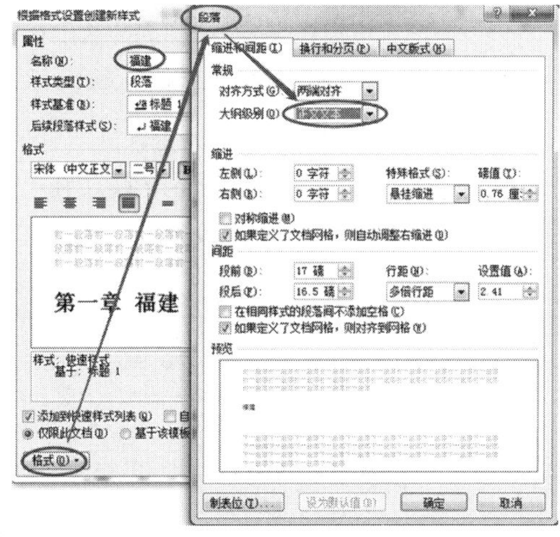

图 1-44　新建样式“福建”

新建出来的样式“福建”，因为大纲级别为“正文”，所以不会自动添加到目录中。其他大纲级别 1 级 ~ 9 级，都会出现在目录中。

此时，如果选中“福建”，可以在“样式”对话框中看到其样式为“福建”，而不再是“标题 1”（上一小题中设为样式“标题 1”）。

（6）光标放在第二页，单击“引用”→“目录”→“目录”→“自定义目录”命令插入目录，如图 1-45 所示。

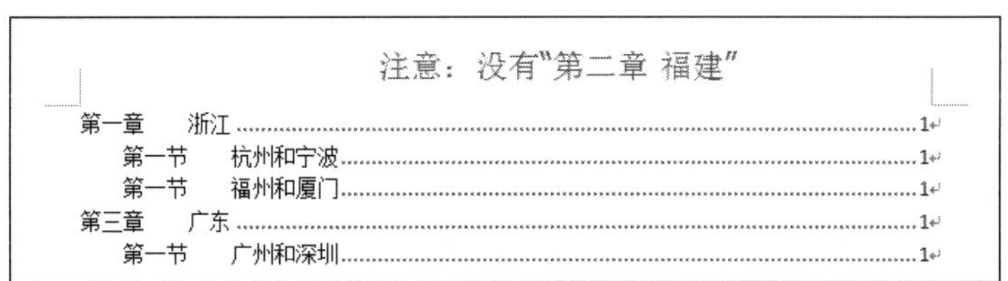

第一章　浙江……1
第一节　杭州和宁波……1
第一节　福州和厦门……1
第三章　广东……1
第一节　广州和深圳……1

图 1-45　插入目录

（7）在第一页中，选中“宁波”二字，单击“审阅”→“批注”→“新建批注”按钮，插入批注“海港城市”；单击“审阅”→“修订”→“修订”按钮，选中“和深圳”3个字并用键盘删除，效果如图1-46所示。

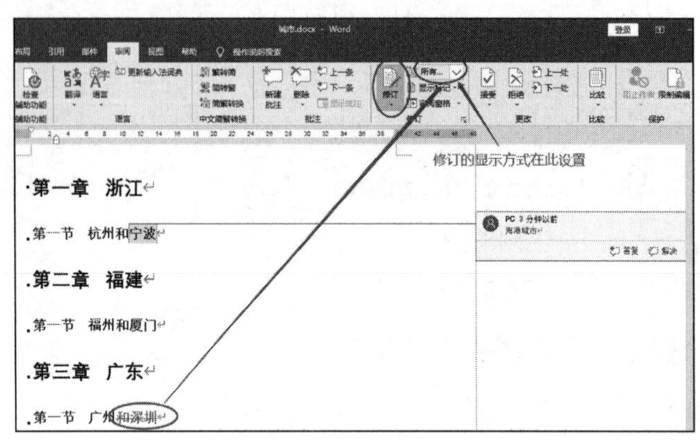

图1-46 批注和修订

注意：此时文档处于“修订”状态，任何改变都会用颜色标记，需要再次单击“修订”按钮，关闭“修订”状态。

（8）单击“文件”→“另存为”命令，选择存储位置。在“另存为”对话框中，单击“工具”→“常规选项”命令，设定打开密码和修改密码，如图1-47所示。

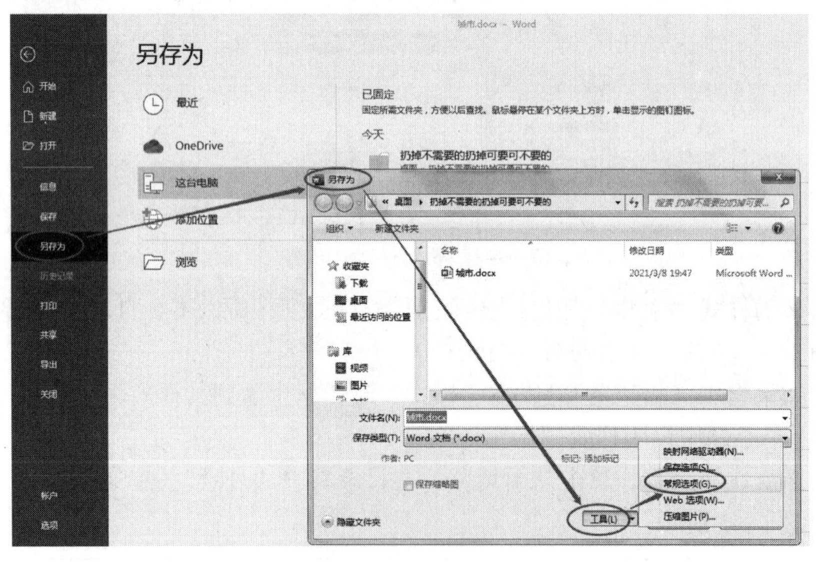

图1-47 设置密码

1.3.6 邀请函

1. 题目要求

在考生文件夹下，建立文档“邀请函.docx”，设计会议邀请函。要求：

（1）在一张 A4 纸上，正反面拼页打印，横向对折。

（2）页面（一）和页面（四）打印在 A4 纸的同一面；页面（二）和页面（三）打印在 A4 纸的另一面。

（3）四个页面要求依次显示如下内容：

页面（一）显示“邀请函”三个字，上下左右均居中对齐显示，竖排，字体为隶书，72 号。

页面（二）显示“汇报演出定于 2021 年 5 月 20 日，在学生活动中心举行，敬请光临！”，文字横排。

页面（三）显示“演出安排”，文字横排，居中，应用样式“标题 1”。

页面（四）显示两行文字，行（一）为“时间：2021 年 5 月 20 日”，行（二）为“地点：学生活动中心”。竖排，左右居中显示。

2. 本小题涉及的概念

分节符、页面设置、样式。

3. 操作过程

（1）在文件夹中新建 Word 文档“邀请函.docx”。插入 3 个“下一页”分节符，使文档变成 4 页。其中第一、二页作为纸的一面分别对应页面（一）、（四）的内容，第三、四页作为纸的另一面分别对应（二）、（三）的内容。如小题（2）要求。

（2）在第一页中输入“邀请函”三个字。选中这三个字，设置字体为“隶书”、字号为 72 号，左右居中对齐；单击“布局”→“页面设置”右下角的对话框启动器，打开“页面设置”对话框，在“版式”选项卡中，设置页面“垂直对齐方式”为“居中”；“文档网络”选项卡的文字排列方向设为“垂直”，如图 1-48 所示。

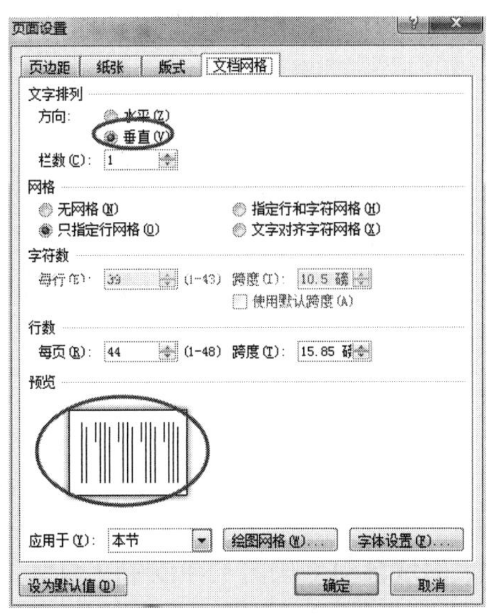

图 1-48　设置文字方向

（3）在第二页中输入题目要求的页面(四)的两行文字，打开“页面设置”对话框，设置页面“垂直对齐方式”为“居中”，文字排列方向为“垂直”。

（4）在第二、三页输入相应的内容并设置格式。设置完后，四个页面纸张应该是不规则状态。

（5）选中四页全部内容，打开“页面设置”对话框，设置纸张大小为“A4”；设置“页边距”选项卡的“纸张方向”为“横向”，“页码范围”为“拼页”，单击“确定”按钮，如图 1-49 所示。

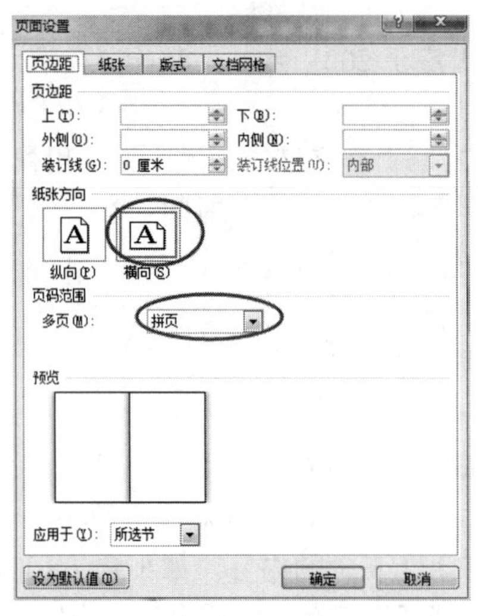

图 1-49 设置拼页和纸张方向

（6）保存，关闭文件。

注意：由于 Word 2019 软件版本的问题，本题第一小题放在最后一步操作，否则得不到正确的结果。而 Word 2020 版本则不存在这个问题。

1.3.7 分隔符

1. 题目要求

在考生文件夹下，建立文档“wg.docx”。要求：

（1）文档总共有六页，第一页和第二页为一节，第三页和第四页为一节，第五页和第六页为一节。

（2）每页显示内容均为三行，左右居中对齐，样式为“正文”。

第一行显示：第 *x* 节。

第二行显示：第 *y* 页。

第三行显示：共 *z* 页。

其中 *x*，*y*，*z* 是使用插入的域自动生成的，并以中文数字（壹、贰、叁）的形式显示。

（3）每页行数均设置为 40，每行 30 个字符。

（4）每行均添加行号，从“1”开始，每节重新编号。

2. 本小题涉及的概念

分隔符、域、页面设置。

3. 操作过程

（1）在文件夹中新建 Word 文档“wg.docx”。

（2）在第一页的第一行输入“第节”，第二行输入“第页”，第三行输入“共页”，并设置 3 行都居中。光标放在“第”和“节”中间，单击“插入”→“文本”→“文档部件”→“域”命令，打开“域”对话框，按要求插入节号；同理，在第二行插入页码，第三行插入页数。结果如图 1-50 所示。

注意：虽然 3 个数字都是“壹”，但代表的域的意义不同，分别代表 Section、Page、NumPages。在插入具体域时，关注的是域所代表的概念，而不是数字本身。

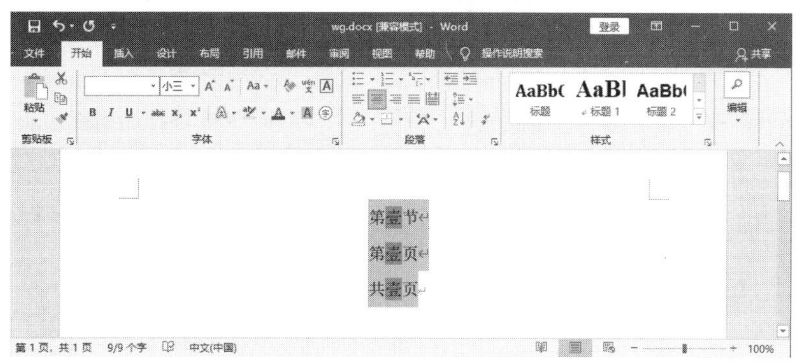

图 1-50　第一页的内容

（3）复制三行文字的内容，如图 1-51 所示，注意最后一个回车符号不要选中。在本页最后（即“共壹页”后）插入一个分页符，在第二页中粘贴这三行文字；再在第二页的最后面插入一个“下一页”分节符，在第三页中粘贴这三行文字。同理，依次完成第四、五、六页的内容。

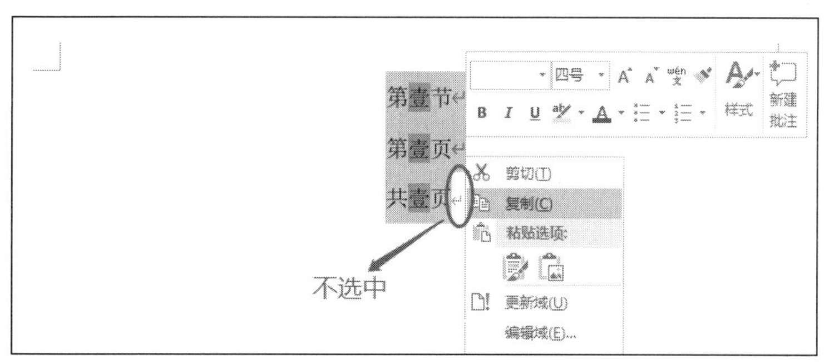

图 1-51　选择复制的内容

（4）选中全部六页内容，右击并选择“更新域”命令，修正每页内容。此时可以看到，每页的 3 个域里的具体内容已经变成正确的数字。

（5）选中全部六页内容，单击“布局”→“页面设置”右下角的对话框启动器，打开“页面设置”对话框，在“版式”选项卡设置“行号”，如图 1-52 所示，在“文档网络”选项卡设置“每页行数”和“每行字符数”，如图 1-53 所示。单击“确定”按钮。

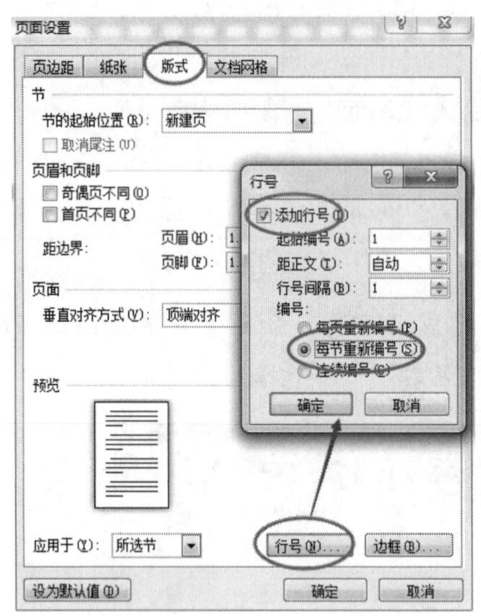

图 1-52 设置行号

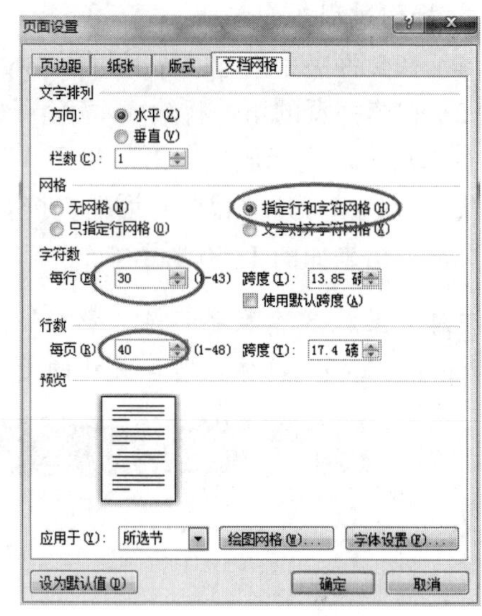

图 1-53 设置每页行数

（6）保存，关闭文件。

1.4 Word 综合应用

Word 综合应用，要求学生全面掌握 Word 排版，使用多种功能，如样式、多级列表、题注、交叉引用、分节符、目录、域、页眉页脚等。

1.4.1 题目要求

1. 对正文进行排版

（1）章名使用样式“标题 1”，并居中。

章号（例：第一章）的自动编号格式为：多级列表，第 X 章（如第 1 章），其中 X 为自动排序。注意：X 为阿拉伯数字序号。

（2）小节名使用样式“标题 2”，左对齐。

自动编号格式为：多级列表，X.Y，其中 X 为章数字序号，Y 为节数字序号（如 1.1）。

注意：X，Y 均为阿拉伯数字序号。

（3）新建样式，样式名为 “样式 0000”。其中：

① 字体：中文字体为“楷体”；西文字体为“Times New Roman”；字号为“小四”。

② 段落：首行缩进 2 字符；段前 0.5 行，段后 0.5 行，行距 1.5 倍；两端对齐。

③ 其余格式，默认设置。

（4）将（3）中新建的样式应用到正文中无编号的文字。

不包括章名、小节名、表文字、表和图的题注、脚注。

（5）对正文中的图添加题注“图”，位于图下方，居中。要求：

① 编号为“章序号”-“图在章中的序号”（例如，第 1 章中第 2 幅图，题注编号为 1-2）。

② 图的说明使用图下一行的文字，格式同编号。

③ 图居中。

（6）对正文中出现“如下图所示”的“下图”两字，使用交叉引用。

改为“图 X-Y”，其中“X-Y”为图题注的编号。

（7）对正文中的表添加题注“表”，位于表上方，居中。要求：

① 编号为“章序号”-“表在章中的序号”（例如，第 1 章中第 1 张表，题注编号为 1-1）。

② 表的说明使用表上一行的文字，格式同编号。

③ 表居中，表内文字不要求居中。

（8）对正文中出现“如下表所示”的“下表”两字，使用交叉引用。

改为“表 X-Y”，其中“X-Y”为表题注的编号。

（9）对正文中首次出现“世界五大宫”的位置插入尾注。

添加文字“世界五大宫：故宫、凡尔赛宫、白金汉宫、白宫、克里姆林宫。”

2. 在正文前按序插入三节，分节符类型为“下一页”

使用 Word 提供的功能，自动生成如下内容：

（1）第 1 节：目录。其中：

① “目录”使用样式“标题 1”，并居中。

② “目录”下为目录项。

（2）第 2 节：图索引。其中：

① “图索引”使用样式“标题 1”，并居中。

② “图索引”下为图索引项。

（3）第 3 节：表索引。其中：

① “表索引”使用样式“标题 1”，并居中。

② “表索引”下为表索引项。

3. 使用适合的分节符，对正文进行分节

添加页脚，使用域插入页码，居中显示。要求：

（1）正文前的节，页码采用“i,ii,iii,...”格式，页码连续。

（2）正文中的节，页码采用“1,2,3,...”格式，页码连续。

（3）正文的每章为单独一节，页码总是从奇数开始。

（4）更新目录、图索引和表索引。

4. 添加正文的页眉

使用域，按以下要求添加内容，居中显示。其中：

（1）对于奇数页，页眉中的文字为“章序号”+“章名”。

（2）对于偶数页，页眉中的文字为“节序号”+“节名”。

1.4.2 操作过程

（1）章名使用样式“标题 1”，并居中。

章号（例：第一章）的自动编号格式为：多级列表，第 X 章（如第 1 章），其中 X 为自动排序。注意： X 为阿拉伯数字序号。

（2）小节名使用样式“标题 2”，左对齐。

自动编号格式为：多级列表，X.Y，其中 X 为章数字序号，Y 为节数字序号（如 1.1）。注意：X，Y 均为阿拉伯数字序号。

操作：

① 光标放在正文第一行“第一章 北京故宫”处，单击“开始”→“段落”→“多级列表”按钮，单击列表库里第二行第三个的列表，如图 1-54 所示。

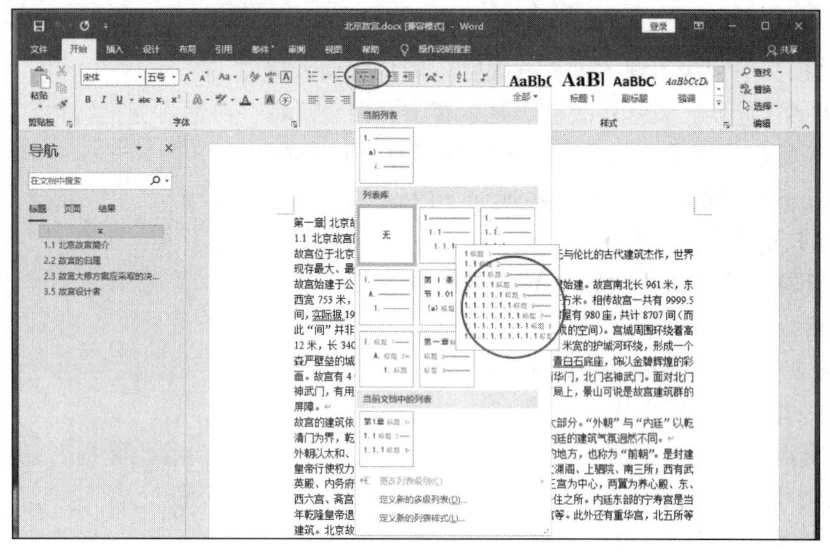

图 1-54 选择多级列表

② 单击“开始”→“段落”→“多级列表”→“定义新的多级列表”命令，打开“定义新多级列表”对话框，在“输入编号的格式”下面的“1”左右两边分别输入“第”“章”，即完成章、节的编号。把原始素材里的章的标题内容设置成“标题 1”的格式，节的标题内容设置成“标题 2”的格式。

注：小节的编号不需要设置，对话框中对于节的默认格式（X.Y）刚好就是题目要求的格式（X.Y）。此时章、节的编号格式都已经完成。

单击对话框左下角的“更多”按钮，可以看到“章”的编号默认链接到“标题 1”样式，单击级别“2”可以看到“小节”的编号默认链接到“标题 2”样式，如图 1-55 所示。

如果在进行章和节的编号时，不使用以上方法，而是跳过步骤①直接进行步骤②，则需要在图 1-55 所示的界面中作对应的设置，才能继续进行后续的操作。

③ 右击“样式”里的“第 1 章 标题 1”，选择“修改”命令，在“修改样式”对话框

中设置“标题 1”样式的对齐方式为“居中”（也可以在对话框的“格式”→“段落”中设置），如图 1-56 所示。

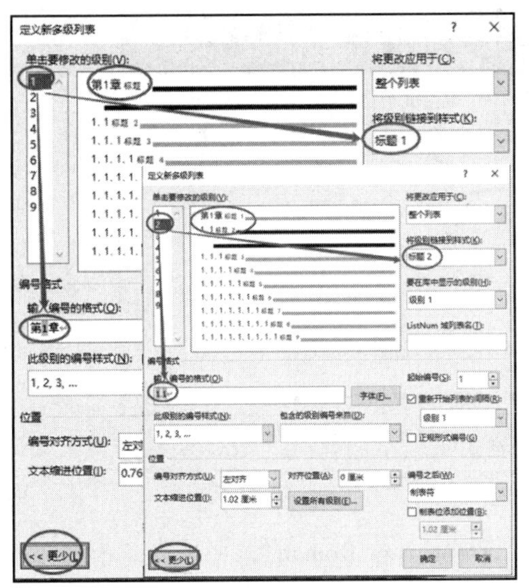

图 1-55　设置多级列表

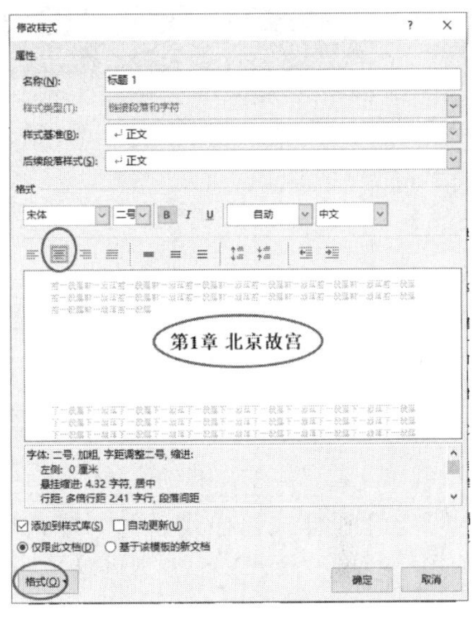

图 1-56　设置样式居中

④ 同样，设置“标题 2”样式为“左对齐”。其中，“标题 2”样式默认不显示在“样式”组里，可以通过“样式”任务窗格的“样式管理”按钮进行设置使其显示，如图 1-57 所示。（也可以把光标定位在第二行“1.1 北京故宫简介”处，同时按下【Ctrl+Alt+2】组合键，应用“标题 2”样式，即可在“样式”组中显示“标题 2”）

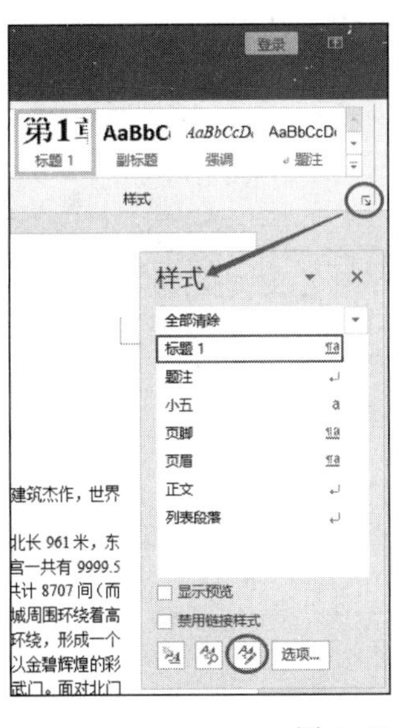

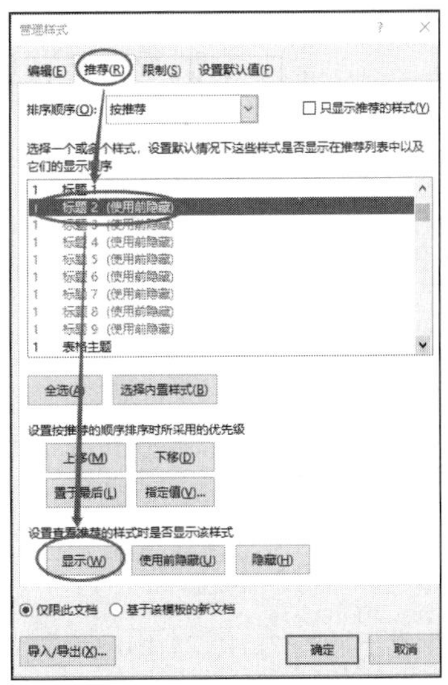

图 1-57　显示隐藏的样式

⑤ 把样式“标题 1”和“标题 2”分别应用到正文中所有的章、节上（建议双击格式刷，使用格式复制功能），并删除原来的编号，如图 1-58 所示。

注意：小节较多，需要细心。建议开启导航窗格功能，可以在 Word 文档左侧直接看到操作结果。

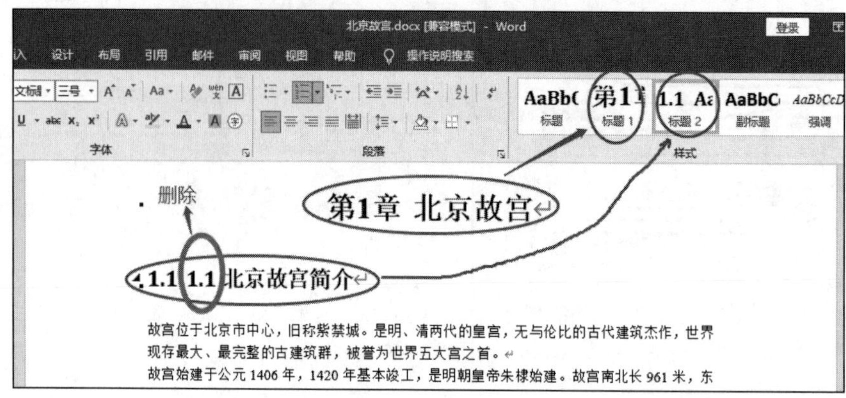

图 1-58　应用样式

（3）新建样式，样式名为“样式 0000”。其中：

① 字体：中文字体为“楷体”；西文字体为“Times New Roman”；字号为“小四”。

② 段落：首行缩进 2 字符；段前 0.5 行，段后 0.5 行，行距 1.5 倍。

③ 其余格式，默认设置。

操作：

光标定位在正文第一段，在“样式”任务窗格中单击“新建样式”按钮，按要求分别设置样式名称、字体和段落格式，如图 1-59 所示。完成之后在“样式”组中可以看到名称为“样式 0000”的样式。

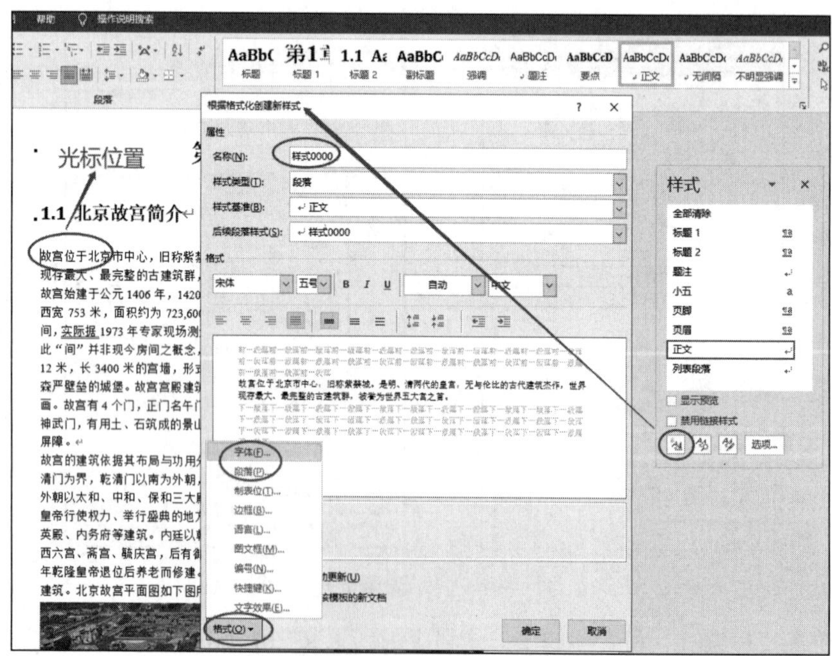

图 1-59　新建样式

（4）将（3）中的样式应用到正文中无编号的文字。

不包括章名、小节名、表文字、表和图的题注、脚注。

根据题目要求，把样式“样式 0000”应用到正文各个段落。建议双击格式刷，使用格式复制功能。

（5）对正文中的图添加题注“图”，位于图下方，居中。要求：

① 编号为“章序号”–“图在章中的序号”（例如，第 1 章中第 2 幅图，题注编号为 1–2）。

② 图的说明使用图下一行的文字，格式同编号。

③ 图居中。

操作：

① 光标定位在第一张图片下面一行文字（即图片说明文字）的最前面，打开“题注”对话框，新建标签“图”。

② 单击“编号”按钮打开“题注编号”对话框，设置编号，如图 1–60 所示。

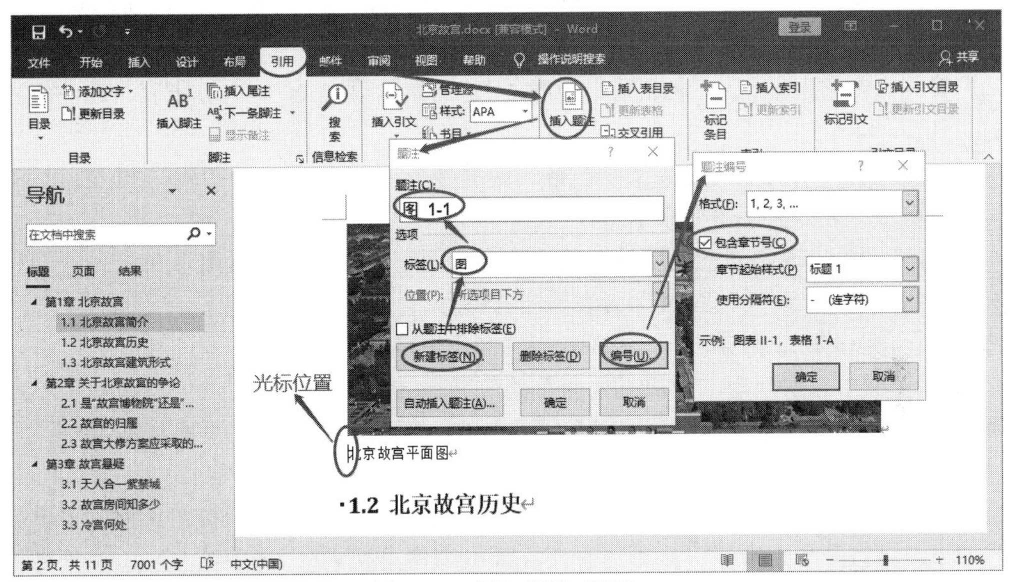

图 1–60　添加题注“图”

③ 设置图和题注都居中。

④ 设置完成后可以查看一下，是否完成了本小题的所有要求。

⑤ 同理，完成文章中其他图片的图题注。

（6）对正文中出现“如下图所示”的“下图”两字，使用交叉引用。

改为“图 X–Y”，其中“X–Y”为图题注的编号。

操作：

选中文章第一幅图对应的“下图”两个字，打开“交叉引用”对话框，设置交叉引用，如图 1–61 所示。同理，完成其他图片的交叉引用。

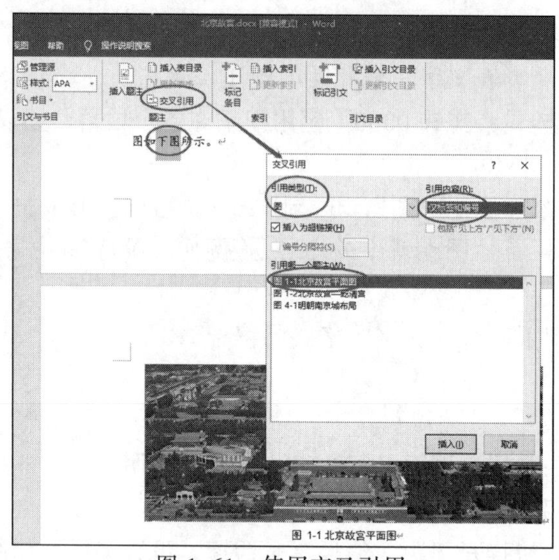

图 1-61　使用交叉引用

（7）对正文中的表添加题注“表”，位于表上方，居中。要求：

① 编号为“章序号”-“表在章中的序号”（例如，第 1 章中第 1 张表，题注编号为 1-1）。

② 表的说明使用表上一行的文字，格式同编号。

③ 表居中，表内文字不要求居中。

（8）对正文中出现“如下表所示”的“下表”两字，使用交叉引用。

改为“表 X-Y”，其中“X-Y”为表题注的编号。

操作同（5）、（6），只是“图”改成“表”，此处略过。

（9）对正文中首次出现“世界五大宫”的位置插入脚注。

添加文字“世界五大宫：故宫、凡尔赛宫、白金汉宫、白宫、克里姆林宫。”

操作：

光标定位在正文的最前面，单击“开始”→“编辑”→“查找”按钮，搜索“世界五大宫”（如果已打开导航窗格，则可以直接在导航窗格里搜索），选中该文字（或把光标置于该文字后面）并单击“引用”→“脚注”→“插入脚注”按钮，在本页面末尾脚注的位置输入相应的文字，如图 1-62 所示。

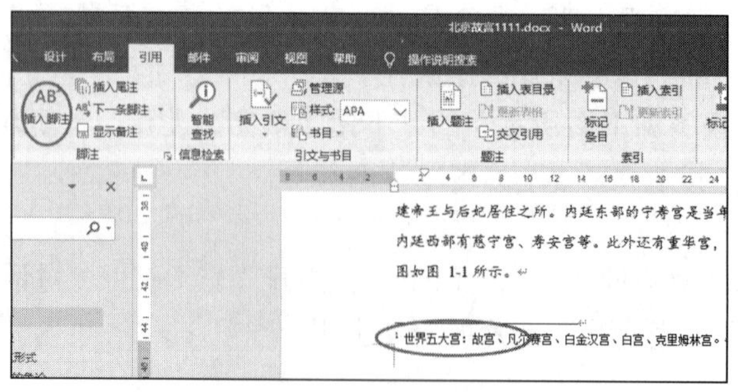

图 1-62　脚注

2. 在正文前按序插入三节，使用 Word 提供的功能

分节符类型为“下一页”，自动生成如下内容：

（1）第 1 节：目录。其中：

① “目录”使用样式“标题 1”，并居中。

② “目录”下为目录项。

（2）第 2 节：图索引。其中：

① “图索引”使用样式“标题 1”，并居中。

② “图索引”下为图索引项。

（3）第 3 节：表索引。其中：

① “表索引”使用样式“标题 1”，并居中。

② “表索引”下为表索引项。

操作：

① 将光标定位在文章的开始位置（或按【Ctrl+Home】组合键），插入“下一页”分节符，如图 1-63 所示。

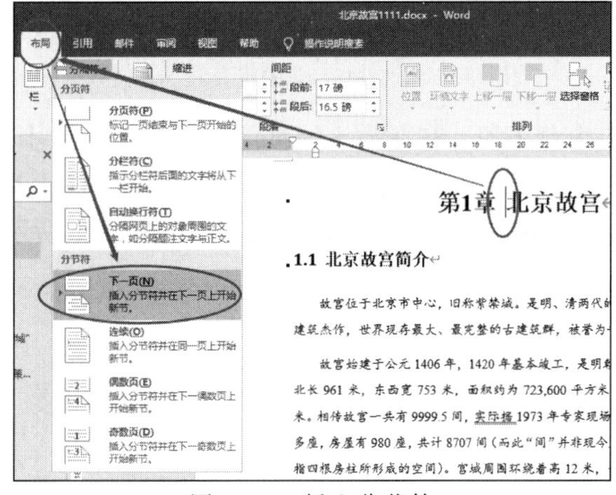

图 1-63　插入分节符

② 在新加入的页面中，输入“目录”二字，会自动出现“第 1 章”字样。选中“第 1 章”三个字并删除，如图 1-64 所示。可以看到，“目录”两字默认就是“标题 1”的格式并且居中了。

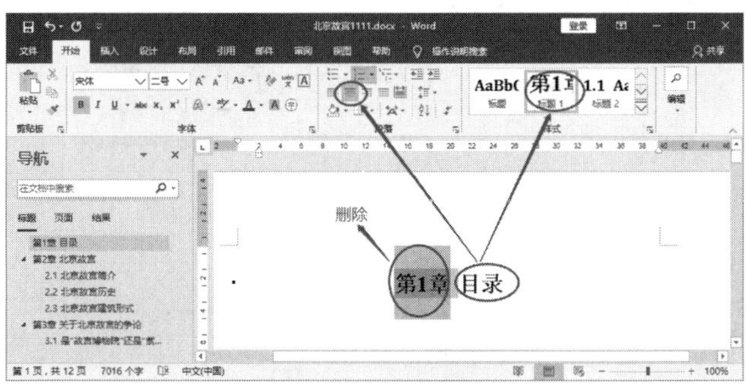

图 1-64　目录

③ 将光标定位于“目录”二字后，单击“引用”→“目录”→“目录”→“自定义目录”命令，在弹出的“目录”对话框中单击“确定”按钮，自动生成目录，如图 1-65 所示。

目录

目录..1
第 1 章　北京故宫..2
　1.1　北京故宫简介..2
　1.2　北京故宫历史..3
　1.3　北京故宫建筑形式....................................4
第 2 章　关于北京故宫的争论..............................5
　2.1　是“故宫博物院”还是“紫禁城”.......................5
　2.2　故宫的归属..5
　2.3　故宫大修方案应采取的决策程序........................6
第 3 章　故宫悬疑..7
　3.1　天人合一紫禁城......................................7
　3.2　故宫房间知多少......................................7
　3.3　冷宫何处..8
　3.4　门字之谜..8
　3.5　故宫设计者..9
第 4 章　南京故宫..9
　4.1　简介..9
　4.2　分布...11
　4.3　布局特色...11

图 1-65　生成目录

④ 同样地插入第二个分节符，在新插入的页面中输入“图索引”，单击“引用”→“题注”→“插入表目录”按钮，弹出“图表目录”对话框，在“图表目录”选项卡下“题注标签”处选择“图”选项，生成图目录（即图索引），如图 1-66 所示。

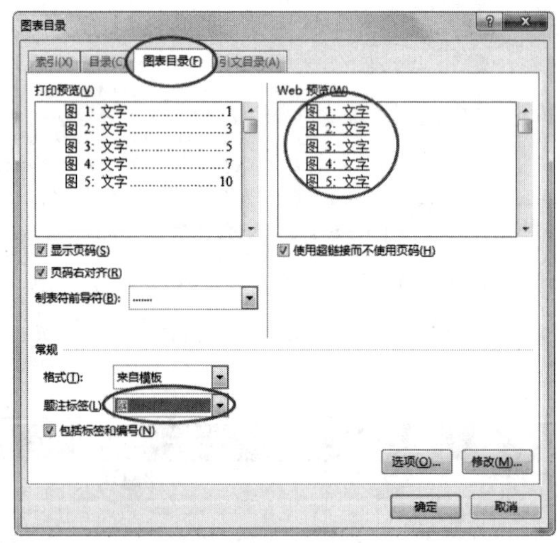

图 1-66　图表目录

⑤ 同理完成第三页的表索引。

3. 使用适合的分节符，对正文进行分节

添加页脚，使用域插入页码，居中显示。要求：

（1）正文前的节，页码采用“i,ii,iii,...”格式，页码连续。

（2）正文中的节，页码采用“1,2,3,...”格式，页码连续。

（3）正文的每章为单独一节，页码总是从奇数开始。

（4）更新目录、图索引和表索引。

题目要求“使用适合的分节符，对正文进行分节”对应本小题的第（3）点。所以可以先做（3），再做（1）、（2）。每一章开始处插入一个“奇数页”分节符，可以确保每章为单独一节，并且每章的第一页是奇数页。

光标定位在“第 1 章”三个字的位置处，插入一个“奇数页”分节符。同样，“第 2 章”“第 3 章”“第 4 章”处也做此操作。第（3）小题完成。

插入页码的操作如下：

① 在“目录”页页脚处右击并选择“编辑页脚”命令，进入页脚的编辑状态。

② 单击“设计”→“页眉和页脚”→“页码”→“当前位置”→“普通数字”选项，插入页码，居中，如图 1–67 所示。

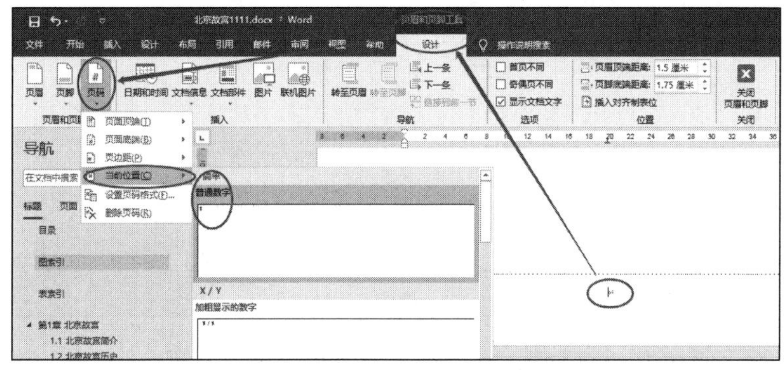

图 1–67　插入页码

③ 此时，“目录”页页码格式为数字“1”，根据题目需要改成格式“i”。右击“1”，选择“设置页码格式”命令（也可以单击“设计”→“页眉页脚”→“页码”→“设置页码格式”命令），设置编号格式为“i,ii,iii,...”，并设置“起始页码”为“i”，如图 1–68 所示。

④ 同理修改“图索引”“表索引”页的页码格式，只是在“页面编号”处选择“续前节”。

⑤ 同样，正文第一页的页码“5”，改成“起始页码”为“1”。完成后“关闭页眉和页脚工具–设计”选项卡，退出页眉页脚编辑状态。

⑥ 回到“目录”页，右击目录，选择“更新域”，在对话框中选择“更新整个目录”单选按钮，单击“确定”按钮，更新目录，如图 1–69 所示。同样，更新“图索引”和“表索引”。

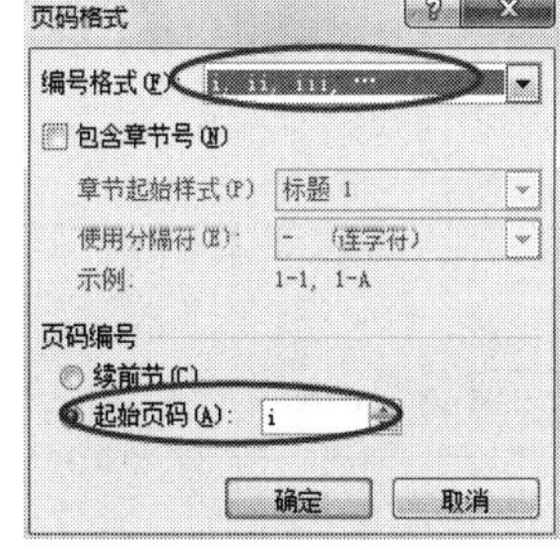

图 1–68　设置页码格式

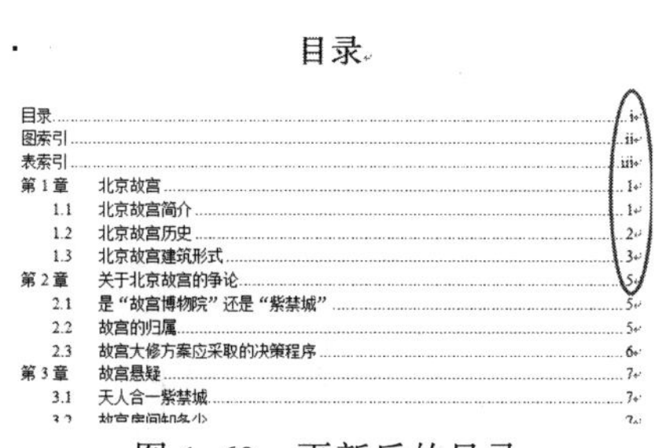

目录

图 1–69　更新后的目录

完成上述操作时，会在“表索引”和“第 1 章”之间产生一个空白页，页码为“4”，这个放到最后再处理。另可自行验证，是否正文每章都从奇数页开始。

4. 添加正文的页眉

使用域，按以下要求添加内容，居中显示。其中：

（1）对于奇数页，页眉中的文字为“章序号”+“章名”。

（2）对于偶数页，页眉中的文字为“节序号”+“节名”。

操作：

① 在正文第 1 页页眉处右击并选择“编辑页眉”命令。

②单击“页眉和页脚工具-设计”→“选项”→“奇偶页不同”复选框，单击取消“链接到前一条页眉”（确保题目的要求，只添加正文的页眉）按钮，如图 1-70 所示。

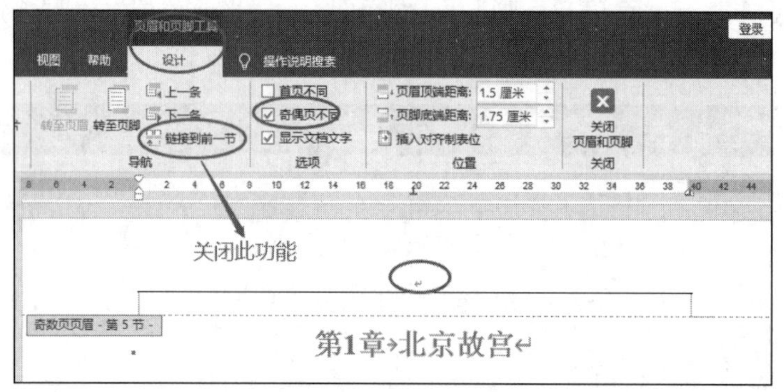

图 1-70 设置页眉格式

③ 打开“域”对话框，“类别”下选择“链接和引用”选项，“域名”下选择 StyleRef 选项，“样式名”下选择“标题 1”选项，选中“插入段落编号”复选框，单击“确定”按钮，如图 1-71 所示，插入章序号“第 1 章”；再次打开“域”对话框，“类别”下选择“链接和引用”选项，“域名”下选择 StyleRef 选项，“样式名”下选择“标题 1”选项，选中“插入段落编号”复选框，单击“确定”按钮，插入章名“北京故宫”，如图 1-72 所示。

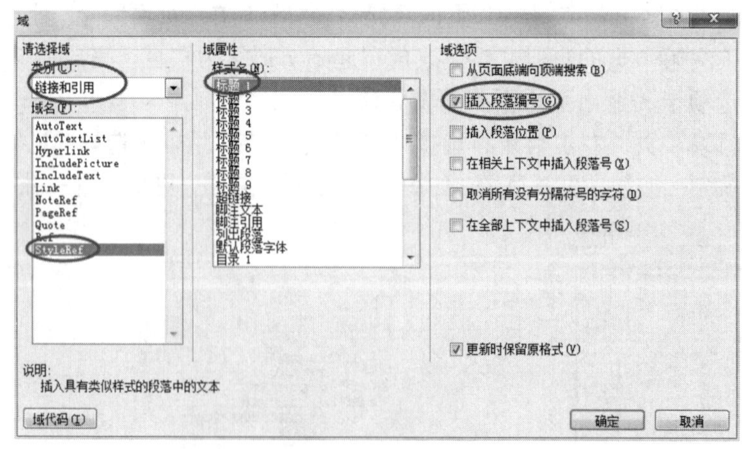

图 1-71 设置页眉内容

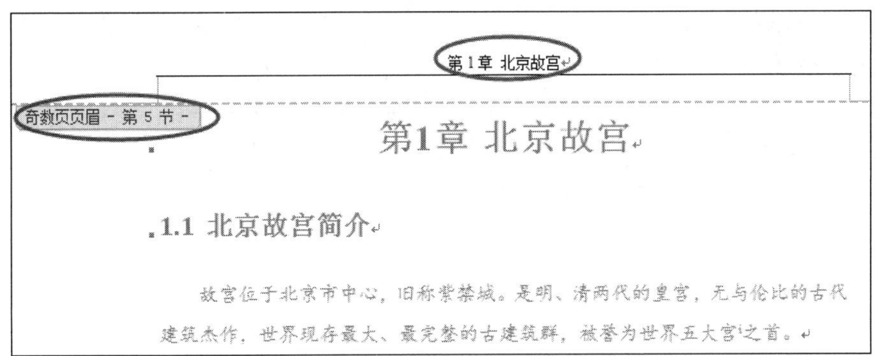

图 1-72　奇数页页眉

④ 同理，正文第二页页眉处，单击取消“链接到前一条页眉”按钮，并在“域”对话框中使用“标题 2”分别插入节序号和节名，如图 1-73 所示。

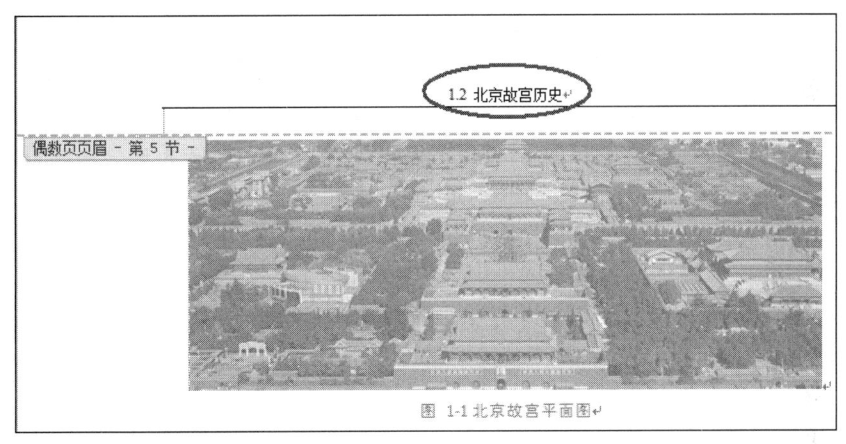

图 1-73　偶数页页眉

注意：设置完成之后，会出现偶数页页码消失的问题。解决办法是：光标定位在偶数页页脚（如正文第二页），单击“插入”→“页眉页脚”→“页码”→“当前位置”→“普通数字”命令重新插入偶数页页码，居中。

⑤ 最后，对于“表索引”和“第 1 章”之间的空白页，操作如下：在此页页脚处单击取消“链接到前一条页眉”，然后在页码“2”（就是正文第二页）页脚处也单击取消“链接到前一条页眉”，再删除该空白页的页码“4”。

至此，Word 综合应用操作全部完成。

1.5　习　　题

一、选择题

1. Word 文档分为三个层次，由上到下分别是：文本层、绘图层和（　　）。

   A. 编辑层　　　　B. 绘画层

C. 文本层之下层　　D. 绘图层之下层

2. TOC 域属于（　　）。

A. 等式和公式　　B. 索引和目录

C. 文档自动化　　D. 日期和时间

3. （　　）是特殊的指令，在域中可引发特定的操作。

A. 域名　　B. 域参数运筹学

C. 域代码　　D. 域开关

4. 下列关于目录的说法，正确的是（　　）。

A. 当新增了一些内容使页码发生变化时，生成的目录不会随之改变，需要手动更改

B. 目录生成后有时目录文字下会有灰色底纹，打印时会打印出来

C. 如果要把某一级目录文字字体改为“小三”号，需要一一手动修改

D. Word 的目录提取是基于大纲级别和段落样式的

5. 下列不是目录对话框中的内容（　　）。

A. 打印预览与 Web 预览　　B. 制表符前导符号下拉列表

C. 样式下拉列表　　D. 显示级别选项框

6. 如果要将某个新建样式应用到文档中，以下（　　）无法完成样式的应用。

A. 使用快速样式库或样式任务窗格直接应用

B. 使用查找与替换功能替换样式

C. 使用格式刷复制样式

D. 使用【Ctrl+W】组合键重复应用样式

7. 无法为（　　）创建交叉引用。

A. 引文　　B. 书签

C. 公式　　D. 脚注

8. 在书籍杂志的排版中，为了将页边距根据页面的内侧、外侧进行设置，可将页面设置为（　　）。

A. 对称页边距　　B. 拼页

C. 书籍折页　　D. 反向书籍折页

9. 每年的元旦，某信息公司要发大量的内容相同的信，只是信中的称呼不一样，为了不做重复的编辑工作、提高效率，可用（　　）实现。

A. 邮件合并　　B. 书签

C. 信封和选项卡　　D. 复制

10. 在 Word 中建立索引，是通过标记索引项，在被索引内容旁插入域代码形式的索引项，随后再根据索引项所在的页码生成索引。与索引类似，以下（　　）不是通过标记引用项所在位置生成目录。

A. 目录　　B. 书目

C. 图表目录　　D. 引文目录

11. 在表格中，如需运算的空格恰好位于表格最底部，需将该空格以上的内容累加，可通过该插入（　　）实现。

A. =ADD(BELOW)　　B. =ADD(ABOVE)
C. =SUM(BELOW)　　D. =SUM(ABOVE)

12. 页面的页眉信息区域是指（　　）。
A. 页眉设置值的区域
B. 页面的上边距的区域
C. 页面的上边距减去页眉设置值的区域
D. 页面的上边距加上页眉设置值的区域

13. 在同一个页面中，如果希望页面上半部分为一栏，后半部分分为两栏，应插入的分隔符号为（　　）。
A. 分页符　　B. 分栏符
C. 分节符（连续）　　D. 分节符（奇数页）

14. 关于交叉引用，以下说法正确的是（　　）。
A. 在书籍、期刊、论文正文中用于标识引用来源的文字被称为交叉引用
B. 交叉引用是在创建文档时参考或引用的文献列表，通常位于文档的末尾
C. 交叉引用设定在对象的上下两边，为对象添加带编号的注程说明
D. 为文档内容添加的注释内容设置引用说明，以保证注程与文字对应关系的引用关系称为交叉引用

15. 在 Word 中，域信息由域的代码符号和字符两种形式显示。执行（　　）命令，这两种形式可以相互转。
A. 更新域　　B. 切换域代码
C. 编辑域　　D. 插入域

16. Word 中的手动换行符是通过（　　）产生的。
A. 插入分页符　　B. 插入分节符
C. 【Enter】键　　D. 【Shift+Enter】组合键

17. Word 文档的编辑限制包括（　　）。
A. 格式设置限制　　B. 编辑限制
C. 权限保护　　D. 以上都是

18. 在文档中插入“奇数页”分节符，就是（　　）。
A. 将分节符之前的内容定位在下一页，并将这页的页码修改为奇数页
B. 将分节符之前的内容定位在下一个奇数页上，如果遇到偶数页就跳空跨过
C. 将分节符之后的内容定位在下一页，并将这页的页码修改为奇数页
D. 将分节符之后的内容定位在下一个奇数页上，如果遇到偶数页就跳空跨过

19. 我们常用的打印纸张 A3 和 A4 的关系是（　　）。
A. A3 是 A4 一半　　B. A3 是 A4 的一倍
C. A4 是 A3 的四分之一　　D. A4 是 A3 的一倍

20. 以下关于 Word 目录的描述，说法正确的是（　　）。
A. 默认建立的目录开启了超链接功能。只需要按下【Shift】键，同时在目录上单击，就可以跳转到目录对应的文档位置

B. 应用“引用”选项卡中的“目录”→“插入目录”命令，可以快速自动地为各种形式的文档生成目录

C. 当章、节标题发生变化时，按【F9】功能键可以自动更新生成的目录

D. 如果要更改目录样式，需要在文档模板中一并进行更改设置

21. （　　）域用于依序为文档中的章节、表、图以及其他页面元素编号。

A. StyleRef　　B. TOC

C. Seq　　D. PageRef

22. 以下（　　）不是 Word 的标准选项卡。

A. 审阅　　B. 图表工具

C. 开发工具　　D. 加载项

23. 可以折叠和展开文档标题并进行标题级别设置和升降级的视图方式是（　　）。

A. 页面视图　　B. 大纲视图

C. 草稿视图　　D. Web 版式视图

24. 关于导航窗格，以下表述错误的是（　　）。

A. 能够浏览文档中的标题

B. 能够浏览文档中的各个页面

C. 能够浏览文档中的关键文字和词

D. 能够浏览文档中的脚注、尾注、题注等

25. Office 提供的对文件的保护包括（　　）。

A. 防打开　　B. 防修改

C. 防丢失　　D. 以上都是

26. 关于大纲级别和内置样式的对应关系，以下说法正确的是（　　）。

A. 如果文字套用内置样式“正文”，则一定在大纲视图中显示为“正文文本”

B. 如果文字在大纲视图中显示为“正文文本”，则一定对应样式为“正文”

C. 如果文字的大纲级别为 1 级，则被套用样式“标题 1”

D. 以上说法都不正确

27. 一个 Word 文档共有 5 页内容，其中第 1 页的正文文字垂直竖排，第 2 页文字有行号，第 3 页的文字段落前有项目符号，第 4 页文字段落首字下沉，第 5 页有页面边框，最优的处理方法是（　　）。

A. 插入五个硬分页　　B. 插入四个“下一页”的节

C. 插入三个“下一页”的节　　D. 插入五个“下一页”的节

28. 关于 Word 修订，下列（　　）是错误的。

A. 在 Word 中可以突出显示修订

B. 不同修订者的修订会用不同颜色显示

C. 所有修订都用同一种比较鲜明的颜色显示

D. 在 Word 中可以针对某一修订接受或拒绝修订

29. 如果 Word 文档中有一段文字不允许别人修改，可以通过（　　）。

A. 格式设置限制　　B. 编辑限制

C. 设置文件修改密码　　D. 以上都是

30. 切换域代码和域结果的快捷键是（　　）。

A. 【F9】　　B. 【Ctrl+F9】　　C. 【Shift+F9】　　D. 【Alt+F9】

31. 主控文档的创建和编辑操作可以在（　　）中进行。

A. 页面视图　　B. 大纲视图

C. 草稿视图　　D. Web 版式视图

32. 在 Word 中，按照用途可以将域分为（　　）类。

A. 6　　B. 7　　C. 8　　D. 9

33. 在 Word 新建段落样式时，可以设置字体、段落、编号等多项样式属性，以下不属于样式属性的是（　　）。

A. 制表位　　B. 语言　　C. 文本框　　D. 快捷键

34. 若文档被分为多个节，并在“页面设置”的版式选项卡中将页眉和页脚设置为奇偶页不同，则以下关于页眉和页脚说法正确的是（　　）。

A. 文档中所有奇偶页的页眉必然都不相同

B. 文档中所有奇偶页的页眉可以都不相同

C. 每个节中奇数页页眉和偶数页页眉必然不相同

D. 每个节的奇数页页眉和偶数页页眉可以不相同

35. 通过设置内置标题样式，以下（　　）功能无法实现。

A. 自动生成题注编号　　B. 自动生成脚注编号

C. 自动显示文档结构　　D. 自动生成目录

36. 防止文件丢失的方法有（　　）。

A. 自动备份　　B. 自动保存

C. 另存一份　　D. 以上都是

37. Word 中运用文档的（　　）功能，可以进行建立批注、标记修订、跟踪修订标记等操作，提高文档编辑效率。

A. 审阅　　B. 插入

C. 查找　　D. 新建

38. 在记录单的右上角显示“3/30”，其意义是（　　）。

A. 当前记录单仅允许 30 个用户访问

B. 当前记录是第 30 号记录

C. 当前记录是第 3 号记录

D. 您是访问当前记录单的第 3 个用户

39. 可以查看文档页面的页眉页脚的视图方式有（　　）。

A. 页面视图和草稿视图

B. 页面视图和大纲视图

C. 页面视图和阅读版式视图

D. 页面视图和 Web 版式视图

40. 插入硬回车的快捷键是（　　）。

A. 【Ctrl+Enter】　　B. 【Alt+Enter】
C. 【Shift+Enter】　　D. 【Enter】

41. Word 插入题注时如需加入章节号，如“图 1-1”，无须进行的操作是（　　）。
A. 将章节的标题套用固定样式
B. 将章节的标题应用多级列表
C. 将章节起始位置应用自动编号
D. 自定义题注样式为“图”

42. 关于 Word 的页码设置，以下表述错误的是（　　）。
A. 页码可以被插入到页眉页脚区域
B. 页码可以被插入到左右页边距
C. 如果希望首页和其他页页码不同必须设置“首页不同”
D. 可以自定义页码并添加到构建基块管理器中的页码库中

43. 以下（　　）是可被包含在文档模板中的元素：①样式；②快捷键；③页面设置信息；④宏方案项；⑤工具栏。
A. ①②④⑤　　B. ①②③④
C. ①③④⑤　　D. ①②③④⑤

44. 关于题注的说明，以下说法错误的是（　　）。
A. 题注由标签及编号组成
B. 题注主要针对文字、表格、图片和图形混合编排的大型文稿
C. 题注设定在对象的上下两边，为对象添加带编号的注释说明
D. 题注本质上与脚注和尾注是没有区别的

45. 插入软回车的快捷键是（　　）。
A. 【Ctrl+Enter】　　B. 【Alt+Enter】
C. 【Shift+Enter】　　D. 【Enter】

46. 能够呈现页面实际打印效果的视图方式是（　　）。
A. 页面视图　　B. 大纲视图
C. 草稿视图　　D. Web 版式视图

47. 如果想让不同页面具有不同的页面背景图片（不遮挡页眉页脚的信息），可以通过（　　）。
A. 先插入节并取消节与节的关联关系，然后设置不同节的页面背景
B. 先插入节并取消节与节的关联关系，然后在页眉或页脚区插入图片并设置浮于文字之上
C. 先插入节并取消节与节的关联关系，然后在版心正文区插入图片并设置衬于文字之下
D. 先插入节并取消节与节的关联关系，然后在页眉或页脚区插入图片并设置衬于文字之下

二、判断题

1. 在文字行的尾端按【Enter】键，可以实现分段的效果，分段主要用于设置以段落为单位的段落格式。　(　　)

2. 文档右侧的批注框只用于显示批注。　(　　)

3. 按人员限制权限可能分为用户账户限制和文档的权限。　(　　)

4. Word 的屏幕截图功能可以将任何最小化后收藏到任务栏的程序屏幕视图等插入到文档中。　(　　)

5. 页眉页脚区的信息空间是固定的，不可以逾越。　(　　)

6. 页面的页码必须放置在页脚的位置。　(　　)

7. Word 文档的格式可以限制对选定的样式进行格式设置。　(　　)

8. 标题导航窗格中的内容是可以直接编辑和修改的。　(　　)

9. 无论是草稿视图还是大纲视图都只显示文字信息，所以浏览和翻页的加载速度都非常快，适合文本信息的编辑处理。　(　　)

10. 分栏的栏宽和间隙都可以自定义调整。　(　　)

11. 拒绝修订的功能等同于撤销操作。　(　　)

12. “下一页”分节符与硬分页的效果相同。　(　　)

13. 页面的页码可以通过键盘直接输入页码编号的数码。　(　　)

14. Office 的 Word 文档有两种密码，一种是打开密码，一种是文档保护密码。　(　　)

15. 在审阅时，对于文档中的所有修订标记只能全部接受或全部拒绝。　(　　)

16. “邮件合并”不是域的一个类。　(　　)

17. 目录生成后会独占一页，正文内容会自动从下一页开始。　(　　)

18. 审阅者添加的修订只能接受，不能拒绝。　(　　)

19. 设置页码格式和在指定位置插入页码是两个独立的操作，要分开进行。　(　　)

20. 通过打印设置中的“打印标记”选项，可以设置文档中的修订标记是否被打印出。　(　　)

21. 域是文档中可能发生变化的数据或邮件合并文档中套用信封、标签的占位符。　(　　)

22. 页面的水印既可以是文字也可以是图片，都可以自定义。　(　　)

23. 栏与栏之间可以添加分隔线。　(　　)

24. 可以通过“加密文档”给文档加个密码，只有拥有密码的用户才能打开。　(　　)

25. 与页码设置一样，脚注也支持节操作，可以为注释引用标记在每节中重新编号。　(　　)

26. 软回车和硬回车都可以通过查找替换功能删除。　(　　)

27. 打印时，在 Word 中插入的批注将与文档内容一起被打印出来，无法隐藏。 (　　)

28. 为文档的标题设置 1 到 9 级的大纲级别，可以在大纲视图中进行，数字越大级别越高。 (　　)

29. 主控文档中的子文档既可以折叠为几行超链接，也可以展开为长文档并自动生成整个文档的目录。 (　　)

30. 无论当前纸张的方向是横向还是纵向，当将文字的方向设置为垂直时，系统总是自动将纸张的方向改变。 (　　)

31. 若要使格式设置限制或者编辑限制生效，不一定要启动强制保护。 (　　)

32. 主控文档与常规的普通文档的区别是它与其包含的子文档有特别的连接关系。 (　　)

33. 隐藏修订不会从文档中删除现有的修订或批注。 (　　)

34. 删除样式时，在快速样式库和样式任务窗格中删除都是一样的，没有区别。 (　　)

35. 添加数字签名也是目前比较流行的一种文档保护功能。 (　　)

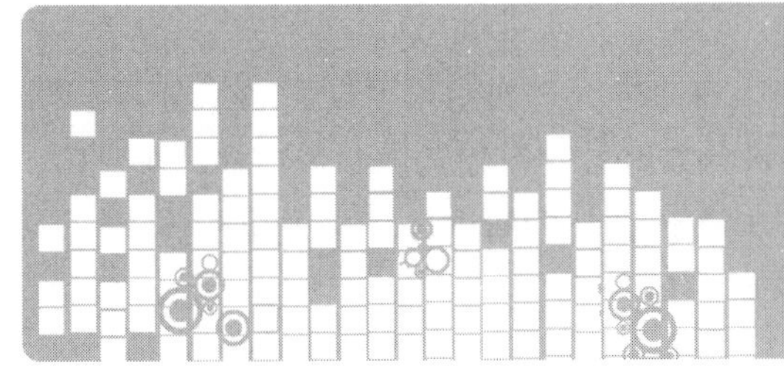

第2章 Excel 2019高级应用

Excel 2019是微软公司的办公软件 Microsoft Office 2019的组件之一，它可以进行各种数据处理、统计分析和辅助决策操作，广泛地应用于管理、统计财经、金融等众多领域。Excel中大量的公式函数可以应用选择，使用 Microsoft Excel可以执行计算，分析信息并管理电子表格或网页中的数据信息列表与数据资料图表制作，可以实现许多方便的功能，带给使用者方便。

Excel 2019，可以通过比以往更多的方法分析、管理和共享信息，从而帮助用户作出更好、更明智的决策。全新的分析和可视化工具可帮助用户跟踪和突出显示重要的数据趋势。可以在移动办公时从几乎所有 Web浏览器或 Smartphone访问用户的重要数据。用户甚至可以将文件上载到网站并与其他人同时在线协作。无论用户是要生成财务报表还是管理个人支出，使用 Excel 2019都能够更高效、更灵活地实现目标。

2.1 数据的输入

2.1.1 基本数据输入

我们可以在 Excel 的单元格中输入很多类型的数据，如数值型、文本型、日期型、时间型等。

输入数据时首先应选中要输入数据的单元格，然后直接输入数据，这时将替换原单元格的内容。还可以双击单元格或单击编辑栏，修改原单元格中的数据。不同数据类型的输入方法有所不同。

1．数值型数据的输入

数值型数据一般包括整数、实数、分数等，默认情况下，输入的数值型数据是右对齐的。

当数字的长度超过11位时，Excel将自动使用科学计数法来表示输入的数字。例如，输入“12345678901”，Excel会在单元格中自动用“1.235E+10”来显示该数字。

Excel可以表示和存储的数字，最大精确到15位有效数字。对于超过15位的整数数字，Excel会自动将15位以后的数字变为0。例如，先把单元格格式设置成“数字”，然后输入

1234567890123456789，在单元格中显示为1234567890123450000。

（1）输入负数。输入负数时，除了直接输入负号“-”外，也可以使用括号括起来。例如，输入“-77”和（77），都可以表示负数-77。

（2）输入分数。在单元格中输入分数时，如果直接输入，如输入“1/5”，Excel将会自动转换为日期数据，显示的是“1 月 5 日”。输入分数时，需在输入的分数前加一个“0”和一个空格。例如，要输入分数“1/5”，则在单元格中输入“0 1/5”，再【Enter】键即可。当然也可以把单元格格式设置成分数，然后直接输“1/5”。

2. 文本型数据的输入

Excel中文本型数据包括英文字母、汉字、阿拉伯数字、特殊符号等。默认情况下，输入的文本型数据是左对齐的。

（1）一般文本直接输入即可。

（2）如果输入的文本是由不需要进行数值计算的数字组成的，如身份证号码、手机号码、学号等，它们并不代表数量，而是描述性的文本。为了避免Excel把它按数值型数据处理，在输入的数字前先输一个单引号“'”（英文符号）；或者先输入等号“=”，然后用双引号（英文符号）将输入的数字括起来。例如，输入序号“007”，可以在单元格中输入'007或者="007"。当然也可以先把单元格格式设置成文本，然后直接输数字。

3. 日期型和时间型数据输入

（1）输入日期。在单元格中输入日期数据时，需要按照年、月、日的顺序输入，年月日之间用横线“-”或斜线“/”分割。例如，要输入2021年2月14日，可以在单元格内输入2021-2-14或2021/2/14。如果要输入当前系统日期，按下组合键【Ctrl+;】即可。

（2）输入时间。在单元格中输入时间数据时，需要按照“小时：分钟：秒”的格式输入。如果按12小时制输入时间，则应在时间数字后空一格，然后输入字母“a”（表示上午）或“p”（表示下午），例如“8:55 p”。如果要输入当前系统时间，按下组合键【Ctrl+Shift+;】即可。

2.1.2 序列填充输入

在输入数据时，可能经常输入一些具有一定规律的数据的情况。例如，输入一个班级学生的学号、输入某个月的连续的日期序列、输入等差数列或等比数列等。同时Excel中已内置了一些具有一定规律的序列数据，例如，“星期日，星期一，星期二……”、“甲，乙，丙……”、“Sunday，Monday，Tuesday……”、“子，丑，寅……”等。

对于要输入上述有规律的数据或者内置的序列数据，只要在某个单元格输入序列中的任意元素，把光标放在该单元格右下角，光标变成实心加号后拖动鼠标（可向上、下、左、右四个方向拖动），就能实现数据的填充输入。

在实际的工作中，我们需要经常输入相同的序列数据，而这序列数据系统没有内置，则可以采用自定义序列的方式来实现。

例如，在Sheet1工作表的“A1:D1”区域中，利用序列填充方法连续输入“序号”、“学号”、“姓名”和“性别”。

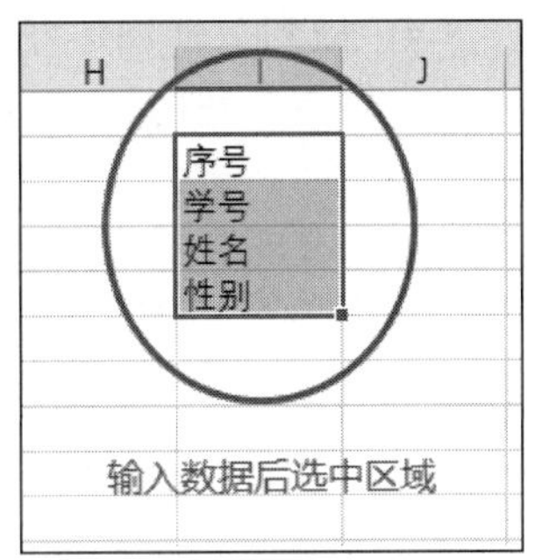

图 2-1　输入数据并选中区域

由于需要输入的序列数据系统中没有内置，所以需要自定义序列，这里有两种方法可以创建。

1. 基于已有序列数据导入创建

（1）在工作表的四个连续单元格中，依次输入序列数据“序号、学号、姓名、性别”，然后选中该序列所在的单元格区域，如图 2-1 所示。

（2）选择“文件”选项卡中的“选项”命令，在弹出的“Excel 选项”对话框中，选择“高级”选项卡，然后把窗口右侧的滚动条向下拖动，找到“常规”区，如图 2-2 所示。

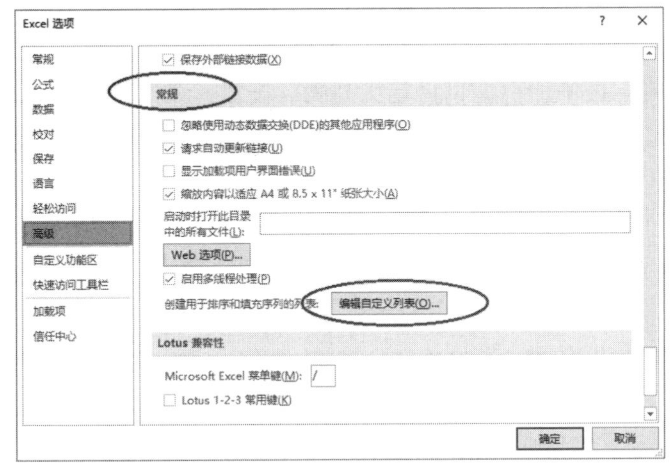

图 2-2　“Excel 选项”对话框

（3）单击“常规”区中的“编辑自定义列表”按钮，弹出“自定义序列”对话框。此时，在第一步中选中的区域已显示在“导入”按钮左边的文本框中，单击“导入”按钮，再单击“确定”按钮，如图 2-3 所示，即完成序列数据的创建。然后就可以发现，刚刚创建的序列已经出现在自定义序列列表中，如图 2-4 所示。

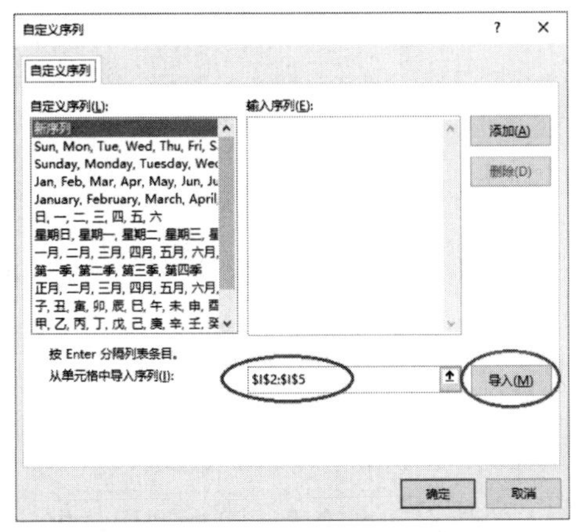

图 2-3　“自定义序列”对话框

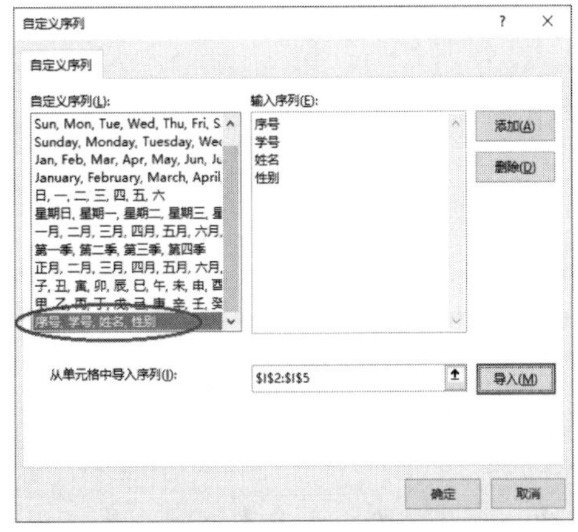

图 2-4　查看自定义序列数据

（4）序列数据创建好后，在 Sheet1 工作表的 A1 单元格中输入“序号”，然后再拖动 A1 单元格右下角的填充柄，就可以完成数据的输入，如图 2-5 所示。

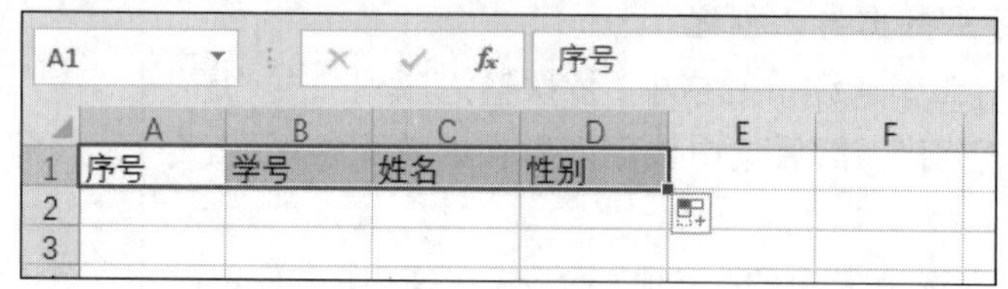

图 2-5　数据输入

2．自定义新序列创建

（1）选择“文件”选项卡中的“选项”命令，在弹出的“Excel 选项”对话框中，选择“高级”选项卡，然后把窗口右侧的滚动条向下拖动，找到“常规”区（见图 2-2）。

（2）单击“常规”区中的“编辑自定义列表”按钮，弹出“自定义序列”对话框。然后在对话框中间的“输入序列”文本框中，依次输入序列数据“序号、学号、姓名、性别”，每输完一个数据后按【Enter】键确认输入。待数据全部输完后，单击文本框右侧的“添加”按钮，就可以发现，刚刚创建的序列已经出现在“自定义序列”列表中，如图 2-6 所示。最后再单击“确定”按钮，退出“自定义序列”窗口，就可以完成新序列数据的创建。

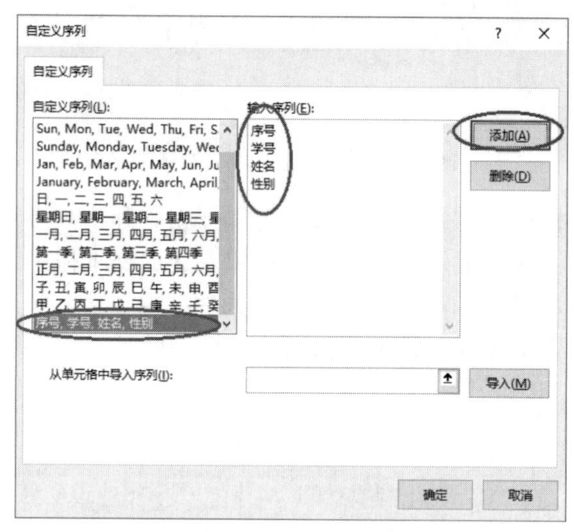

图 2-6　输入序列数据

（3）序列数据创建好后，我们在 Sheet1 工作表的 A1 单元格中输入“序号”，然后再拖动 A1 单元格右下角的填充柄，就可以完成数据的输入（见图 2-5）。

2.1.3　数据验证

在 Excel 中输入大量数据时，为了提高数据输入的效率和准确性，可以利用数据验证，对数据的录入添加一定的限制条件。对于符合条件的数据，允许输入；对于不符合条件的数据，则禁止输入。这样就可以依靠系统来检查输入数据的有效性，避免错误的数据录入。比如限制输入数据的长度，限制输入的数值或时间日期的范围，设置下拉列表数据，设置同列或同行的单元格不能输入重复的数据，设置输入的数据违反验证规则时的提示信息等。

1．限制输入数据的长度

有时在输入数据时，数据不能超过一定的长度，如果超出系统将给出错误的提示信息，这种情况就可以用数据验证来实现。

例如，要将 Sheet1 的 A1 单元格设置为只能录入 7 位数字或文本。当录入位数错误时，提示错误原因，样式为“警告”，错误信息为“只能录入 7 位数字或文本”。

具体的操作步骤如下：

（1）先选中 Sheet1 的 A1 单元格，然后选择“数据”→“数据工具”→“数据验证”→“数据验证”命令，如图 2-7 所示。

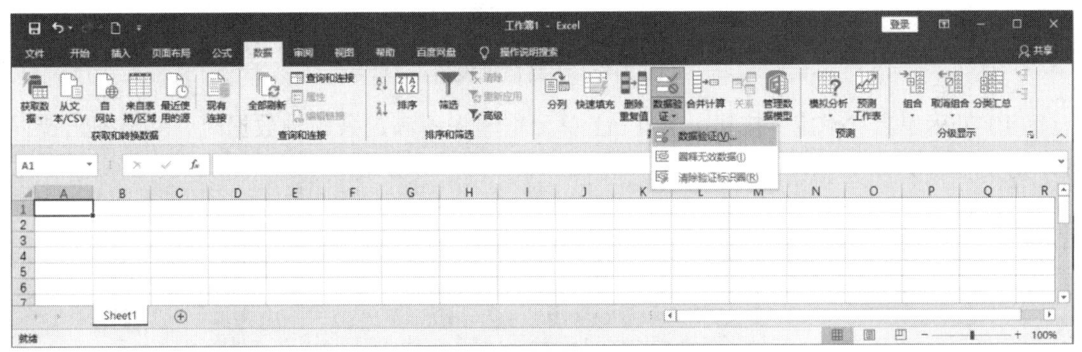

图 2-7　选择"数据验证"命令

（2）打开“数据验证”对话框，选择“设置”选项卡，在“允许”下拉列表框选择“文本长度”选项，然后在“数据”下拉列表框选择“等于”选项，“长度”文本框设置成“7”，如图 2-8 所示。

图 2-8　“数据验证”对话框

（3）选择“出错警告”选项卡，“样式”下拉列表框中选择“警告”，“错误信息”文本框内输入“只能录入 7 位数字或文本”，如图 2-9 所示。

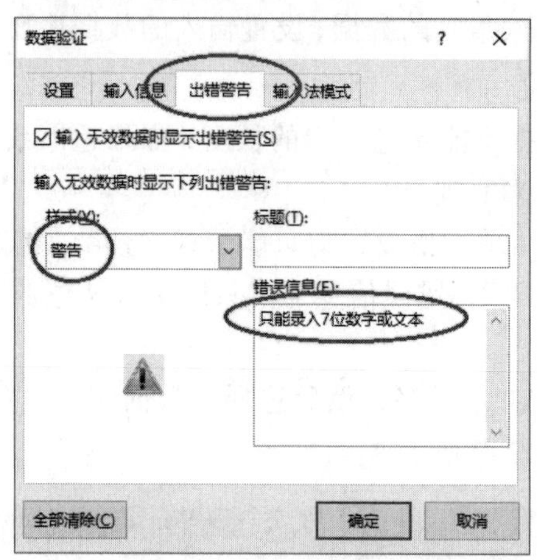

图 2-9　出错信息设置

（4）最后单击“确定”按钮。当在 A1 单元格输入不满足条件的数据时，就会弹出错误提示对话框，如图 2-10 所示。

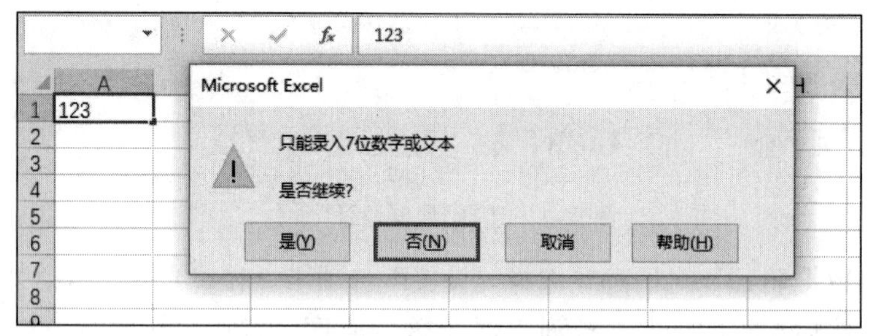

图 2-10　错误提示信息

2. 限制输入的数值或时间日期的范围

一般考试分数是介于 0 到 100 的数字，但在 Excel 工作表中输入分数时难免会出错，为了避免出现类似错误，可以利用数据验证来限制单元格内输入的数值（包括整数、小数）、时间或日期的范围。

例如，将 Sheet1 的 A1:E10 区域设置为只能录入介于 0 到 100 的整数，在输入数据时，会给出提示信息“只能输入介于 0 到 100 的整数”。

具体的操作步骤如下：

（1）先选中 Sheet1 的 A1:E10 区域，然后参考前面介绍的方法，打开“数据验证”对话框，选择“设置”选项卡，在“允许”下拉列表框中选择“整数”，然后在“数据”下拉列表框选择“介于”选项，“最小值”文本框设置成“0”，“最大值”文本框设置成“100”，如图 2-11 所示。

（2）选择“输入信息”选项卡，在“输入信息”文本框内输入“只能输入介于 0 到 100 的整数”，如图 2-12 所示。最后单击“确定”按钮。

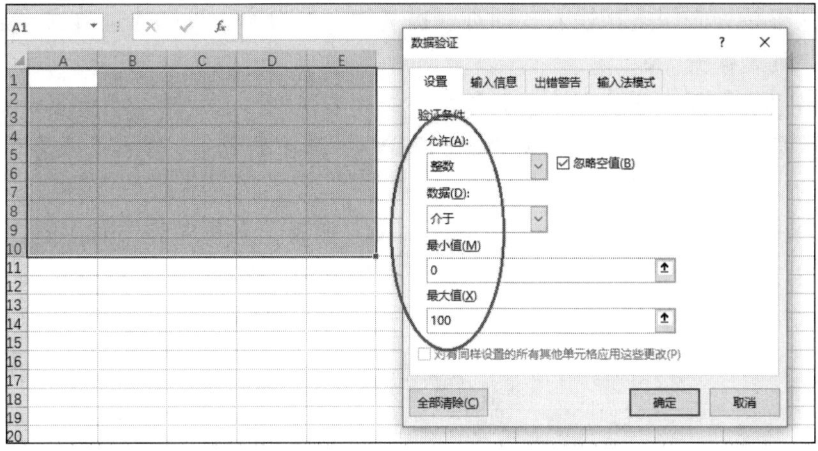

图 2-11　“数据验证”对话框

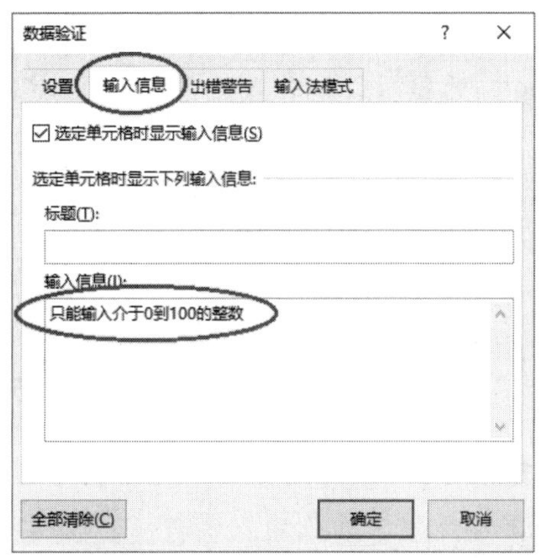

图 2-12　输入信息设置

（3）最后单击“确定”按钮。当选中 A1 单元格时，单元格右下角出现提示信息，如果输入整数“111”后，就会弹出错误提示对话框，如图 2-13 所示。

图 2-13　错误提示信息

3. 设置下拉列表数据

在 Excel 中输入有固定选项的数据时，例如，职称、学历、性别、婚否、部门等，如果能直接从下拉列表中选择输入，则可以提高输入的效率。可以通过数据验证的序列工具来创建下拉列表数据。

例如，通过数据验证的序列工具创建下拉列表数据，来完成“公务员考试成绩表”中考生学历信息的录入，学历只能从“博士研究生、硕士研究生、本科、大专、无”中选择。

具体的操作步骤如下：

（1）先选中“学历”列的 G3:G18 区域，然后打开“数据验证”对话框，选择“设置”选项卡，在“允许”下拉列表框选择“序列”，然后在“来源”文本框中输入“博士研究生,硕士研究生,本科,大专,无”（注意数据之间用英文逗号分隔开），如图 2-14 所示。

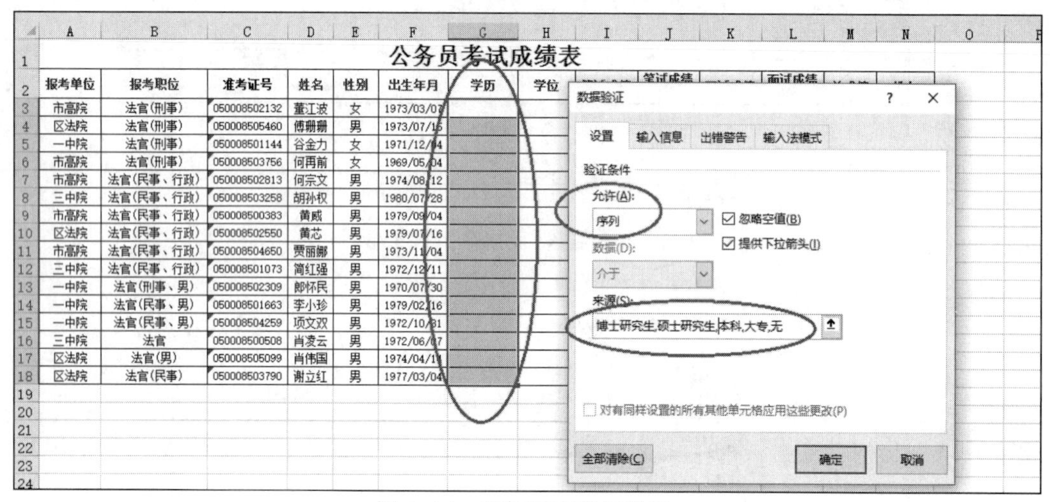

图 2-14 下拉列表数据设置

（2）最后单击“确定”按钮。在工作表中，当在“学历”列的 G3:G18 区域内任一单元格输入数据时，单元格右边显示一个下拉按钮，单击此下拉按钮，就会弹出下拉列表供选择，在其中选择一个值填入即可，如图 2-15 所示。

公务员考试成绩表

报考单位	报考职位	准考证号	姓名	性别	出生年月	学历	学位	笔试成绩	笔试成绩比例分	面试成绩	面试成绩比例分	总成绩	排名
市高院	法官(刑事)	050008502132	董江波	女	1973/03/07			154.00		68.75			
区法院	法官(刑事)	050008505460	傅珊珊	男	1973/07/15			136.00		90.00			
一中院	法官(刑事)	050008501144	谷金力	女	1971/12/04			134.00		89.75			
市高院	法官(刑事)	050008503756	何再前	女	1969/05/04			142.00		76.00			
市高院	法官(民事、行政)	050008502813	何宗文	男	1974/08/12			148.50		75.75			
三中院	法官(民事、行政)	050008503258	胡孙权	男	1980/07/28			147.00		89.75			
市高院	法官(民事、行政)	050008500383	黄威	男	1979/09/04	博士研究生		134.50		76.75			
区法院	法官(民事、行政)	050008502550	黄芯	男	1979/07/16	硕士研究生		141.00		89.50			
市高院	法官(民事、行政)	050008504650	贾丽娜	男	1973/11/04	本科		148.00		78.00			
三中院	法官(民事、行政)	050008501073	简红强	男	1972/12/11	大专		143.00		90.25			
一中院	法官(刑事、男)	050008502309	郎怀民	男	1970/07/30	无		134.00		86.50			
一中院	法官(民事、男)	050008501663	李小珍	男	1979/02/16			153.50		90.67			
一中院	法官(民事、男)	050008504259	项文双	男	1972/10/31			133.50		85.00			
三中院	法官	050008500508	肖凌云	男	1972/06/07			128.00		67.50			
区法院	法官(男)	050008505099	肖伟国	男	1974/04/14			117.50		78.00			
区法院	法官(民事)	050008503790	谢立红	男	1977/03/04			131.50		58.17			

图 2-15 下拉列表数据输入

4. 设置同列或同行的单元格不能输入重复的数据

在 Excel 中输入数据时，有些同行或同列中的单元格内容是唯一的，例如，身份证号等，为了避免输入重复的数据，可以使用数据验证来实现。

例如，在 Sheet1 工作表中，禁止在 E 列中输入重复数据。

具体的操作步骤如下：

（1）先单击 Sheet1 工作表的列标“E”，选中 E 列，然后参考前面介绍的方法，打开“数据验证”对话框，选择“设置”选项卡，在“允许”下拉列表框选择“自定义”，然后在“公式”文本框中输入公式“=COUNTIF(E:E,E1)=1”，如图 2-16 所示。

图 2-16　“数据验证”对话框

（2）最后单击“确定”按钮。在工作表中，先在 E1 单元格输入数据“1”，然后在 E3 单元格再输入“1”时，就会弹出错误提示对话框，如图 2-17 所示。

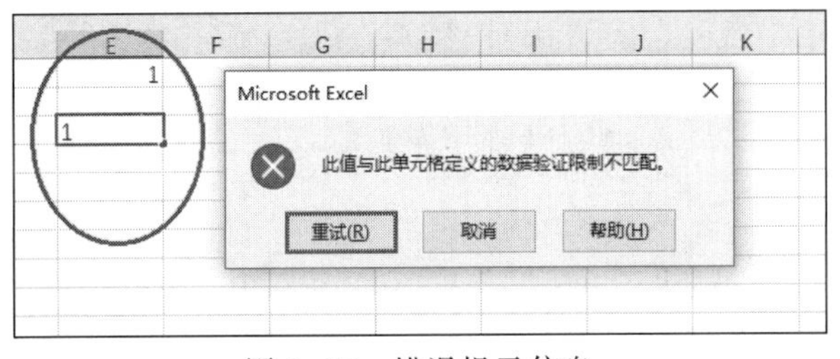

图 2-17　错误提示信息

2.1.4　条件格式

在 Excel 中进行数据分析时，可以通过条件格式让单元格中的数据满足特定条件时，用区别于其他单元格的外观展现出来。Excel 内置了“突出显示单元格规则”、“最前/最后规则”、“数据条”、“色阶”和“图标集”5 种可供选择的条件格式。

1. 突出显示单元格规则

例如，要把某个班所有成绩小于 60 的单元格的文字设置为红色加粗。

具体的操作步骤如下：

（1）先把所有同学的全部课程的成绩区域选中，然后选择“开始”→“样式”→“条件格式”→“突出显示单元格规则”→“小于”命令，如图 2-18 所示。

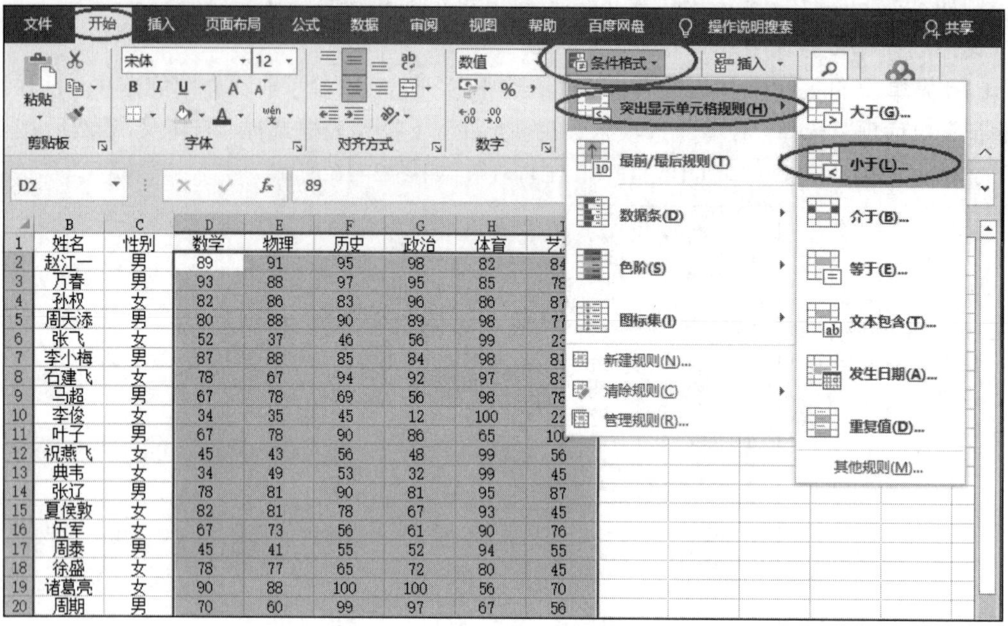

图 2-18　突出显示单元格规则

（2）打开“小于”的单元格格式设置对话框，在文本框内输入“60”，在“设置为”下拉列表中选择“自定义格式”选项，如图 2-19 所示。

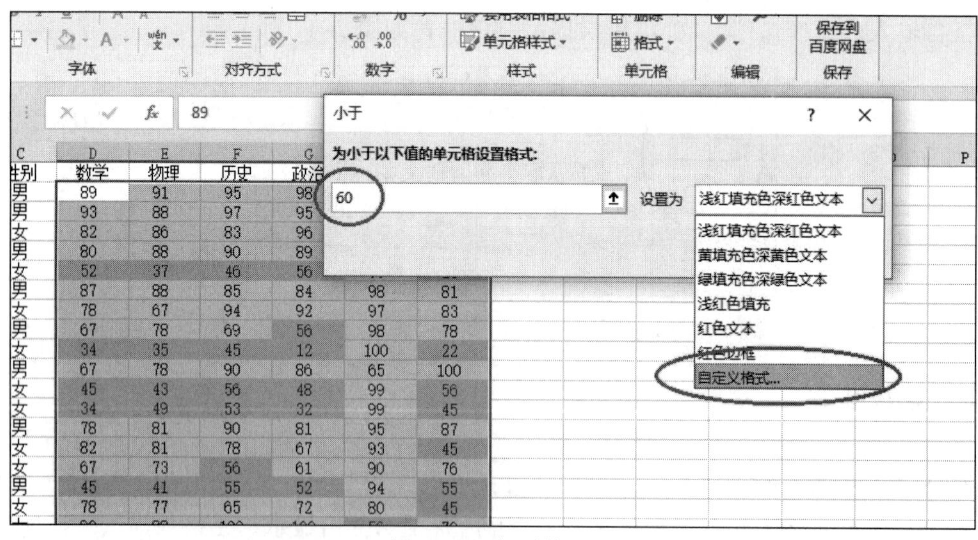

图 2-19　规则设置

（3）打开“设置单元格格式”对话框，单击“字体”选项卡，把“字形”设置为“加粗”，字体“颜色”设置为“红色”，然后单击“确定”按钮，如图 2-20 所示，返回“小于”对话框，再单击“确定”按钮即可。

图 2-20　字体格式设置

2. 最前/最后规则

例如，把总分前五名的单元格格式设置成“黄填充色深黄色文本”。

具体的操作步骤如下：

（1）先把所有同学的“总分”列区域选中，然后选择“开始”→“样式”→“条件格式”→“最前/最后规则”→“前 10 项”命令，如图 2-21 所示。

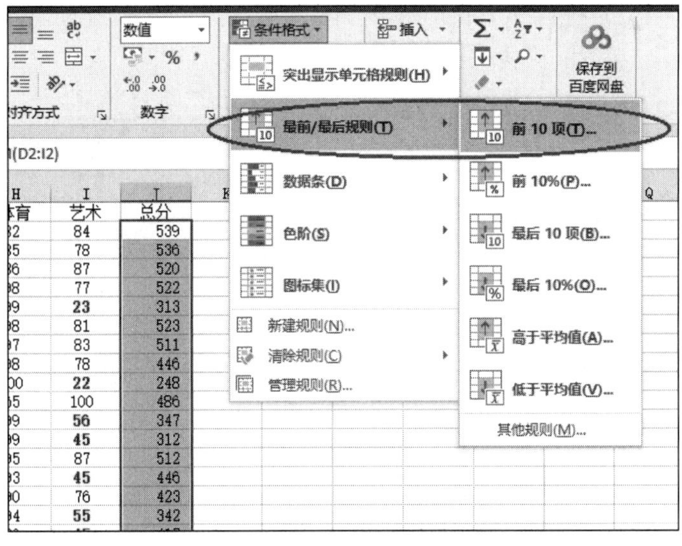

图 2-21　最前/最后规则

（2）打开“前 10 项”设置对话框，在选择框内输入“5”，在“设置为”下拉列表中选择“黄填充色深黄色文本”选项，如图 2-22 所示。最后单击“确定”按钮即可。

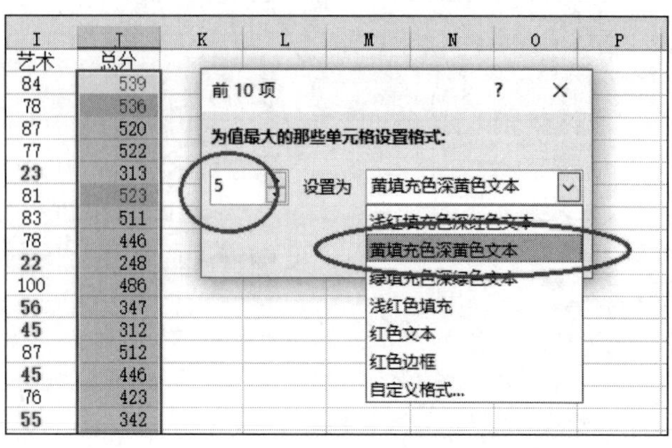

图 2-22 “前 10 项”设置对话框

3. 数据条

可以给数字单元格添加带颜色的数据条，用来代表单元格的值，数据条越长说明值越大。例如，我们给某个班级的每个同学的总分列设置数据条。

首先，先选中“总分”列区域，具体设置方法参考图 2-23 所示。

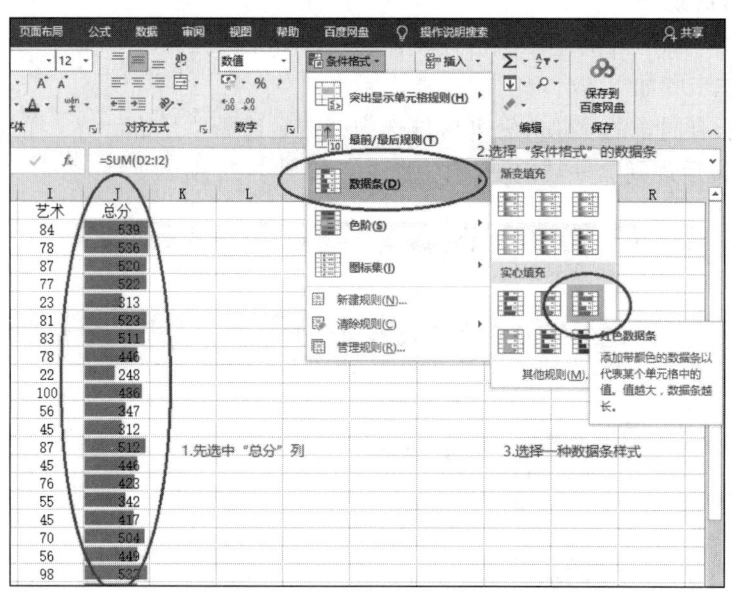

图 2-23 数据条设置

4. 色阶

可以给数字单元格添加渐变的颜色，不同的颜色表示不同的范围的数据。例如，给某个班级的每个同学的总分列设置色阶。

首先，先选中“总分”列区域，具体设置方法参考图 2-24。

5. 图标集

可以给数字单元格添加图标集，不同的图标表示不同的范围的数据。例如，给某个班级的每个同学的总分列设置图标集。

首先，先选中“总分”列区域，具体设置方法参考图 2-25。

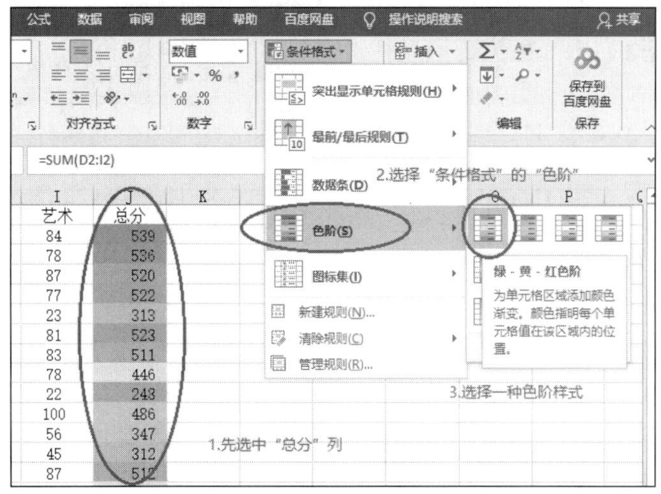

图 2-24　色阶设置

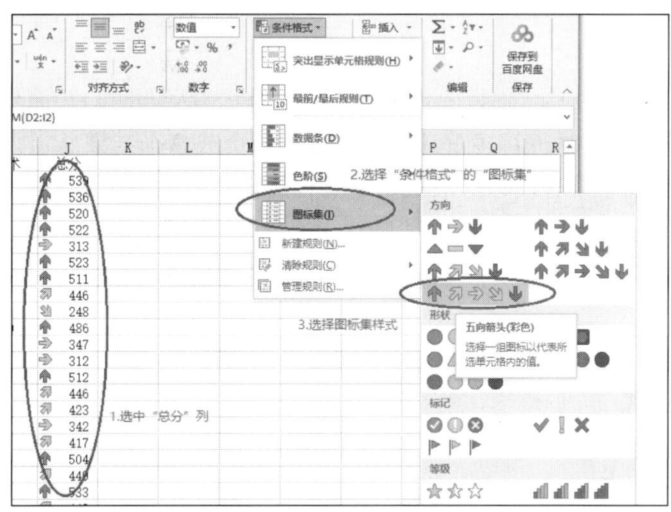

图 2-25　图标集设置

2.2　数组公式

2.2.1　数组

所谓数组就是由若干个数据元素构成的数据集合，数据元素可以是数字、文本和逻辑值等。

Excel 中的数组是指一行、一列或多行多列的一组数据元素的集合，在 Excel 中用{}进行创建，其中同一行的元素用逗号“,”隔开，不同行的元素用分号“;”隔开。图 2-26 列出了 Excel 中常见的几种数组形式。

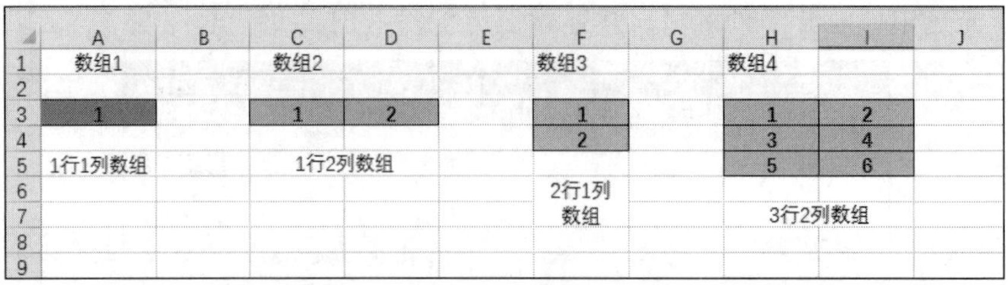

	A	B	C	D	E	F	G	H	I	J
1	数组1		数组2			数组3		数组4		
2										
3	1		1	2		1		1	2	
4						2		3	4	
5	1行1列数组		1行2列数组					5	6	
6						2行1列				
7						数组		3行2列数组		
8										
9										

图 2-26　Excel 的数组形式

我们用花括号{}来表示以上的数组形式。

数组 1：{1}，它表示一维数组。

数组 2：{1，2}，它表示一维数组。

数组 3：{1；2}，它表示一维数组。

数组 4：{1，2；3，4；5，6}，它表示二维数组。

注意：以上的表示形式中分隔符一定要区别清楚。

2.2.2　数组公式

数组公式可以认为是 Excel 对公式和数组的一种扩充，也可以说是以数组为参数的公式。通过数组公式可以同时进行多重计算，并返回一个或多个结果。

Excel 中数组公式非常有用，一般在以下几种场合经常用到数组公式：

（1）计算结果是一个集合。

（2）保证集合中每条记录的计算公式的一致性，防止用户无意间对某个记录单独修改计算公式。

（3）运算中存在一些需要通过复杂的中间运算过程才能得到最终结果。

1．创建数组公式

首先必须选中用来存放结果的单元格区域（可以是一个单元格）；在编辑栏输入计算公式；然后按【Ctrl+Shift+Enter】组合键锁定数组公式，Excel 将在公式两边自动加上花括号“{}”。

注意：不要自己输入花括号，否则，Excel 认为输入的是一个正文标签。

2．数组公式的修改

利用数组公式计算得到的数据，一般包含多个单元格，这些单元格形成一个整体，所以，不能对某个或某几个数据单独修改、清除或移动。在修改数组公式前，必须先选取整个数组公式区域，然后再修改。

修改数组公式的步骤为：

（1）选取数组公式包含的全部单元格区域。

（2）单击编辑栏，使代表数组的花括号{}消失。

（3）修改计算公式。

（4）修改完成后，按下【Ctrl+Shift+Enter】组合键，即可完成数组公式的修改。

3. 数组公式的删除

选定要删除的数组公式的所有单元格，然后按【Delete】键即可。

例如，打开“数组公式练习素材.xlsx”文件，使用数组公式，对 Sheet1 计算总分，计算方法：总分=语文+数学+英语，将计算结果保存到“总分”列中。

具体操作步骤如下：

（1）选中需要计算的“总分”列区域：“G3:G31”。

（2）在编辑栏内输入计算公式“=D3:D31+E3:E31+F3:F31”（区域也可以用鼠标选定），如图 2-27 所示。

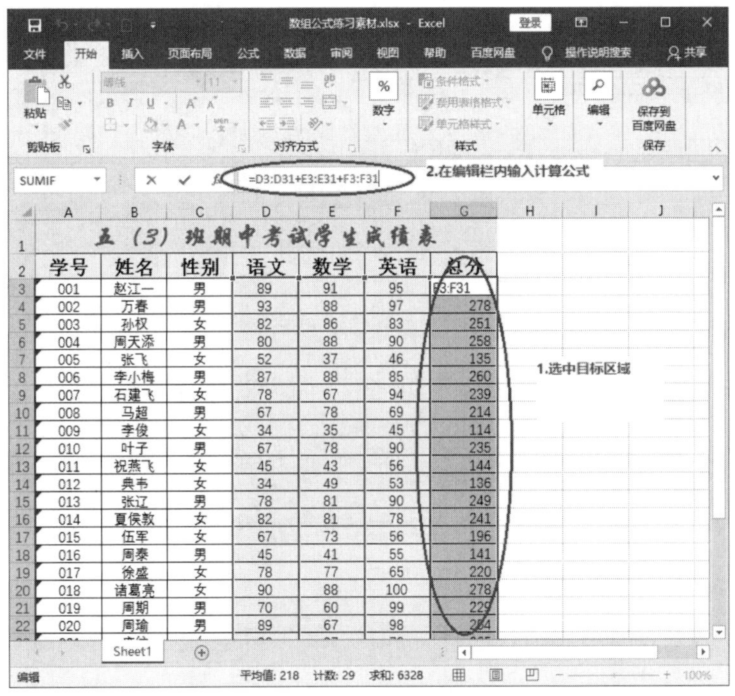

图 2-27 编辑数组公式

（3）计算公式输完后，按组合键【Ctrl+Shift+Enter】，公式两端自动出现花括号“{}”，总分计算完成。

再如：打开“数组公式练习素材.xlsx”文件，使用数组公式，对 Sheet2 中采购表的采购总金额进行计算，将计算结果保存到 F3 单元格中。

具体操作步骤如下：

（1）选中“F3”单元格，然后单击“编辑栏”前面的“插入函数”按钮。

（2）在打开的“插入函数”对话框中找到“SUM”函数，单击“确定”按钮，如图 2-28 所示。

（3）打开 SUM“函数参数”编辑对话框，在“Number1”参数文本框中输入：B3:B21*C3:C21，如图 2-29 所示，最后按组合键【Ctrl+Shift+Enter】，完成采购总金额的计算，如图 2-30 所示。

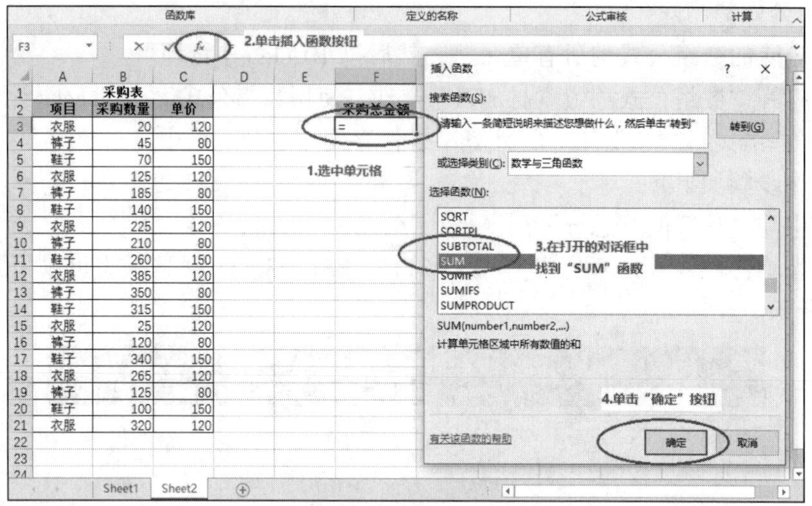

图 2-28　编辑数组公式

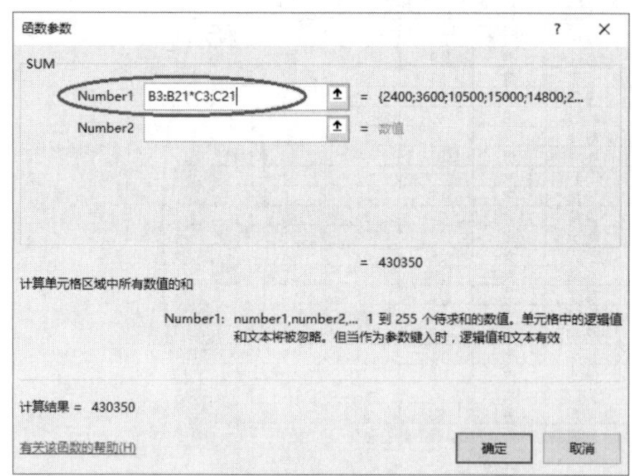

图 2-29　SUM"函数参数"编辑对话框

	A	B	C	D	E	F
1		采购表				
2	项目	采购数量	单价			采购总金额
3	衣服	20	120			430350
4	裤子	45	80			
5	鞋子	70	150			
6	衣服	125	120			
7	裤子	185	80			
8	鞋子	140	150			
9	衣服	225	120			
10	裤子	210	80			
11	鞋子	260	150			
12	衣服	385	120			

F3　{=SUM(B3:B21*C3:C21)}

图 2-30　计算结果

2.3　数 据 筛 选

数据筛选是一种用于快速查找数据的方法，将表格或数据区域中所有不满足条件的记录暂时隐藏起来，只显示满足条件的数据行。Excel 提供了自动和高级两种筛选数据的方式。

2.3.1　自动筛选

“自动筛选”一般用于简单的条件筛选，筛选时将不满足条件的数据暂时隐藏起来，只显示符合条件的数据。

自动筛选的操作步骤如下：

（1）单击数据列表中的任一单元格。

（2）单击“数据”选项卡的“排序和筛选”功能组中的“筛选”按钮，此时数据列表第一行的列标题右边出现“▾”图标，此图标即为“条件筛选器”。

（3）单击要设置筛选条件的标题右边的“条件筛选器”，将弹出一个下拉菜单，下拉菜单中有“排序”、“筛选”等设置筛选条件选项。

（4）根据实际情况设置筛选条件即可。

下面通过举例来说明自动筛选的使用。

打开“数据筛选素材.xlsx”文件，在“自动筛选”工作表中，使用“自动筛选”筛选出“性别”为“男”且“总分”大于等于“500”的同学名单。

具体的操作步骤如下：

（1）单击“数据筛选”工作表内“学生成绩表”数据列表中的任一单元格。

（2）单击“数据”选项卡的“排序和筛选”功能组中的“筛选”按钮，此时数据列表第一行的列标题右边出现“条件筛选器”图标▾，如图 2-31 所示。

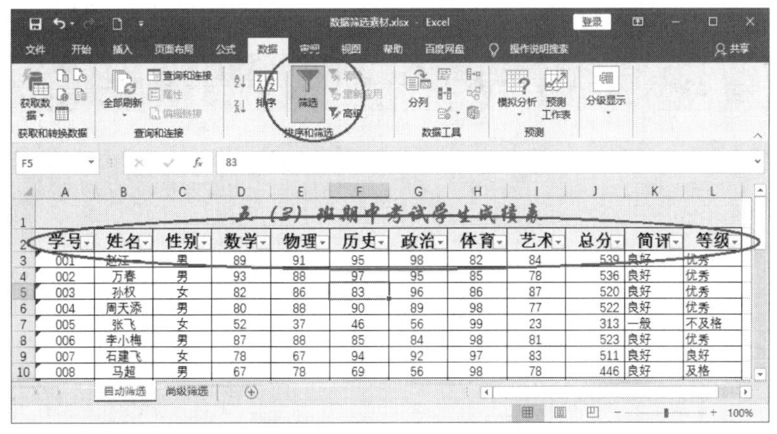

图 2-31　自动筛选示例

（3）单击“性别”的“条件筛选器”，在弹出的下拉菜单中选择“文本筛选”命令下的“等于”子命令，如图 2-32 所示，打开“自定义自动筛选方式”对话框，在“等于”后面的文本框内输入“男”，单击“确定”按钮，完成性别的筛选条件的编辑，如图 2-33 所示。

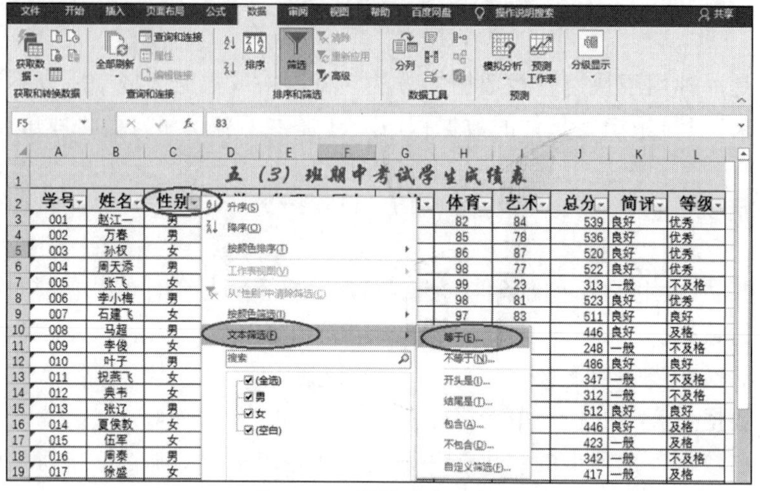

图 2-32　筛选条件选择

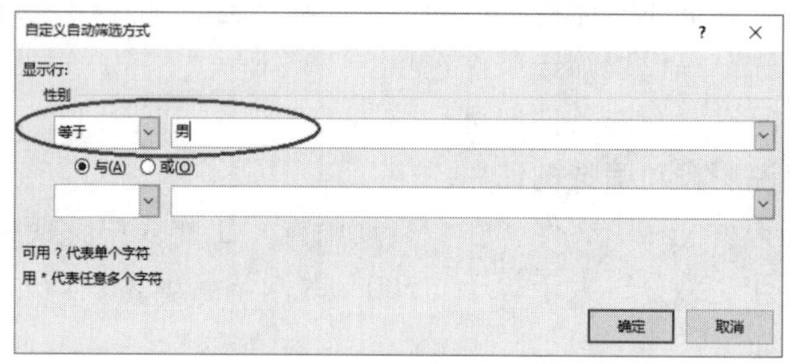

图 2-33　筛选条件编辑

（4）单击“总分”的“条件筛选器”，在弹出的下拉菜单中选择“文本筛选”命令下的“大于或等于”子命令，打开“自定义自动筛选方式”对话框，在“大于或等于”后面的文本框内输入“500”，完成总分的筛选条件的编辑。筛选的结果如图 2-34 所示。

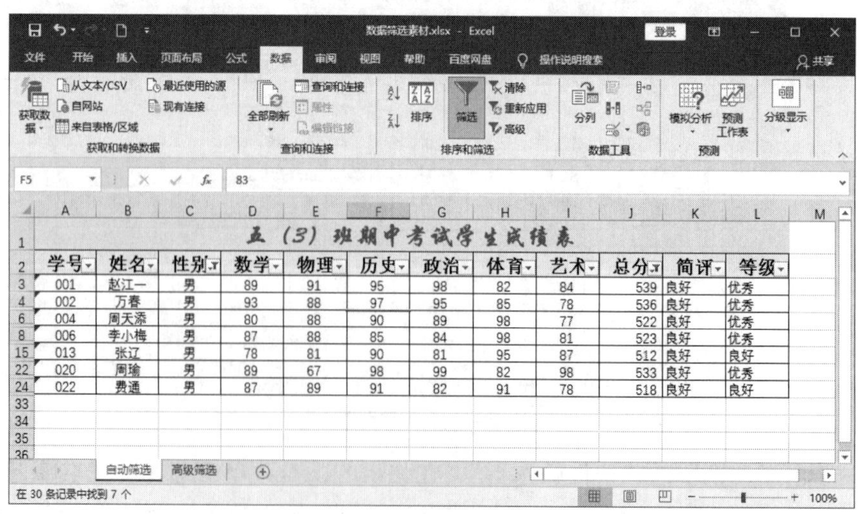

五（3）班期中考试学生成绩表

学号	姓名	性别	数学	物理	历史	政治	体育	艺术	总分	简评	等级
001	赵江一	男	89	91	95	98	82	84	539	良好	优秀
002	万春	男	93	88	97	95	85	78	536	良好	优秀
004	周天添	男	80	88	90	89	98	77	522	良好	优秀
006	李小梅	男	87	88	85	84	98	81	523	良好	优秀
013	张辽	男	78	81	90	81	95	87	512	良好	良好
020	周瑜	男	89	67	98	99	82	98	533	良好	优秀
022	费通	男	87	89	91	82	91	78	518	良好	良好

在 30 条记录中找到 7 个

图 2-34　筛选结果

2.3.2　高级筛选

“高级筛选”一般用于条件较复杂的筛选操作，其筛选的结果可显示在原数据表格中，不符合条件的记录被隐藏起来；也可以在新的位置显示筛选结果，不符合条件的记录同时保留在数据表中而不会被隐藏起来，这样就更加便于进行数据的比对。

使用高级筛选功能必须先建立一个条件区域，用来指定筛选条件。条件区域的第一行是所有作为筛选条件的字段名，这些字段名与数据列表中的字段名必须一致，条件区域的其他行则输入筛选条件。需要注意的是条件区域与数据列表不能重叠，必须用空行或空列隔开。

条件区域的运算关系是：同一行中的条件之间是逻辑“与”的关系，不同行的条件之间是逻辑“或”的关系。

高级筛选的操作步骤如下：

（1）建立条件区域。条件区域应建立在数据表以外的地方，该区域与数据表区域之间至少有一个空行或空列。将多个条件的字段名写在该区域的第一行，条件区域的字段名要求与数据表的字段名一致，最好直接复制数据表的字段名。然后从条件区域的第二行开始输入每个字段的相关条件。

（2）打开“高级筛选”对话框。选定数据表区域的任一单元格，然后单击“数据”选项卡中“排序和筛选”功能组的“高级”命令，打开“高级筛选”对话框，如图 2-35 所示。

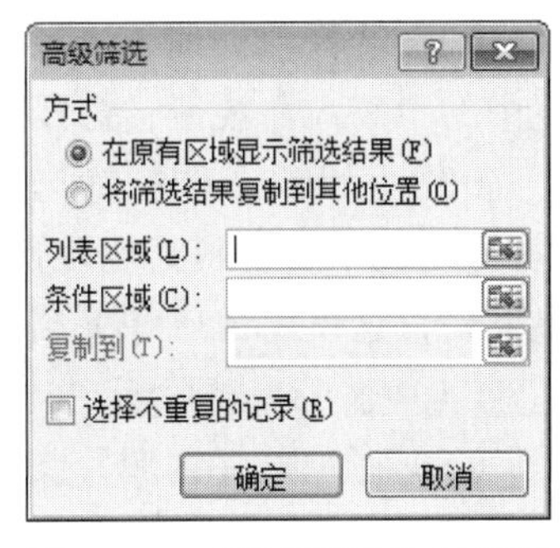

图 2-35　“高级筛选”对话框

（3）设置列表区域和条件区域。单击“列表区域”的设置按钮后，用鼠标拖动选定要筛选的数据表所在的区域。然后单击“条件区域”的设置按钮后，用鼠标拖动选定筛选条件所在的区域。

（4）指定保存结果的区域并完成筛选。若筛选后要隐藏不符合条件的数据行，并让筛选的结果显示在表格或数据区域中，可选择“在原有区域显示筛选结果”单选按钮。若要将符合条件的筛选结果保存到其他位置，则可选择“将筛选结果复制到其他位置”单选按钮，然后单击“复制到”的设置按钮，指定保存位置的单元格地址。最后单击“确定”按钮，完成筛选。

下面通过举例来说明高级筛选的使用。

打开“数据筛选素材.xlsx”文件，在“高级筛选”工作表中，使用高级筛选，筛选出其中有一门课程大于或等于 90 分且总分大于等于 500 分的学生名单至 A35 单元格。

具体的操作步骤如下：

（1）把筛选条件用到的字段名（各科目名称及总分）复制到数据列表的右边空白位置，然后根据要求编辑筛选条件，如图 2-36 所示。

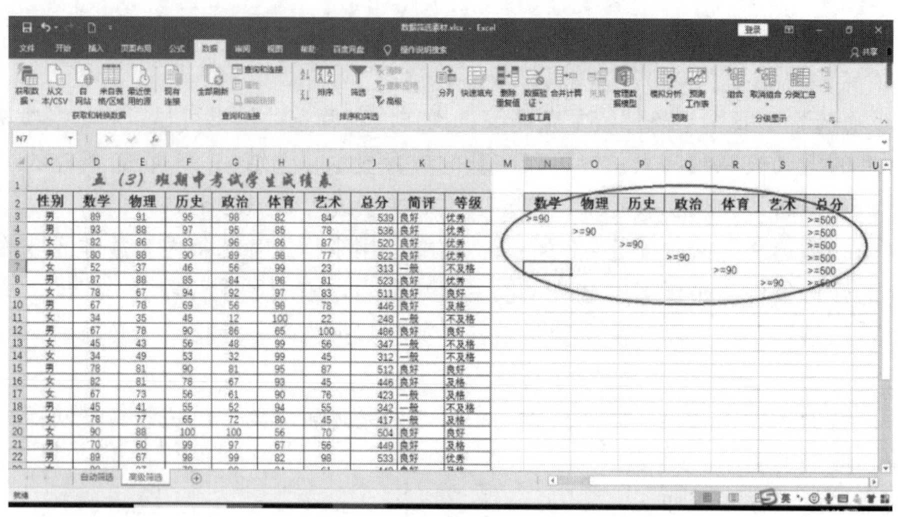

图 2-36 创建筛选条件

（2）选择数据列表区域的任意单元格，然后单击“数据”选项卡“排序和筛选”功能组中的“高级”按钮，打开“高级筛选”对话框。

（3）因为此处要把筛选结果保存在 A35 单元格，所以在“高级筛选”对话框中，单元“将筛选结果复制到其他位置”单选按钮，并在“复制到”文本框中指定筛选后复制的起始单元格，这里是 A35 单元格。

（4）将“列表区域”文本框，设置成要筛选的数据区域，这里是“$A$2: $L$31”区域。

（5）将“条件区域”文本框，设置成在第一步中创建好的条件区域，这里是“$A$2: $L$31”区域。以上设置的过程如图 2-37 所示。

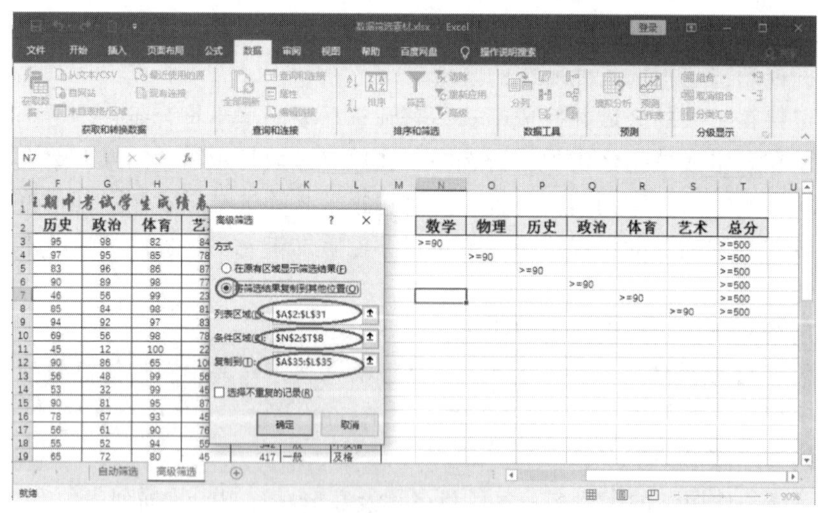

图 2-37 “高级筛选”对话框

（6）单击“确定”按钮，发现筛选的结果已经被复制到 A35 单元格开始的数据区域中，如图 2-38 所示。

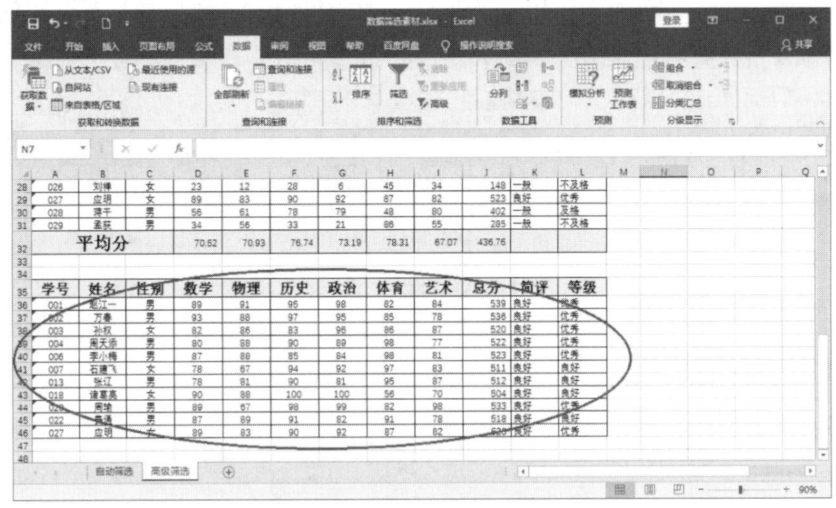

图 2-38　高级筛选结果

3. 撤销高级筛选

若要取消高级筛选，只需再单击“数据”选项卡“排序和筛选”功能组中的“高级”按钮。

2.4　数据透视表/图及其修改

数据透视表是一种对大量数据快速汇总和建立交叉列表的交互式表格，不仅能够改变行和列以查看源数据的不同汇总结果，也可以显示不同页面以筛选数据，还可以根据需要显示区域中的明细数据。数据透视图是一个动态图表，它可以将创建的数据透视表以图表的形式显示出来。数据透视表/图综合了数据排序、筛选、分类汇总等数分析的优点，为用户提供了一种以不同的角度去分析数据的简便方法。

2.4.1　数据透视表/图

1. 创建数据透视表

下面以具体的实例来说明数据透视表的创建方法。

打开“数据透视表素材.xlsx”素材，根据“采购情况表”中的数据建立一个数据透视表，具体要求：

- 显示不同商标的不同产品的采购数量；
- 行区域设置为“产品”；
- 列区域设置为“商标”；
- 数据区为“采购盒数”；
- 求和项为“采购盒数”。

具体的操作步骤如下：

（1）单击要分析的数据列表中的任意一个单元格。

（2）选择“插入”选项卡，单击“表格”功能组中的“数据透视表”按钮，打开“创建数据透视表”对话框，如图 2–39 所示。

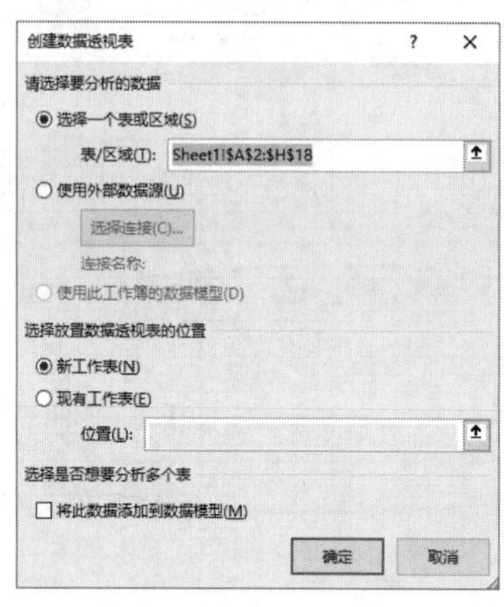

图 2–39　“创建数据透视表”对话框

（3）在打开的“创建数据透视表”对话框中，选择分析的数据源，即在“请选择要分析的数据”选项下，选择“选择一个表或区域”单选按钮，发现“表/区域”文本框内已经自动选中了分析的数据源【这是因为第（1）步中选中了数据列表的某一单元格，从而系统会自动填充。但对一些不规则的数据表，则应手工重选，确保分析的数据源正确】。

（4）在打开的“创建数据透视表”对话框中，在“选择放置数据透视表的位置”选项下，选择其中一个单选按钮来指定数据透视表放置位置：若要将数据透视表放置在新的工作表中，选择“新工作表”单选按钮；若要将数据透视表放置在现有工作表中，选择“现有工作表”单选按钮，然后在“位置”文本框中指定放置数据透视表的单元格区域的第一个单元格地址。此题选择“现有工作表”单选按钮，指定 J3 单元格，如图 2–40 所示，然后单击“确定”按钮。

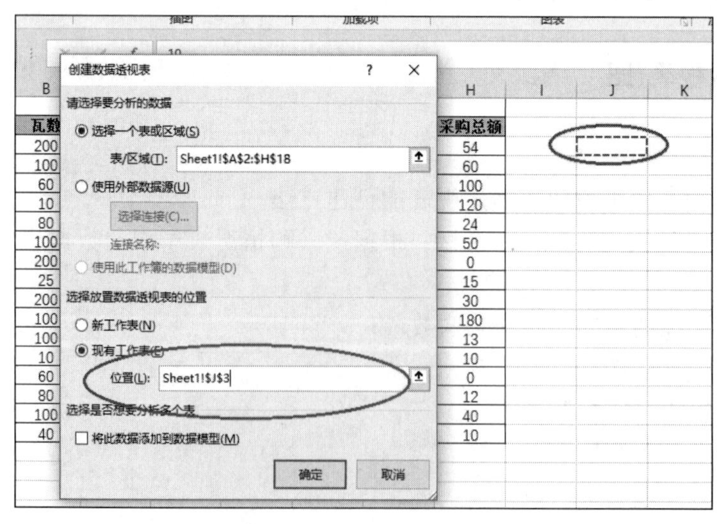

图 2–40　选择放置数据透视表的位置

（5）之后 Excel 会将空的数据透视表添加到指定位置并显示数据透视表字段列表，以便可以添加字段、创建布局以及自定义数据透视表，如图 2-41 所示。

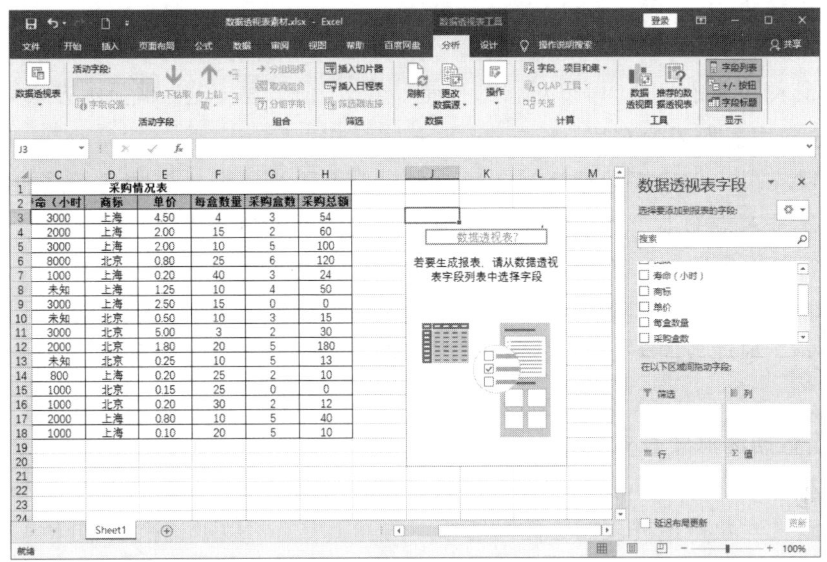

图 2-41　“空数据透视表”和“数据透视表字段列表”

根据题目要求用鼠标分别将“数据透视表字段列表”窗口的“产品”、“商标”和“采购盒数”字段选中，并拖动到“行”、“列”和“值”列表框中，完成数据透视表的布局，如图 2-42 所示。

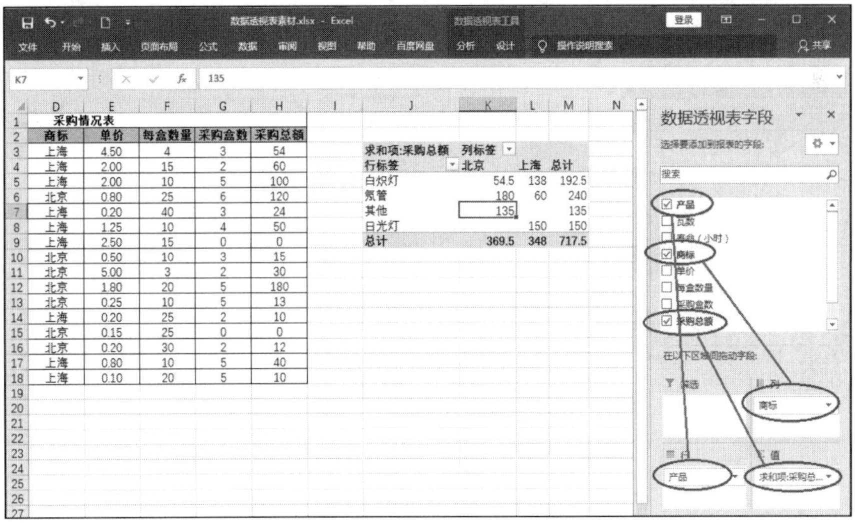

图 2-42　“数据透视表”布局

2. 创建数据透视图

要创建数据透视图，首先单击要分析的数据列表中的任意一个单元格。然后选择“插入”选项卡，单击“图表”功能组中的“数据透视图”按钮，打开“创建数据透视图”对话框，后面创建方法和数据透视表的创建方法几乎一样，但是要注意，创建数据透视图的同时也会创建数据透视表，这里就不再赘述。

2.4.2 修改数据透视表

数据透视表创建好以后，可以对它的布局、样式、值汇总方式、值显示方式等进行修改。

1. 修改数据透视表的布局

（1）删除字段：创建好数据透视表后，如果要删除行、列或值中已经添加的字段，可单击标签编辑框右端的下拉列表按钮，在弹出的快捷菜单中选择“删除字段”命令。或者也可以用鼠标把要删除的字段直接拖动到“数据透视表字段”列表中。

（2）调整字段顺序：如果列、行或值区域内添加了多个字段，想改变字段的顺序，只需选中字段向上拖动或向下拖动就可以调整字段的顺序，字段的顺序变了，透视表的外观随之变化。

2. 修改数据透视表的样式

数据透视表可以像工作表一样进行样式的设置。选中要修改的数据透视表，这时在功能区中会出现针对数据透视表操作的功能组，功能组中有“数据透视表–分析”和“数据透视表–设计”两个选项卡。我们单击“数据透视表–设计”选项卡，如图 2–43 所示，这时选择“数据透视表样式”功能组中的任意一个内置样式，即可将选择的数据透视表样式应用到选中的数据透视表中。当然也可以根据自己的喜好来定制新的数据透视表样式。

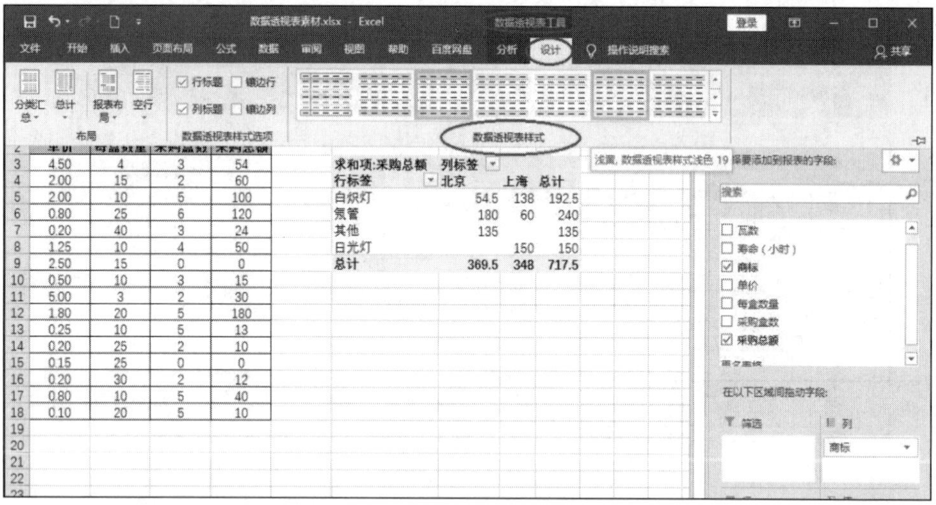

图 2–43 修改“数据透视表样式”

3. 修改数据透视表的值汇总方式和值显示方式

若要修改值区域中某个字段的值汇总方式，可单击“值”区域中需要修改的字段右侧的下拉列表按钮，在打开的下拉菜单中选择“值字段设置”选项，就会打开如图 2–44 所示的“值字段设置”对话框，在“计算类型”列表中选择需要的计算类型，单击“确定”按钮完成修改。

若要改变数据的值显示方式，如“百分比、排序”等形式，可以单击图 2–44 所示的“值字段设置”对话框中“值显示方式”选项卡，如图 2-45 所示，然后从数据显示方式下拉列表框中选择合适的显示方式即可。

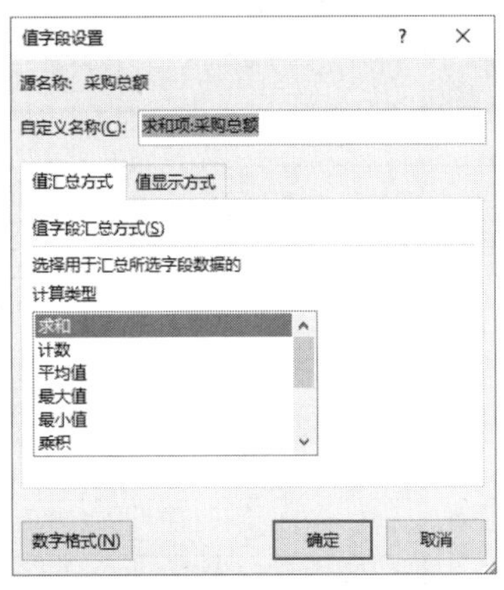

图 2-44　修改“值汇总方式”

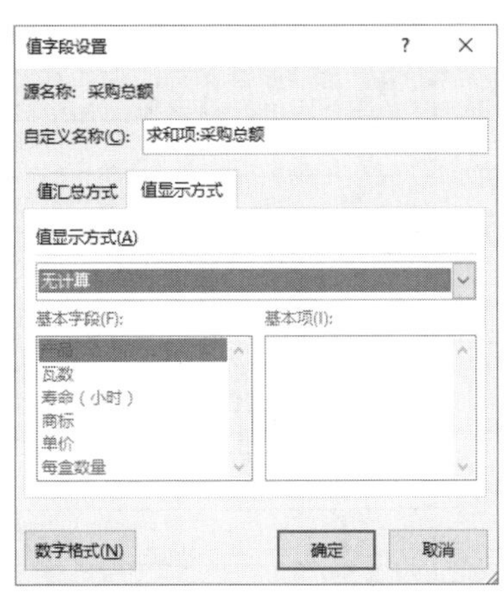

图 2-45　修改“值显示方式”

2.5　Excel 公式与函数

Excel 的主要功能是进行数据计算与分析，使用公式与函数不仅可以完成简单的计算，还可以完成复杂数据的统计与分析。

2.5.1　Excel 公式的使用

1．公式的元素与运算符

Excel 的公式就是对工作表中的数据进行运算的式子，此式子必须以等号“=”开头，由操作数和运算符组成。操作数可以是常量、区域名称、单元格引用和函数等。运算符用于连接公式中的操作数，主要有算术运算符、关系运算符、文本连接运算符和引用运算符等。

1）公式的组成元素

在 Excel 公式中，可以包含以下几种元素：

（1）运算符：进行各种计算的计算符号，如“+”（加运算）、“>”（大于）。

（2）函数：Excel 提供的各种计算的函数名及参数。

（3）单元格引用：通过单元格引用给公式提供运算的数据。

（4）数据常量：包括数值型数据、字符、字符串等。

（5）括号：利用括号来改变运算的顺序。

2）运算符

运算符用于连接公式中的操作数，就是一个标记或符号，Excel 中主要有算术运算符、关系运算符、文本连接运算符和引用运算符等。表 2-1 列出了 Excel 中常用的运算符。

表 2-1　Excel 中常用的运算符

类　别	运 算 符	含　义	示　例	运算结果
算术运算符	+	加	1+1	2
	–	减	2–1	1
	*	乘	1*2	2
	/	除	6/2	3
	%	百分比	10%	0.1
	^	幂运算	2^3	8
比较运算符	=	等于	1=2	FALSE
	>	大于	10>3	TRUE
	<	小于	10<3	FALSE
	>=	大于等于	10>=3	TRUE
	<=	小于等于	10<=3	FALSE
	<>	不等于	10<>3	TRUE
文本连接运算符	&	将两个文本连接成一个文本	"中国"&"浙江"	"中国浙江"
引用运算符	:	单元格区域引用，包括这两个单元格之间所有的单元格引用	A1:C3	A1 到 C3 的所有单元格区域
	,	联合运算符，将多个引用合并为一个引用	A1:B3,C1	表示 A1 到 B3 及 C1 两个区域
	空格	交叉运算符，引用两个引用中共有的单元格区域	A1:B1 B1:C2	引用 B1 单元格

在 Excel 中，不同的运算符具有不同的优先级。在同一公式中有多个相同优先级的运算符，则运算顺序遵从“由左到右”的次序来运算；如果有多个不同优先级的运算符，则运算顺序遵从“按照优先级级别的高低”的次序来运算；当然可以使用括号，改变表达式中的运算次序，例如，“ = 11 + 22/100”和“ = （11 + 22）/100”的计算结果是不同的。表 2–2 列出各种运算符从高到低的优先级顺序。

表 2-2　各种运算符的优先级

运算符	说　明	运算符	说　明
:	区域运算符	^	幂运算
,	联合运算符	*、/	乘、除
空格	交叉运算符	+、–	加、减
–	负号	&	文本连接运算符
%	百分数	=、>、<、>=、<=、<>	关系运算符

2. 单元格引用

单元格引用为公式中所使用的数据指明了位置，而单元格引用位置基于工作表中的行号和列标。一个引用位置代表工作表上的一个单元格或者一组单元格，通过引用位置，可以在一个公式中使用工作表上不同部分的数据，也可以在几个公式中使用同一个单元格中的数值。我们可以对工作簿上其他工作表中的单元格进行引用，甚至对其他工作簿或其他应用程序中的数据进行引用。

单元格的引用可分为相对引用、绝对引用和混合引用。对其他工作簿中的单元格的引用称为外部引用，对其他应用程序中的数据的引用称为远程引用。这里将介绍相对引用、绝对引用和混合引用。

在介绍单元格引用之前，很有必要先介绍一下公式中用到的单元格地址的输入方法。在公式中输入单元格地址时，如果通过键盘输入，很容易输错，例如，很可能将“D12”输入为“C12”。在 Excel 的公式编辑中，用鼠标选中某个单元格时，实际上已经把这个选中的单元格地址放到了公式中的当前编辑位置了，从而也就避免了用键盘错误输入的发生。所以在公式中输入单元格地址的时候，最方便的就是使用鼠标。

1）相对引用

所谓相对引用是指，在公式中需要用到的数据区域地址直接使用列标和行号表示。例如，公式“=A1+A2”，表示公式中相对引用了单元格 A1 和 A2；又如，公式“=SUM(A1:C1)”，表示 SUM 函数的计算数据相对引用了 A1 到 C1 单元格区域。

相对引用的主要特点：当把公式复制到其他单元格中时，行或列的引用会改变。所谓行或列的引用会改变，指代表行的数字和代表列的字母会根据实际的偏移量相应改变。即相对引用表示公式所在位置和引用单元格之间的相对位置保持不变。

例如，将 A6 单元格中的公式“= A1 + A2 + A3”复制到 B7 单元格中，在 B7 单元格中，公式将变为“= B2 + B3 + B4”。

2）绝对引用

在复制公式时，不希望公式中引用的单元格地址变动，即所引用的单元格地址在工作表中的位置固定不变，这时就需要引用绝对地址。绝对地址的构成即在相应的单元格地址的列标和行号前加“$”符号。这里的“$”符号不需要通过键盘输入，只需先用鼠标把要引用的地址选中填入到公式中，然后再按【F4】键即可完成“$”符号的添加。

绝对引用的主要特点：当把公式复制到其他单元格中时，引用的单元格地址不会改变。

例如，要求复制公式“= A1 + B1”时，公式中的“B1”是不能改变的。必须在复制前将公式中的 B1 设置成绝对引用，公式改变为“= A1 + $B$1”，当对公式进行拷贝时，B1 就不会被当作相对地址引用了。

3）混合引用

混合引用：行或列中有一个是相对地址引用，另一个是绝对地址引用。

在某些情况下，需要在拷贝公式时只有行保持不变或者只有列保持不变。在这种情况下，就要使用混合地址引用。

例如，单元格地址“$A1”就表示“A”列不发生变化，但“行”会随着新的复制位置发生变化；同理，单元格地址“A$1”就表示第 1 行不发生变化，但“列”会随着新的复制位置发生变化。

例如，将单元格 D1 中的公式“=$A1+B$1”复制到 E3 单元格中。在 E3 单元格中的公式将变为“=$A3+C$1”。

4）三种引用之间快速切换

在实际使用中，可以使用键盘上的【F4】键在相对引用、绝对引用和混合引用之间进行快速切换。每按一次【F4】键就变换一种类型，变换次序的如下：相对，绝对，混合，混合。

2.5.2 Excel 函数的使用

在 Excel 中，函数实际上是一个预先定义的特定计算公式。按照这个特定的计算公式对一个或多个参数进行计算，并得出一个或多个计算结果，叫作函数值。

Excel 2019 一共有 13 类，400 余个函数，涵盖数据库函数、日期与时间函数、统计函数、查找和引用函数、文本函数、逻辑函数、数学和三角函数、财务函数、信息函数、工程函数、多维数据集函数、兼容性函数以及 Web 函数。其中兼容性这类函数已经由新函数替换，但为了实现向下兼容，依然在 Excel 2019 中提供这些函数。

1. 函数的语法

函数由函数名和参数组成，其语法为：函数名（[参数 1],[参数 2],……）。

（1）函数名：函数名表示函数的功能和用途，每个函数具有唯一的名称，一般用英文字母表示，不区分大小写。

（2）圆括号：函数名后面的圆括号是不可少的。

（3）参数：圆括号里面的是函数参数，参数是用来执行运算的数据，可以是文本、数字、单元格引用、公式或函数等，其中用方括号“[]”扩起来的参数是可选参数，反之是必选参数，不同的函数参数个数及类型不同，如果函数有多个参数，参数之间用逗号“,”分隔，有些函数是没有参数的。

2. 函数的插入

对于一些简单的或者常用的函数，比如 SUM、AVERAGE、MAX、COUNT 等函数，可以利用“开始”选项卡中的“编辑”功能组的“自动求和”下拉菜单提供的工具来插入，如图 2-46 所示。

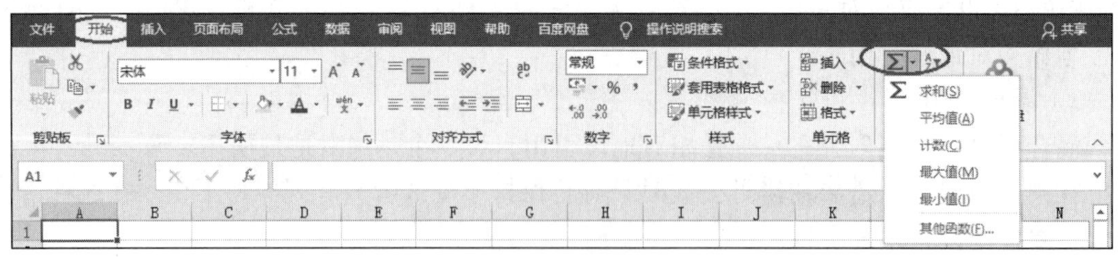

图 2-46　利用“开始”选项卡插入简单函数

当我们要插入除上面列的函数，可以打开“公式”选项卡中的“函数库”功能组，然后单击需要用到的某一类别，例如，“日期和时间”，就会打开“日期和时间”类别下的所有函数组成的下拉菜单，然后根据实际需要来选择函数，如图 2-47 所示。

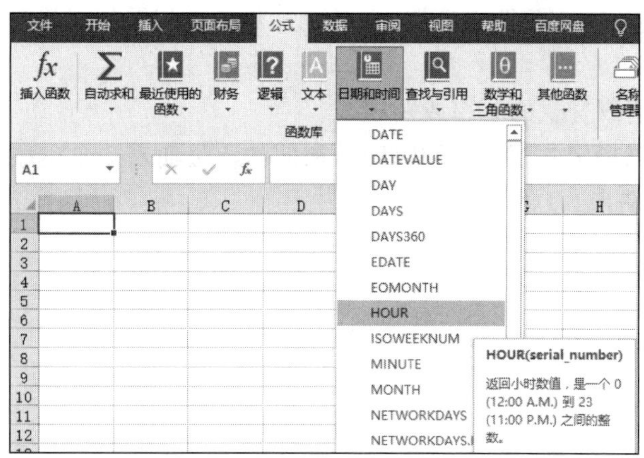

图 2-47　利用“函数库”功能组选择函数

还可以单击“编辑栏”区域前面的“插入函数”按钮，就可以打开“插入函数”对话框，如图 2-48 所示，然后从这个对话框中查找需要的函数。

图 2-48　“插入函数”对话框

2.5.3　常用函数介绍

1. 财务函数

财务函数可以进行一般的财务计算，如确定贷款的支付额、投资的未来值或净现值，以及债券或息票的价值。这些财务函数大体上可分为四类：投资计算函数、折旧计算函数、偿还率计算函数、债券及其他金融函数。提示：公式中，凡是投资的金额都以负数形式表示，收益以正数形式表示。财务函数中常见的参数有：

fv：未来值。即在所有付款发生后的投资或贷款的价值。如果省略则为 0。

nper：期间数。为总投资（或贷款）期，即该项投资（或贷款）的付款期总数。

pmt：付款。对于一项投资或贷款的定期支付数额。其数值在整个年金期间保持不变。通常 pmt 包括本金和利息，但不包括其他费用及税款。

pv：现值。在投资期初的投资或贷款的价值。例如，贷款的现值为所借入的本金数额。省略则为 0。

rate：利率。投资或贷款的利率或贴现率。

type：类型。用以指定各期的付款时间是在期初还是期末，如在月初或月末，用 0 或 1 表示，0 或省略表示期末，1 表示期初。

下面介绍几个常用的财务函数。

1）SLN 函数

功能：返回固定资产的每期线性折旧费。

语法：

```
=SLN(cost,salvage,life)
=SLN(资产原值，资产残值，折旧期数)
```

参数：

- cost：必需。资产原值。
- salvage：必需。折旧末尾时的值（有时也称为资产残值）。
- life：必需。资产的折旧期数（有时也称作资产的使用寿命）。

例如，如图 2-49 所示，某公司有原价为 50 万的设备，使用 5 年后的资产残值估计还剩 8 万，求每年、每月、每天的资产折旧值。

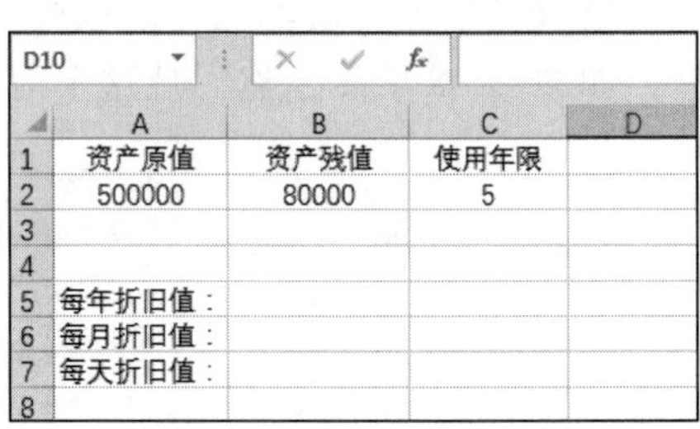
D10

	A	B	C	D
1	资产原值	资产残值	使用年限	
2	500000	80000	5	
3				
4				
5	每年折旧值：			
6	每月折旧值：			
7	每天折旧值：			
8				

图 2-49　SLN 函数示例

具体的操作步骤如下：

（1）打开“财务函数素材.xlsx”文件，选择“SLN 函数”工作表，然后选中要求解的相应单元格，如 B5、B6 或 B7。

（2）单击编辑栏前面的“插入函数”按钮，打开“插入函数”对话框，然后找到 SLN 函数，如图 2-50 所示，单击“确定”按钮。

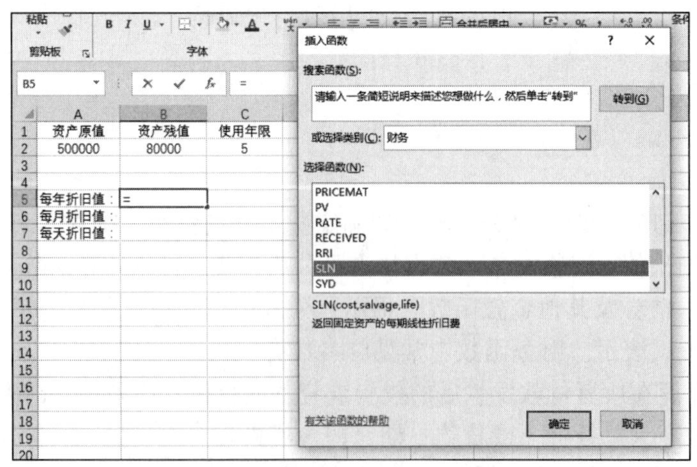

图 2-50　“插入函数”对话框

（3）打开 SLN“函数参数”编辑对话框，然后根据实际情况编辑每个参数，如图 2-51 所示，在 B5、B6 和 B7 单元格中输入的公式分别为：

```
=SLN(A2,B2,C2)        每年折旧值
=SLN(A2,B2,C2*12)     每月折旧值（一年 12 个月）
=SLN(A2,B2,C2*365)    每天折旧值（一年 365 天）
```

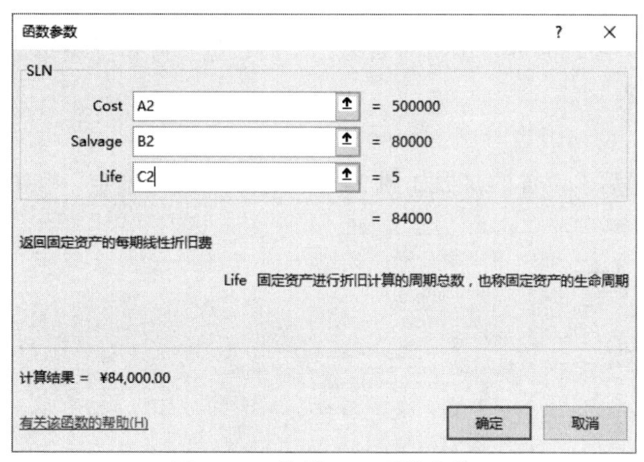

图 2-51　编辑 SLN 函数参数

（4）参数设置好后，单击“确定”按钮，即可求得相应的结果。

2）PMT 函数

功能：基于固定利率及等额分期付款方式，返回贷款的每期付款额。

语法：

```
=PMT(rate,nper,pv,fv,type)
=PMT(利率，付款总数，现值，[未来值]，[类型])
```

参数：

- rate：必需。贷款利率。
- nper：必需。该项贷款的付款总数。
- pv：必需。现值，或一系列未来付款的当前值的累积和，也称为本金。
- fv：可选。为未来值，或在最后一次付款后希望得到的现金余额，如果省略 fv，则假设其值为零，也就是一笔贷款的未来值为零。
- type：可选。类型，用以指定各期的付款时间是在期初还是期末，如在月初或月末，用 0 或 1 表示，0 或省略表示期末，1 表示期初。

例如，如图 2-52 所示，年利率 5.98%，贷款 60 万，分 15 年等额按揭，求每年偿还贷款的金额（年末）。

	A	B	C	D	E
1	贷款金额：	600000		按年偿还贷款的金额（年末）：	
2	贷款年限：	15		第7个月的贷款利息：	
3	年利息：	5.98%			

图 2-52　PMT 函数和 IPMT 函数示例

具体的操作步骤如下：

（1）打开“财务函数素材.xlsx”文件，选择“PMT函数和IPMT函数”工作表，然后选中要求解的相应单元格。

（2）单击编辑栏前面的“插入函数”按钮，打开“插入函数”对话框，然后找到PMT函数，单击“确定”按钮。

（3）打开PMT“函数参数”编辑对话框，然后根据实际情况编辑每个参数，在E1单元格中输入的公式为：

`=PMT(B3,B2,B1,0,0)`或者`=PMT(B3,B2,B1,0)`

（4）参数设置好后，设置的参数如图2-53所示，单击“确定”按钮，即可求得相应的结果。

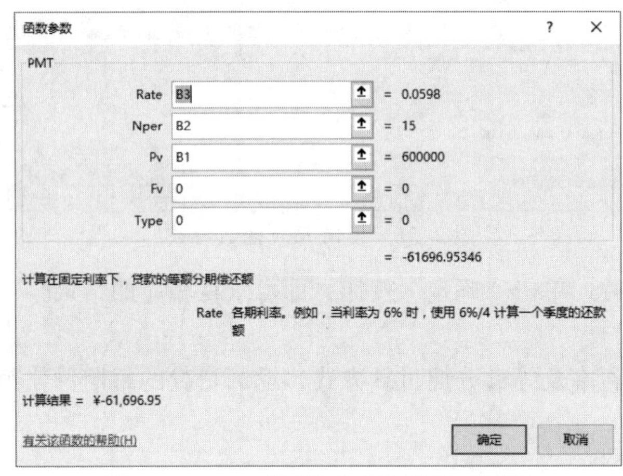

图2-53　PMT“函数参数”设置对话框

3）IPMT函数

功能：基于固定利率及等额分期付款方式，返回给定期数内对投资的利息偿还额。

语法：

```
=IPMT(rate,per,nper,pv,fv,type)
=IPMT(利率，期数，总期数，现值，[未来值]，[类型])
```

参数：

- rate：必需。各期利率。
- per：必需。用于计算其利息数额的期数，必须在1到nper之间。
- nper：必需。年金的付款总期数。
- pv：必需。现值，或一系列未来付款的当前值的累积和。
- fv：可选。未来值，或在最后一次付款后希望得到的现金余额。如果省略fv，则假定其值为0（例如，贷款的未来值是0）。
- type：可选。类型，用以指定各期的付款时间是在期初还是期末，如在月初或月末，用0或1表示，0或省略表示期末，1表示期初。

例如，如图2-54所示，计算第7个月的贷款利息。

具体操作步骤可参考上面函数。在E2单元格插入函数后，各个参数设置情况如图2-54

所示，设置后 E2 单元格输入的公式为：

```
=IPMT(5.98%/12,7,15*12,600000)
```

注意：这里是要计算第 7 个月的利息，所以要把题目给的年利息换算成月利息（换算方法：年利息/12），同样要把贷款总期数换算成月数（换算方法：年数*12）。

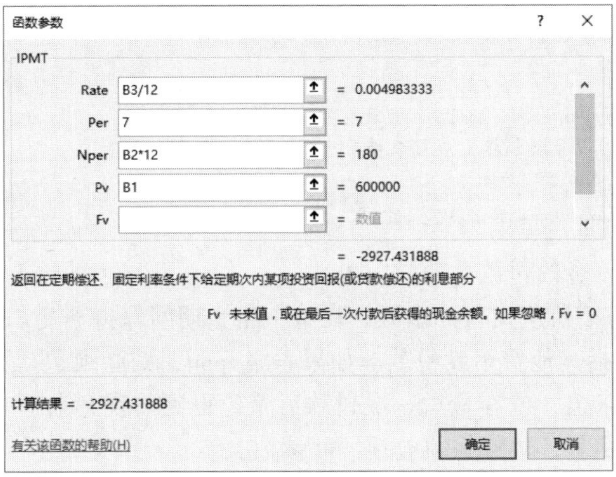

函数参数

IPMT

Rate	B3/12	= 0.004983333
Per	7	= 7
Nper	B2*12	= 180
Pv	B1	= 600000
Fv		= 数值

= -2927.431888

返回在定期偿还、固定利率条件下给定期次内某项投资回报(或贷款偿还)的利息部分

Fv 未来值，或在最后一次付款后获得的现金余额。如果忽略，Fv = 0

计算结果 = -2927.431888

有关该函数的帮助(H)　确定　取消

图 2-54　IPMT“函数参数”设置对话框

4）FV 函数

功能：基于固定利率及等额分期付款方式，计算某项投资的未来值。

语法：

```
=FV(rate,nper,pmt,[pv],[type])
=FV(利率,期数,金额,[现值],[类型])
```

参数：

- rate：必需。各期利率。
- nper：必需。年金的付款总期数。
- pmt：必需。各期所应支付的金额，在整个年金期间保持不变。通常 pmt 包括本金和利息，但不包括其他费用或税款。如果省略 pmt，则必须包括 pv 参数。
- pv：可选。现值，或一系列未来付款的当前值的累积和。如果省略 pv，则假定其值为 0（零），并且必须包括 pmt 参数。
- type：可选。类型，用以指定各期的付款时间是在期初还是期末，如在月初或月末，用 0 或 1 表示，0 或省略表示期末，1 表示期初。

例如，如图 2-55 所示，目前有一个投资项目，需要先期投资 100 万元，年利率为 4%，计划从现在起每年年初追加投资 1 万元，那么 10 年以后该投资项目能得到多少资金？

	A	B
1	**投资情况表**	
2	先投资金额：	-1000000
3	年利率：	4%
4	每年再投资金额：	-10000
5	再投资年限：	10
6		
7	**10年以后得到的金额：**	
8		

图 2-55　FV 函数示例

分析：该例子中，rate 为 4%，总投资期 nper 为 10 年，每年追加投资 pmt 为 10000，先期投资金额 pv

为 1000000，因为每期追加投资在年初，所以 type 为 1。

打开素材“财务函数素材.xlsx”文件，选择“FV 函数”工作表，在 B7 单元格中输入公式：

```
=FV(B3,B5,B4,B2,1)
```

5）PV 函数

功能：用于根据固定利率计算贷款或投资的现值。

语法：

```
=PV(rate, nper, pmt, [fv], [type])
=PV(利率, 总期数, 付款金额, [未来值], [类型])
```

参数：

- rate：必需。各期利率。
- nper：必需。年金的付款总期数。
- pmt：必需。各期所应支付的金额，在整个年金期间保持不变。通常 pmt 包括本金和利息，但不包括其他费用或税款。如果省略 pmt，则必须包括 fv 参数。
- fv：可选。未来值，或在最后一次付款后希望得到的现金余额。如果省略 fv，则假定其值为 0（零），并且必须包括 pmt 参数。
- type：可选。类型，用以指定各期的付款时间是在期初还是期末，如在月初或月末，用 0 或 1 表示，0 或省略表示期末，1 表示期初。

例如，如图 2-56 所示，张三同学为了出国留学向银行申请助学贷款，他每月能够承担的还款金额是 3000 元（月末还），计划按照这一固定的还款金额贷款 15 年，年利率为 4.2%，求张三同学能获得多少贷款。

分析：该例子中，年利率为 4.2%，而还款是按月还款，故 rate 为 4.2%/12，总投资期为 15 年，所以为 180 期，故 nper 为 180，每期还款金额 pmt 为 3000，没有还款未来值，故 fv 为 0，因为每期还款是在期末，故 type 为 1。

	A	B	C
1	贷款情况表		
2	每月还款金额：	-3000	
3	年利率：	4%	
4	还款年限：	15	
5			
6	能获得的金额：		
7			

图 2-56　FV 函数示例

打开素材“财务函数素材.xlsx”文件，选择“PV 函数”工作表，在 B6 单元格中输入公式：

```
=PV(B3/12,B4*12,B2,0,1)
```

2．日期与时间函数

可以利用日期与时间函数来分析或操作公式中与日期和时间有关的值。

1）NOW 函数

功能：返回日期时间格式的当前日期和时间。

语法：

```
=NOW()
```

注意：该函数没有参数，但是函数后面的圆括号不能省略。

例如，在某一单元格内输入公式：“=NOW()”，则在单元格内返回以“YYYY-DD-MM

HH:MM”为格式的当前计算机系统的日期和时间。

2）TODAY 函数

功能：返回日期格式的当前日期。

语法：

```
=TODAY()
```

注意： 该函数没有参数，但是函数后面的圆括号不能省略。

例如，在某一单元格内输入公式：“= TODAY()”，则在单元格内返回以“YYYY-DD-MM”为格式的当前计算机系统的日期。

3）YEAR 函数

功能：返回某日期对应的年份值。返回值为 1900–9999 之间的整数。

语法：

```
=YEAR(serial_number)
=YEAR(日期)
```

参数：

serial_number：必需。要查找的年份的日期，或日期的引用，或计算结果为日期的表达式。

例如，已知一人的出生日期为“1965–12–26”，求他的年龄。

分析：年龄的计算方法为当前的年份和出生的年份相减。在某一单元格内输入公式：

```
=YEAR(NOW()) - YEAR("1965-12-26")
```

注意： 后一个 YEAR 函数参数中的日期值的双引号必须要添加，而且是英文的标点符号。

4）MONTH 函数

功能：返回日期（以序列数表示）中的月份。月份是介于 1（一月）到 12（十二月）之间的整数。

语法：

```
=MONTH(serial_number)
=MONTH(日期)
```

参数：

serial_number：必需。要查找的月份的日期，或日期的引用，或计算结果为日期的表达式。

例如，公式：“=MONTH("2021–3–26")”，返回月份“3”。

5）DAY 函数

功能：返回以序列数表示的某日期的天数。天数是介于 1 到 31 之间的整数。

语法：

```
=DAY(serial_number)
=DAY(日期)
```

参数：

serial_number：必需。要查找的天数的日期，或日期的引用，或计算结果为日期的表达式。

例如，公式："= DAY ("2021-3-26")"，返回天数"26"。

6）HOUR 函数

功能：返回时间值的小时数。小时数是介于 0（12:00 A.M.）到 23（11:00 P.M.）之间的整数。

语法：

```
=HOUR(serial_number)
=HOUR(时间值)
```

参数：

serial_number：必需。时间值，其中包含要查找的小时数。时间值可以使用以下方式输入：代表 Excel 时间的十进制数，例如，0.75，代表 6:00 PM；文本格式的时间，例如，"10:30:00"；时间值的引用；由函数或公式返回的时间值。

例如，公式："=HOUR("2021-03-26 17:45")"，返回的小时数为"17"。

7）MINUTE 函数

功能：返回时间值中的分钟，即一个介于 0 到 59 之间的整数。

语法：

```
=MINUTE(serial_number)
=MINUTE(时间值)
```

参数：

serial_number：必需。时间值，其中包含要查找的小时数。时间值可以使用以下方式输入：代表 Excel 时间的十进制数，例如，0.75，代表 6:00 PM；文本格式的时间，例如，"10:30:00"；时间值的引用；由函数或公式返回的时间值。

8）SECOND 函数

功能：返回时间值的秒数。秒数是 0 到 59 范围内的整数。

语法：

```
=SECOND (serial_number)
=SECOND(时间)
```

参数：

serial_number：必需。时间值，其中包含要查找的小时数。时间值可以使用以下方式输入：代表 Excel 时间的十进制数，例如，0.75，代表 6:00 PM；文本格式的时间，例如，"10:30:00"；时间值的引用；由函数或公式返回的时间值。

例如，已知 A1 单元格为停车时间，B1 单元格为停车单价，根据停放时间的长短计算停车费用，并把结果保存在 C1 单元格内。（停车按小时收费，对于不满一个小时的按照一个小时计费；对于超过整点小时数十五分钟的多累积一个小时。）

在 C1 单元格内输入公式：

```
=IF(HOUR(A1)=0,1,IF(MINUTE(A1)>15,HOUR(A1)+1,HOUR(A1)))*B1
```

3. 数学和三角函数

Excel 提供了比较丰富的数学计算和三角函数处理的函数，下面介绍几个比较常用的数学和三角函数。

1）MOD 函数

功能：返回两数相除的余数，余数的符号与除数相同。

语法：

```
=MOD(number,divisor)
=MOD(被除数, 除数)
```

参数：

- number：必需。被除数。
- divisor：必需。除数。

例如，公式“=MOD(5，3)”的结果为 2。

公式“=MOD(-5，3)”的结果为 2。

公式“=MOD(5，-3)”的结果为-2。

2）SUM 函数

功能：计算一个或多个数字的和。

语法：

```
=SUM(number1,[number2],...])
=SUM(数字 1,[数字 2],...])
```

参数：

- number1：必需。想要相加的第一个数值参数。
- number2, …：可选。想要相加的 2 到 255 个数值参数。

3）SUMIF 函数

功能：计算一区域中符合指定条件的数字的和。

语法：

```
=SUMIF(range, criteria, [sum_range])
=SUMIF(条件判断单元格区域, 条件, [求和单元格区域])
```

参数：

- range：必需。用于条件计算的单元格区域。空值和文本值将被忽略。
- criteria：必需。用于确定对哪些单元格求和的条件，其形式可以为数字、表达式、单元格引用、文本或函数。例如，数字：27；表达式：“<27”；单元格引用：A1；文本：“浙江”；函数：=LEFT(B1,1)。
- sum_range：可选。要求和的实际单元格。如果省略 sum_range 参数，则对判断条件单元格区域进行求和。

	A	B	C	D	E
1		采购表			
2	采购时间	项目	采购数量		
3	1月	衣服	20		
4	1月	裤子	45		
5	1月	鞋子	70		
6	1月	衣服	125		
7	2月	裤子	185		
8	2月	鞋子	140		
9	2月	衣服	225		
10	2月	裤子	210		
11	3月	鞋子	260		
12	4月	衣服	385		
13	4月	裤子	350		
14	4月	鞋子	315		
15					
16	计算衣服的采购数量总和:				
17	公式:	=SUMIF(B3:B14，"衣服"，C3:C14)			
18	结果：	755			

图 2-57　SUMIF 函数示例

例如，如图 2-57 所示，利用 SUMIF 函数求衣服的采购数量总和。

公式为：“=SUMIF(B3:B14,"衣服",C3:C14)”，其中“B3:B14”为提供逻辑判断依据的单元格区域，“衣服”为判断条件，就是仅统计 B3:B14 区域中采购项目为“衣服”的单元格，C3:C14 为实际求和的单元格区域。

4）SUMIFS 函数

功能：计算一区域中符合多个指定条件的数字的和。

语法：

```
=SUMIFS(sum_range,criteria_range1,criteria1,[criteria_range2,criteria2], ...)
=SUMIFS(求和区域, 条件区域 1, 条件 1, [条件区域 2, 条件 2], ...)
```

参数：

- sum_range：必需。需要求和的单元格区域，包括数字或包含数字的名称、区域或单元格引用。空值和文本值将被忽略。
- criteria_range1：必需。在其中计算判断条件的第一个条件区域。
- criteria1：必需。需要在第一个条件区域判断是符合要求的条件 1。其形式可以为数字、表达式、单元格引用、文本或函数。
- criteria_range2, criteria2, ...：可选。第二个条件区域和第二个条件。最多允许 127 个区域/条件对。

注意：

- 仅当条件区域满足所有的条件时，才会对求和区域进行求和计算。
- 求和区域（sum_range）的行数和列数必须与条件区域（criteria_range）的行数与列数相同。

例如，如图 2-58 所示，利用 SUMIFS 函数求 1 月份衣服的采购数量总和。

	A	B	C	D	E	F
1		采购表				
2	采购时间	项目	采购数量			
3	1月	衣服	20			
4	1月	裤子	45			
5	1月	鞋子	70			
6	1月	衣服	125			
7	2月	裤子	185			
8	2月	鞋子	140			
9	2月	衣服	225			
10	2月	裤子	210			
11	3月	鞋子	260			
12	4月	衣服	385			
13	4月	裤子	350			
14	4月	鞋子	315			
15						
16	计算2月份衣服的采购数量总和:					
17	公式:	=SUMIFS(C3:C14,A3:A14,"1月",B3:B14,"衣服")				
18	结果:	145				

图 2-58　SUMIFS 函数示例

公式为："=SUMIFS(C3:C14,A3:A14,"1 月",B3:B14,"衣服")"，其中 C3:C14 为实际求和的单元格区域，"A3:A14"为提供逻辑判断依据的单元格区域，"1 月"为判断条件，就是仅统计 A3:A14 区域中采购月份为"1 月"的单元格，"B3:B14"为提供逻辑判断依据的单元格区域，"衣服"为判断条件，就是仅统计 B3:B14 区域中采购月份为"衣服"的单元格。

5）SUMPRODUCT 函数

功能：在给定的多个数组中，将数组间的对应元素相乘，返回乘积之和。

语法：

```
=SUMPRODUCT(array1, [array2], [array3], ...)
=SUMPRODUCT(数组 1, [数组 2], [数组 3], ...)
```

参数：

- array1：必需。其相应元素需要进行相乘并求和的第一个数组参数。
- array2, array3, ...：可选。2 到 255 个数组参数，其相应元素需要进行相乘并求和。

注意：

- 数组参数需具有相同的维度。
- 将数组参数中非数值型元素作为 0 处理。
- 如果只提供一组数据，则函数返回该数组的所有元素之和。

	A	B	C	D
1	数组1	数组2		
2	1	4		
3	2	文本		
4	3	6		
5				
6	数组1与数组2相乘并求和			
7	公式:	=SUMPRODUCT(A2:A4,B2:B4)		
8	结果:	22		
9	说明:	1x4+2x0+3x6		

图 2-59　SUMPRODUCT 函数示例

例如，如图 2-59 所示，利用 SUMPRODUCT 函数求数组 1 和数组 2 相乘后的和。

公式为：“=SUMPRODUCT(A2:A4,B2:B4)”。由于 B4 单元格为非数值型数据，所以值为 0。

再如：在 A1:A10 数据区域中有 10 个整数，计算 A1:A10 数据区域中奇数的个数。

分析：因为奇数除以 2 后的余数为 1，偶数除以 2 后的余数为 0，所以要计算奇数的个数只需把所有的数除以 2 后把余数相加即可，而这里需要用到求余数函数 MOD，而此处要把 A1：A10 区域整体当作 MOD 函数的被除数参数。也就是要求一组数的和，所以可用 SUMPRODUCT 函数进行求和。

公式为：“=SUMPRODUCT(MOD(A1:A10,2))”。

6）INT 函数

功能：将数字向下舍入到最接近的整数。

语法：

```
=INT(number)
=INT(数字)
```

参数：

number：必须。需要舍入的数字。

例如，如果 A1=16.8，A2=-28.389，则公式“=INT(A1)”返回 16，=INT(A2)返回-29。

7）TRUNC 函数

功能：将数字从指定的小数点位置截断，并返回其截断后的数字。

语法：

```
=TRUNC(number,[num_digits])
=TRUNC(数字, [精度])
```

参数：

- number：必需。需要截尾取整的数字。
- num_digits：可选。用于指定取整精度的数字，默认值为 0，可以为负数。

TRUNC(number, num_digits)，number 是需要截去小数部分的数字，num_digits 则指定保留小数的精度（几位小数）。

注意：TRUNC 函数可以按需要截取数字的小数部分，而 INT 函数则将数字向下舍入到最接近的整数。INT 和 TRUNC 函数在处理负数时有所不同：TRUNC(−4.3)返回−4，而 INT(−4.3)返回−5。

例如，如果 A1=78.652，则公式“=TRUNC(A1,1)”返回 78.6，公式“=TRUNC(A1,2)”返回 78.65，公式“=TRUNC(A1,−1)”返回 70，公式“=TRUNC(−8.963,2)”返回−8.96。

8）ABS 函数

功能：返回数字的绝对值。

语法：

```
=ABS(number)
=ABS(数字)
```

参数：

number：必需。需要计算其绝对值的数字。

例如，如果 A1 = −16，则公式“=ABS(A1)”返回 16。

9）ROUND 函数

功能：将数字四舍五入到指定位数的数字。

语法：

```
=ROUND(number,num_digits)
=ROUND(数字, 位数)
```

参数：

- number：必需。要四舍五入的数字。
- num_digits：必需。要进行四舍五入后数字的位数。

注意：如果 num_digits 大于 0，则将数字四舍五入到指定的小数位数；如果 num_digits 等于 0，则将数字四舍五入到最接近的整数；如果 num_digits 小于 0，则将数字四舍五入到小数点左边的相应位数。

例如，如果 A1=65.25，则公式“=ROUND(A1,1)”返回 65.3，公式“=ROUND(82.149,2)”返回 82.15，公式“=ROUND(251.5,−2)”返回 300。

10）MROUND 函数

功能：将数值舍入到指定基数的倍数。

语法：

```
=MROUND(number,multiple)
=MROUND(数值, 舍入到的倍数)
```

参数：

- number：必需。要舍入的值。
- multiple：必需。要舍入到的倍数。

例如，把单元格 A1 中的“15:37:48”时间四舍五入到最接近的 15 分钟的倍数。

分析：因为一天有 24 × 60=1 440 分钟，所以只需舍入到“15/1440”的倍数即可。

公式为："=MROUND(A1, 15/1440)"，计算结果是"15:45:00"。

4．文本函数

Excel 中可以使用文本函数处理文本字符串。

1）REPLACE 函数

功能：根据指定的字符个数，将部分文本字符串替换为新的文本字符串。

语法：

```
=REPLACE(old_text, start_num, num_chars, new_text)
=REPLACE(旧文本, 开始位置, 字符个数, 新文本)
```

参数：

- old_text：必需。要替换其部分字符的旧文本。
- start_num：必需。old_text 中要替换为 new_text 的字符开始位置。
- num_chars：必需。old_text 中希望使用 new_text 来进行替换的字符个数，如果 num_chars 为 0，是在指定位置插入新字符。
- new_text：必需。将替换 old_text 中字符的新文本。

例如，对 A1 单元格中的电话号码进行升级。升级方法是在区号（0571）后面加上"8"，并将其计算结果保存在 B1 单元格中。

公式为："=REPLACE(A1,5,0,8)"。

2）MID 函数

功能：返回文本字符串中从指定位置开始的特定数目的字符串。

语法：

```
=MID(text, start_num, num_chars)
=MID(文本, 开始位置, 字符个数)
```

参数：

- 文本：必需。包含要提取字符的文本字符串。
- start_num：必需。文本中要提取的第一个字符的位置。文本中第一个字符的 start_num 为 1，以此类推。
- num_chars：必需。指定希望 MID 函数从文本中返回字符的个数。

例如，根据 A1 单元格的身份证号，使用文本函数 MID 获得出生的年份信息。身份证号规律：身份证号码中的第 7 位~第 10 位表示出生年份；身份证号码中的第 11 位~第 12 位表示出生月份；身份证号码中的第 13 位~第 14 位表示出生日。

公式为："=MID(A1,7,4)"。

3）CONCATENATE 函数

功能：返回一个或多个字符串合并后的字符串。

语法：

```
=CONCATENATE( text1, [ text2, ... , text_n ] )
=CONCATENATE( 文本 1, [文本 2, ... , 文本_n ] )
```

参数：

- text1：必需。要连接合并的第一个文本项。
- text2, ...：可选。其他文本项，最多为 255 项。

例如，根据 A1 单元格的身份证号，使用文本函数 MID 函数和 CONCATENATE 函数，填充出生日期，格式为：××××年××月××日。身份证号规律：身份证号码中的第 7 位~第 10 位表示出生年份；身份证号码中的第 11 位~第 12 位表示出生月份；身份证号码中的第 13 位~第 14 位表示出生日。

分析：先使用 MID 函数取出身份证号中的年份、月份和日期值，然后使用 CONCATENATE 函数把相应的字符串合并起来。公式为："=CONCATENATE(MID(A1,7,4),"年",MID(A1,11,2),"月",MID(A1,13,2),"日")"。

另外，我们也可以用字符串连接运算符"&"，代替 CONCATENATE 函数来连接文本。例如，公式"="office"&"2019""与公式"=CONCATENATE("office","2019")"返回的结果是相同的。

4）EXACT 函数

功能：比较两个文本字符串，如果它们完全相同，则返回 TRUE；否则返回 FALSE。EXACT 函数在比较两个字符串时，区分大小写，但是忽略格式差异。

语法：

```
=EXACT(text1, text2)
=EXACT(文本 1, 文本 2)
```

参数：

- text1：必需。第一个文本字符串。
- text2：必需。第二个文本字符串。

例如，在 A1 单元格中保存着字符串"office2019"，B1 单元格中保存着字符串"Office2019"，则公式"=EXACT(A1,B1)"，返回的结果是"FALSE"。

5）FIND 函数和 SEARCH 函数

功能：返回查找的文本在目标文本中起始位置。

语法：

```
=FIND(find_text, within_text, [start_num])
=FIND(要查找的文本,包含查找文本的文本, [开始查找的位置])
=SEARCH(find_text,within_text,[start_num])
=SEARCH(查找文本,目标文本,[开始位置])
```

参数：

- find_text：必需。要查找的文本。
- within_text：必需。包含要查找文本的文本。
- start_num：可选。指定开始进行查找的字符位置。within_text 中的首字符是编号为 1 的字符。如果省略 start_num，则假定其值为 1。

```
FIND(find_text,within_text,[start_num]),
SEARCH(find_text,within_text,[start_num]),
```

find_text 是要查找的文本字符串。

注意：FIND 函数查找时区分大小写；SEARCH 函数查找时不区分大小写。

例如，在 A1 单元格中保存着字符串"Office2019"，公式"=FIND（"o", A1）"，返回的结果是"#VALUE!"，而公式"=SEARCH（"o", A1）"，返回的结果是"1"。

6）UPPER 函数和 LOWER 函数

功能：UPPER 函数为将一个文本字符串中的所有大写字母转换为小写字母；LOWER 函数为将一个文本字符串中的所有小写字母转换为大写字母。

语法：

```
=UPPER(text)
=UPPER(文本)
=LOWER(text)
=LOWER(文本)
```

参数：

Text：必需。要转换为小写字母的文本。

例如，在 A1 单元格中保存着字符串“Office2019”，公式“=UPPER(A1)”，返回的结果是“OFFICE2019”；公式“=LOWER(A1)”，返回的结果是“office2019”。

7）TEXT 函数

功能：将数值转换为文本，并以指定格式显示。

语法：

```
=TEXT(value, format_text)
=TEXT(数值, 数字格式)
```

参数：

- value：必需。数值、计算结果为数值的公式，或对包含数值的单元格的引用。
- format_text：必需。用引号括起的文本字符串的数字格式。数字格式规则请参考函数的帮助。

例如，在 A1 单元格中保存着某公司的销售金额的数字“2019”，现要把该销售金额改成大写的形式，可使用公式“=TEXT（A1,"[dbnum2]"）”进行转换，返回的结果是“贰仟零壹拾玖”。

5. 查找与引用函数

在 Excel 中，可以利用查找和引用函数对数据进行快速查询和引用。

1）HLOOKUP 函数

功能：在表格中的第一行查找指定的数值，返回所在列中指定行的数值。

语法：

```
=HLOOKUP(lookup_value, table_array, row_index_num,[range_lookup])
=HLOOKUP(查找值, 表格, 行号, [查找类型])
```

参数：

- lookup_value：必需。要在表格的第一行中查找的值。Lookup_value 可以是数值、引用或文本字符串。
- table_array：必需。在其中查找数据的数组或表格，使用对区域或区域名称的引用。table_array 的第一行的数值可以为文本、数字或逻辑值。文本不区分大小写。
- row_index_num：必需。table_array 中将返回的匹配值的行号。
- range_lookup：可选。一个逻辑值，指定查找精确匹配值还是近似匹配值。如果为 True 或省略，则返回近似匹配值。如果找不到精确匹配值，则返回小于 lookup_value 的最大值。如果为 False，则 HLOOKUP 将查找精确匹配值。如果找不到精确匹配值，则返回错误值 #N/A。

注意：lookup_value 的值必须与 table_array 第一行的内容相对应。

例如，如图 2-60 所示，根据“价格表”的价格，对“采购表”中的“单价”列根据不同采购项目进行精确查找。

	A	B	C	D	E	F	G	H	I	J
1	折扣表						采购表			
2	数量	0	100	200	300		项目	采购数量	单价	折扣率
3	折扣率	0%	6%	8%	10%		衣服	20		
4	说明	0-99件的折扣率	100-199件的折扣率	200-299件的折扣率	300件以上的折扣率		裤子	45		
5							鞋子	70		
6							衣服	125		
7							裤子	185		
8	价格表						鞋子	140		
9	类别	衣服	裤子	鞋子			衣服	225		
10	单价	120	80	150			裤子	210		
11							鞋子	260		
12							衣服	385		
13							裤子	350		
14										

图 2-60　HLOOKUP 函数示例

选中 G3 单元格，然后插入函数 HLOOKUP，打开“函数参数”编辑对话框，如图 2-61 所示进行编辑。编辑好后在 G3 单元格内显示公式：“=HLOOKUP(G3,$B$9: $D$10,2,FALSE)”，然后双击 G3 单元格的填充柄完成对其他单元格的填充。

注意：table_array 参数必须绝对引用。

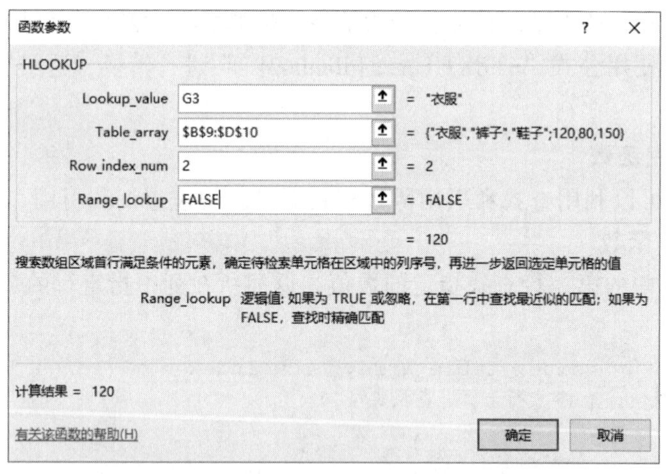

图 2-61　HLOOKUP“函数参数”编辑对话框

再如，如图 2-60 所示，根据“折扣表”的采购数量，对“采购表”中的“折扣率”列根据不同采购数量进行模糊查找。

选中 H3 单元格，然后插入函数 HLOOKUP，打开“函数参数”编辑对话框，如图 2-62 所示进行编辑。编辑好后在 H3 单元格内显示公式：“=HLOOKUP(H3,$B$2:$E$3,2,TRUE)”，然后双击 H3 单元格的填充柄完成对其他单元格的填充。

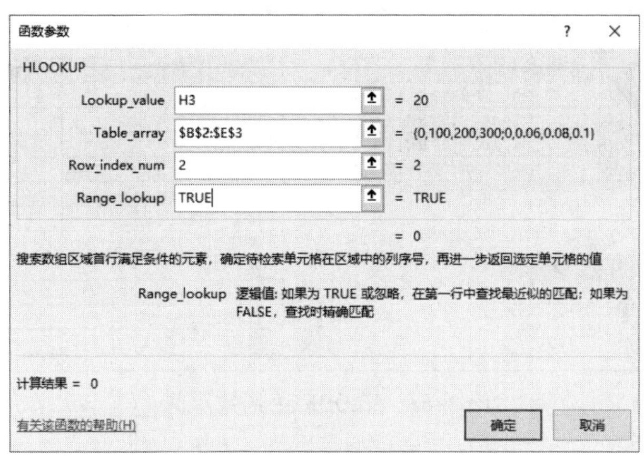

图 2-62　HLOOKUP“函数参数”编辑对话框

2）VLOOKUP 函数

功能：根据给定的一个值，在目标区域的第一列查找并匹配出该值，之后返回该值所在行指定列的数据。

语法：

```
=VLOOKUP(lookup_value, table_array, col_index_num,[range_lookup])
=VLOOKUP(查找值, 单元格区域, 列数, [匹配模式])
```

参数：

- lookup_value：必需。需在指定单元格区域中查找的值。
- table_array：必需。在其中查找数据的数组或单元格区域，使用对区域或区域名称的引用。
- col_index_num：必需。table_array 中将返回的匹配值的列号。
- range_lookup：可选。一个逻辑值，指定查找精确匹配值还是近似匹配值。如果为 True 或省略，则返回近似匹配值。如果找不到精确匹配值，则返回小于 lookup_value 的最大值。如果为 False，则将查找精确匹配值。

说明：VLOOKUP 函数的用法与 HLOOKUP 基本一致，不同在于 table_array 数据表的数据信息是以行的形式出现，而 VLOOKUP 的 table_array 数据表是以列的形式出现。

例如，如图 2-63 所示，根据“价格表”的价格，对“采购表”中的“单价”列根据不同采购项目进行精确查找。

选中 G3 单元格，然后插入函数 HLOOKUP，打开“函数参数”编辑对话框，如图 2-64 所示进行编辑。编辑好后在 G3 单元格内显示公式：“=VLOOKUP(E3,$A$11:$B$13,2,FALSE)”，然后双击 G3 单元格的填充柄完成对其他单元格的填充。

	A	B	C	D	E	F	G	H
1	折扣表				采购表			
2	数量	折扣率	说明		项目	采购数量	单价	折扣率
3	0	0%	0-99件的折扣率		衣服	20		
4	100	6%	100-199件的折扣率		裤子	45		
5	200	8%	200-299件的折扣率		鞋子	70		
6	300	10%	300件的折扣率		衣服	125		
7					裤子	185		
8					鞋子	140		
9	价格表				衣服	225		
10	类别	单价			裤子	210		
11	衣服	120			鞋子	260		
12	裤子	80			衣服	385		
13	鞋子	150			裤子	350		
14								

图 2-63　VLOOKUP 函数示例

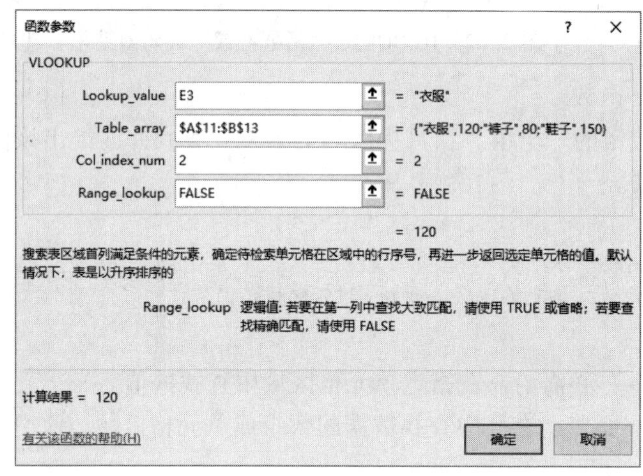

图 2-64　VLOOKUP“函数参数”编辑对话框

3）LOOKUP 函数

LOOKUP 函数有两种语法形式：向量形式和数组形式。

（1）LOOKUP 函数（向量形式）。

所谓向量，就是只包含一行或一列的区域。函数 LOOKUP 的向量形式是在单行区域或单列区域（向量）中查找数值，然后返回第二个单行区域或单列区域中相同位置的数值。如果需要指定包含待查找数值的区域，则一般使用函数 LOOKUP 的向量形式。

功能：在一列或一行区域中查找值，并在第二个对应的一列或一行区域中返回相同位置的值。如果找不到确切的值，会匹配小于并最接近查找值的位置。

语法：

```
=LOOKUP(lookup_value, lookup_vector, [result_vector])
=LOOKUP(查找值,查找向量,[返回向量])
```

参数：

- lookup_value：必需。查找值。
- lookup_vector：必需。只包含一行或一列的区域。
- result_vector：可选。只包含一行或一列的区域。如果省略，返回值在 lookup_vector 中返回。如果提供，其长度必须与 lookup_vector 的长度一致。

注意：

- 如果 LOOKUP 函数找不到 lookup_value，则会与 lookup_vector 中小于或等于 lookup_value 的最大值进行匹配。
- Lookup_vector 中的值必须按升序（按小到大）排列，否则 LOOKUP 函数可能无法返回正确的值。各类型数值升序排列如下：

数字：-1、0、1、2。

文本：a、b、c、D、e（不区分大小写）。

逻辑值：FALSE、TRUE。

例如，如图 2-63 所示，根据“价格表”的价格，使用 LOOKUP 函数的向量形式，对“采购表”中的“单价”列根据不同采购项目进行查找。

选中 G3 单元格，然后插入函数 HLOOKUP，打开“函数参数”编辑对话框，如图 2-65 所示进行编辑。然后在 G3 单元格内显示公式：“=LOOKUP(E3,$A$11:$A$13,$B$11:$B$13)”，然后双击 G3 单元格的填充柄完成对其他单元格的填充。

注意：lookup_vector 参数和 result_vector 参数必须绝对引用。

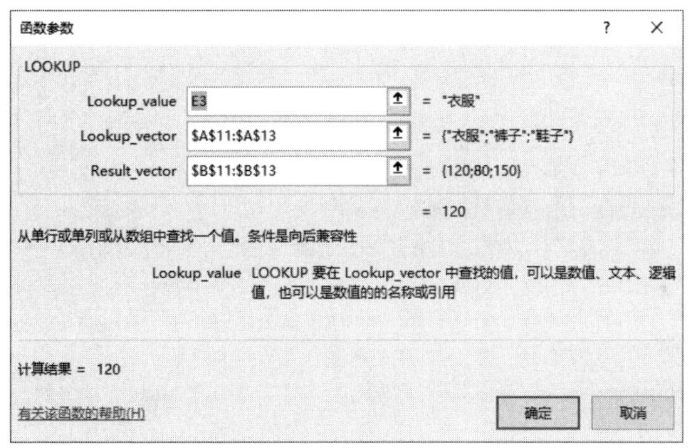

图 2-65　LOOKUP 函数（向量形式）参数编辑对话框

（2）LOOKUP 函数（数组形式）。

功能：从提供的数组的第一行或第一列查找指定的值，返回数组最后一行或最后一列中同一位置的值。

语法：

```
=LOOKUP(lookup_value, array)
=LOOKUP(查找值,数组)
```

参数：

- lookup_value：必需。查找值。
- array：必需。包含要与 lookup_value 进行比较的文本、数字或逻辑值的单元格区域。如果数组列数多于行数 LOOKUP 会在第一行中搜索 lookup_value 的值。如果数组是正方的或者行数多于列数，LOOKUP 会在第一列中进行搜索。使用 HLOOKUP 和 VLOOKUP 函数，可以通过索引以向下或遍历的方式搜索，但是 LOOKUP 始终选择行或列中的最后一个值。

注意：

- 如果 LOOKUP 函数找不到 lookup_value，则会与数组中小于或等于 lookup_value 的最大值进行匹配。
- 数组中的值必须按升序（按小到大）排列，否则 LOOKUP 函数可能无法返回正确的值。各类型数值升序排列如下：

数字：-1、0、1、2。

文本：a、b、c、D、e（不区分大小写）。

逻辑值：FALSE、TRUE。

例如，如图 2-63 所示，根据“折扣表”的采购数量，使用 LOOKUP 函数数组形式，对“采购表”中的“折扣率”列根据不同采购数量进行查找。

选中 H3 单元格，然后插入函数 HLOOKUP，打开“函数参数”编辑对话框，如图 2-66 所示进行编辑。然后在 H3 单元格内显示公式：“=LOOKUP(F3,$A$3:$B$6)”，然后双击 H3 单元格的填充柄完成对其他单元格的填充。

注意：Array 参数必须绝对引用。

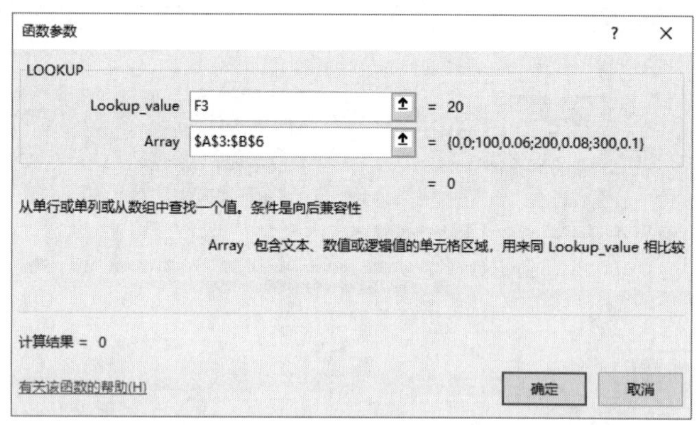

图 2-66　LOOKUP 函数（数组形式）参数编辑对话框

6．统计函数

统计函数是 Excel 函数中最重要的函数之一，是我们工作中使用最多、频率最高函数，它能有效地提高我们的工作效率，能快速地从复杂、烦琐的数据中提取我们需要的数据。

1）COUNT 函数

功能：统计指定区域中数字的个数。

语法：

```
=COUNT(value1, [value2], ...)
=COUNT(值区域 1, [值区域 2], ...)
```

参数：

- value1：必需。要计算其中数字的个数的第一个单元格引用或区域。
- value2, ...：可选。要计算其中数字的个数的其他项、单元格引用或区域。

注意：根据参数的提供方式，统计数字的规则将会存在差异，具体如表 2-3 所示。

表 2-3　不同参数提供方式的统计规则

项　　目	引用形式提供的参数（=COUNT（A1，A2））	直接提供的参数（=COUNT（1，2））
数字	计算	计算
日期	计算	计算
逻辑	忽略	计算
文本形式表示的数字和日期	忽略	计算
其他文本	忽略	忽略
错误值	忽略	忽略

例如，如图 2-67 所示，利用 COUNT 函数，统计区域内数字的个数。

	A	B	C
1	数据	公式	结果
2	11	=COUNT(A2:A6)	2
3	text	=COUNT(A2:A6,TRUE)	3
4	TRUE		
5	2021/3/26		
6	#DIV/0!		

图 2-67　COUNT 函数示例

2）COUNTA 函数

功能：统计指定区域中非空单元格的个数。

语法：

```
=COUNTA(value1, [value2], ...)
=COUNTA(值区域 1, [值区域 2], ...)
```

参数：

- value1：必需。要计算其中非空单元格的个数的第一个单元格引用或区域。
- value2, ...：可选。要计算其中非空单元格的个数的其他项、单元格引用或区域。

注意： COUNTA 函数在统计非空单元格时，计算任何类型的数据，包括错误值和空文本（“”）。

例如，如图 2-68 所示，利用 COUNTA 函数，统计区域内非空单元格的个数。

	A	B	C
1	数据	公式	结果
2	11	=COUNTA(A2:A7)	5
3	text		
4	TRUE		
5			
6	2021/3/26		
7	#DIV/0!		

图 2-68　COUNTA 函数示例

3）COUNTBLANK 函数

功能：统计指定区域中空白单元格的个数。

语法：

```
=COUNTBLANK(range)
=COUNTBLANK(单元格区域)
```

参数：

range：必需。需要计算的单元格区域。

例如，如图 2-69 所示，利用 COUNTBLANK 函数，统计区域中空白单元格的个数。

	A	B	C
1	数据	公式	结果
2	11	=COUNTBLANK(A2:A7)	1
3	text		
4	TRUE		
5			
6	2021/3/26		
7	#DIV/0!		
8			

图 2-69　COUNTBLANK 函数示例

4）COUNTIF 函数

功能：统计指定单元格区域中符合指定条件的单元格个数。

语法：

```
=COUNTIF(range, criteria)
=COUNTIF(单元格区域, 条件)
```

参数：

- range：必需。需要计算的单元格区域。
- criteria：必须。对区域中进行判断的条件，条件可以有以下几种形式：数字、文本、单元格引用、表达式，例如，“>60”。

注意：

- 可以在条件中使用通配符，即问号（?）和星号（*）。问号匹配任意单个字符，星号匹配任意一串字符。
- 条件不区分大小写，“excel”和“EXCEL”是同样的条件。

例如，如图 2-70 所示，利用 COUNTIF 函数，统计区域中满足给定条件的单元格个数。

	A	B	C	D
1	数据1	数据2	公式	结果
2	92	优秀	=COUNTIF(A2:A7,">=60")	5
3	82	良好	=COUNTIF(B2:B7,"优秀")	2
4	83	良好	=COUNTIF(B2:B7,B2)	2
5	60	及格		
6	55	不及格		
7	97	优秀		

图 2-70　COUNTIF 函数示例

5）COUNTIFS 函数

功能：统计指定单元格区域中符合多个指定条件的单元格个数。

语法：

```
=COUNTIFS(criteria_range1, criteria1,[criteria_range2, criteria2] , ...)
```

```
=COUNTIFS(条件区域 1, 条件 1, [条件区域 2, 条件 2] , ...)
```

参数：

- criteria_range：必需。需要判断条件的第一个条件区域。
- criteria1：必须。对第一个区域中进行判断的条件 1，条件可以有以下形式：数字、文本、单元格引用、表达式，例如，“>60”。
- criteria_range2, criteria2, ...：可选。其余条件区域及其关联条件。最多可以写 127 个区域/条件对。

注意：

- 后续条件区域需要与第一个条件区域具有相同的行数或列数；
- 针对条件区域中的第 n 个值，只有所有条件区域同时满足相对应的条件时，计数增加一；
- 空单元格将被视为零；
- 可以在条件中使用通配符，即问号（?）和星号（*）。问号匹配任意单个字符，星号匹配任意一串字符。

例如，如图 2-71 所示，利用 COUNTIFS 函数，统计采购项目为裤子并且采购数量大于 100 的数量。

	A	B	C	D	E	F
1		采购表				
2	采购时间	项目	采购数量			
3	1月	衣服	20			
4	1月	裤子	45			
5	1月	鞋子	70			
6	1月	衣服	125			
7	2月	裤子	185			
8	2月	鞋子	140			
9	2月	衣服	225			
10	2月	裤子	210			
11	3月	鞋子	260			
12	4月	衣服	385			
13	4月	裤子	350			
14	4月	鞋子	315			
15						
16	统计采购项目为裤子并且采购数量大于100的数量:					
17	公式:	=COUNTIFS(B3:B14,"裤子",C3:C14,">100")				
18	结果:	3				

图 2-71　COUNTIF 函数示例

6）AVERAGE 函数

功能：返回一组数据的平均值。

语法：

```
=AVERAGE(number1, [number2], ...)
=AVERAGE(数字 1, [数字 2], ...)
```

参数：

number1, number2, ...：number1 是必需的，后续数字是可选的。其值可以是数字、单元格引用或单元格区域。

注意：

- 参数可以是数字或者包含数字的名称、数组或引用。
- 参数中包含逻辑值、文本、空白单元格等时，按如下规则计算：

  直接写入到函数的逻辑值和代表数字的文本将被计算，TRUE=1、FALSE=0;

  直接写入到函数的无法转换为数字的文本将导致错误；

  数组和引用中的逻辑值将被忽略；

  数组和引用中的文本值将被忽略；

  空白单元格，将被忽略。

例如，如图 2-72 所示，利用 AVERAGE 函数，计算对应的平均值。

	A	B	C	D
1	数据	公式	结果	说明
2	92	=AVERAGE(A2:A7)	90.33	A4、A5、A6单元格数据被忽略
3	82	=AVERAGE(80,"69",TRUE)	50.00	"60"和TRUE被当作数字直接计算
4	文本	=AVERAGE(80,"69","文本")	#VALUE!	"文本"不能转换成数字，出错
5	TRUE			
6				
7	97			

图 2-72　AVERAGE 函数示例

7）MAX 和 MIN 函数

功能：返回一组数据中的最大值和最小值。

语法：

```
=MAX(number1, [number2], ...)
=MAX(数字 1, [数字 2], ...)
=MIN(number1, [number2], ...)
=MIN(数字 1, [数字 2], ...)
```

参数：

number1, number2, ...：number1 是必需的，后续数字是可选的。

8）RANK.EQ 函数

功能：返回指定数字在一列数字中的排名。如果多个数字具有相同的排名，则返回最高排名。

语法：

```
=RANK.EQ(number,ref,[order])
=RANK.EQ(数字, 数字列表, [排序方向])
```

参数：

- number：必需。要确定其排名的数字。
- ref：必需。数字列表的数组，对数字列表的引用。非数字值将会被忽略。
- order：可选。指定数字排序方向的数字，具体如下：

如果省略或为 0：ref 中的数字降序排列；

如果为 1：ref 中的数字升序排列。

例如，如图 2-73 所示，利用 RANK.EQ 函数，计算数字 83 对应的排名。

	A	B	C	D
1	数据	公式	结果	说明
2	92	=RANK.EQ(83,A2:A7,1)	4	升序
3	82	=RANK.EQ(83,A2:A7,0)	3	降序
4	83	=RANK.EQ(83,A2:A7)	3	降序
5	60			
6	55			
7	97			
8				

图 2-73 RANK.EQ 函数示例

另外，还有 RANK.AVG 函数和 RANK 函数也是一个返回数字在数字列表中的排位。

RANK.AVG 函数中，数字的排位是其大小与列表中其他值的比值，如果多个值具有相同的排位，则将返回平均排位。

RANK 函数是 Excel 以前版本的排位函数，在 Excel 2016 中被归类在兼容性函数中，其功能同 RANK.EQ 函数。

7. 逻辑函数

逻辑函数，简单的理解就是返回结果为 TRUE 或 FALSE 的函数。TRUE，代表判断后的结果是真的、正确的，也可以用 1 表示；FALSE，代表判断后的结果是假的、错误的，也可以用 0 表示。在 Excel 2019 版本中，共有 11 个逻辑函数，即 AND、OR、XOR、NOT、IF、IFERROR、IFNA、IFS、FALSE、TRUE、SWITCH 函数。

1）AND 函数

功能：检查所有的参数是否为 TRUE，如果所有的参数均为 TRUE，则返回 TRUE；如果任意一个参数为 FALSE 时，则返回 FALSE。

语法：

```
=AND(logical1, [logical2], ...)
=AND(测试条件 1, [测试条件 2], ...)
```

参数：

- logical1：必需。要测试的第一个条件，其计算结果可以为 TRUE 或 FALSE。
- logical2, ...：可选。要测试的其他条件，其计算结果可以为 TRUE 或 FALSE。

注意：

- 参数的计算结果必须是逻辑值（如 TRUE 或 FALSE），或者参数必须是包含逻辑值的数组或引用。
- 如果数组或引用参数中包含文本或空白单元格，则这些值将被忽略。
- 如果提供的条件的计算结果不是逻辑值而是数值时，零值当作 FALSE，其余非零值当作 TRUE 参与计算。

例如，判断员工是否有资格评“高级工程师”。评选条件为：工龄大于 20，职称为工程师。若“工龄”在 A1 单元格，“职称”在 B1 单元格。

判断公式为：

```
=AND(A1>20,B1="工程师")
```

2）OR 函数

功能：根据提供的一个或多个参数的逻辑值，任何一个参数逻辑值为 TRUE 时，返回

TRUE；所有的参数逻辑值为 FALSE 时，返回 FALSE。

语法：

```
=OR(logical1, [logical2], ...)
=OR(测试条件 1, [测试条件 2], ...)
```

参数：

- logical1：必需。要测试的第一个条件，其计算结果可以为 TRUE 或 FALSE。
- logical2, ...：可选。要测试的其他条件，其计算结果可以为 TRUE 或 FALSE。

注意：

- 参数的计算结果必须是逻辑值（如 TRUE 或 FALSE），或者参数必须是包含逻辑值的数组或引用。
- 如果数组或引用参数中包含文本或空白单元格，则这些值将被忽略。
- 如果提供的条件的计算结果不是逻辑值而是数值时，零值当作 FALSE，其余非零值当作 TRUE 参与计算。

例如，判断当前年份是否为闰年，结果为“TRUE”或“FALSE”。闰年定义：年数能被 4 整除而不能被 100 整除，或者能被 400 整除的年份。

分析：

首先搞清楚闰年判断的逻辑关系，条件“年数能被 4 整除而不能被 100 整除”和条件“能被 400 整除的年份”是“相或”的关系，故要用到 OR 函数；而条件“年数能被 4 整除而不能被 100 整除”中又包含了两个判断条件：“年数能被 4 整除”和“不能被 100 整除”，这两个条件是“相与”的关系，故要用到 AND 函数。

然后处理整除关系，由数学知识知道：两数能否整除只需判断两数相除的余数是否为 0，若为 0 则能整除，若不为 0 则不能整除，故要用到 MOD 函数。

最后再计算当前的年份，可以使用 TOADY 和 YEAR 函数求出当前的年份。

判断公式为：

```
=OR(AND(MOD(YEAR(TODAY()),4)=0,MOD(YEAR(TODAY()),100)<>0),MOD(YEAR(TODAY
()),400)=0)
```

注意：此题涉及多个函数的嵌套问题。

3）XOR 函数

功能：返回所有参数的逻辑“异或”值。当所有参数值均为逻辑“假”（FALSE）或逻辑“真”（TRUE）时，返回逻辑值“FALSE”；否则返回逻辑值“TRUE”。

语法：

```
=XOR(logical1, [logical2], ...)
=XOR(逻辑值 1, [逻辑值 2], ...)
```

参数：

logical1, logical2, ...：logical1 是必需的，后续逻辑值是可选的。

注意：

- 逻辑值的数量最多为 254 个。

- 参数必须计算为逻辑值，如 TRUE 或 FALSE，或者为包含逻辑值的数组或引用。
- 如果数组或引用参数中包含文本或空白单元格，则这些值将被忽略。

例如，如图 2-74 所示，利用 XOR 函数求各公式的结果。

	A	B
1	公式	结果
2	=XOR(TRUE,TRUE)	FALSE
3	=XOR(TRUE,FALSE)	TRUE
4	=XOR(FALSE,TRUE)	TRUE
5	=XOR(FALSE,FALSE)	FALSE
6	=XOR(TRUE,FALSE,FALSE)	TRUE
7	=XOR(TRUE,TRUE,FALSE)	FALSE
8		

图 2-74　XOR 函数示例

4）IF 函数

功能：根据提供的条件参数，条件计算结果为 TRUE 时，返回一个值；条件计算结果为 FALSE 时，返回另一个值。

语法：

```
=IF(logical_test, [value_if_true], [value_if_false])
=IF(条件, [条件为 TRUE 时的返回值], [条件为 FALSE 时的返回值])
```

参数：

- logical_test：必需。计算结果为 TRUE 或 FALSE 的任何值或表达式。
- value_if_true：可选。logical_test 参数的计算结果为 TRUE 时所要返回的值。
- value_if_false：可选。logical_test 参数的计算结果为 FALSE 时所要返回的值。

例如，根据“OR 函数例题”的判断结果，返回“闰年”（判断结果为 TURE 时）或“平年”（判断结果为 FALSE 时）。

判断公式为：

```
=IF(OR(AND(MOD(YEAR(TODAY()),4)=0,MOD(YEAR(TODAY()),100)<>0),MOD(YEAR(TO
DAY()),400)=0),"闰年","平年")
```

8. 数据库函数

Excel 中的数据库函数是用于对存储在列表或数据库中的数据进行分析、判断，并求出指定区域中满足给定条件的值。数据库函数共有 12 个，如表 2-4 所示。

表 2-4　数据库函数名及功能

函数名	函数功能	函数名	函数功能
DAVERAGE	返回所选数据库项的平均值	DPRODUCT	将数据库中满足条件的记录的特定字段数值相乘
DCOUNT	计算数据库中包含数字的单元格个数	DSTDEV	基于选定数据库项中的单个样本估算标准偏差
DCOUNTA	计算数据库中非空单元格的个数	DSTDEVP	基于选定数据库项中的样本总体计算标准偏差
DGET	从数据库中提取满足指定条件的单个记录	DSUM	对数据库中满足条件的记录的字段的数字求和
DMAX	返回选定数据库项中的最大值	DVAR	基于选定的数据库项的单个样本估算方差
DMIN	返回选定数据库项中的最小值	DVARP	基于选定的数据库项的样本总体估算方差

数据库函数具有一些共同特点：

（1）每个数据库函数名均以 D 打头，如果将字母 D 去掉，可以发现其实大多数数据库函数已经在 Excel 的其他类型中出现过了。例如，DAVERAGE 将 D 去掉的话，就是求平均值的函数 AVERAGE。

（2）每个数据库函数均有三个参数：database、field 和 criteria。

典型数据库函数的格式：函数名(database,field,criteria)

参数：

- database：构成列表或数据库的单元格区域。数据库是包含一组相关数据的列表，其中包含相关信息的行为记录，而包含数据的列为字段。列表的第一行包含每一列的标签。
- field：指定函数所使用的数据列（需要统计分析的数据列）。Field 可以是文本，即两端带双引号的列标签，如“单价”或“姓名”等；也可以是单元格的引用，即所要分析的列字段的地址，如 B1；还可以是代表列表中列位置的数字（不带引号），如 1 表示第一列，2 表示第二列，依此类推。
- criteria：为包含指定条件的单元格区域。可以为参数指定 criteria 任意区域，只要此区域包含至少一个列标签，并且列标签下至少有一个在其中为列指定条件的单元格。

下面将介绍一些常用的数据库函数。

1）DAVERAGE 函数

功能：对列表或数据库中满足指定条件的记录字段（列）中的数值求平均值。

语法：

```
= DAVERAGE(database, field, criteria)
= DAVERAGE(数据库区域, 求解字段, 条件区域)
```

参数：

- database：必需。构成列表或数据库的单元格区域。
- field：必需。指定函数所使用的数据列（需要统计分析的数据列）。
- criteria：必需。为包含指定条件的单元格区域。

例如，在图 2-75 所示的学生成绩表中，要求女生的语文成绩的平均分。可在 F18 单元格中输入以下任一行公式：

```
=DAVERAGE(A1:F13,C1,H9:H10)
=DAVERAGE(A1:F13,"语文",H9:H10)
=DAVERAGE(A1:F13,3,H9:H10)
```

2）DCOUNT 函数

功能：返回列表或数据库中满足指定条件的记录字段（列）中包含数字的单元格的个数。字段参数为可选项。如果省略字段，DCOUNT 计算数据库中符合条件的所有记录数。

语法：

```
=DCOUNT(database, [field,] criteria)
=DCOUNT(数据库区域, [求解字段,] 条件区域)
```

参数：

- database：必需。构成列表或数据库的单元格区域。
- field：可选。指定函数所使用的数据列（需要统计分析的数据列）。
- criteria：必需。为包含指定条件的单元格区域。

例如，在图 2-75 所示的学生成绩表中，要求“语文”和“数学”成绩都大于 90 的学生人数。可在 F16 单元格中输入以下任一行公式：

```
=DCOUNT(A1:F13, ,I9:J10)
=DCOUNT(A1:F13, "语文",I9:J10)
```

```
=DCOUNT(A1:F13, 4,I9:J10)
=DCOUNT(A1:F13,F1,I9:J10)
```

	A	B	C	D	E	F	G	H	I	J
1	姓名	性别	语文	数学	英语	总分				
2	钱梅宝	男	88	98	82	268				
3	张平光	男	100	98	100	298				
4	许动明	男	89	87	87	263				
5	张　云	女	77	76	80	233				
6	唐　琳	女	98	96	89	283				
7	宋国强	男	50	60	54	164				
8	郭建峰	男	97	94	89	280			条件区域	
9	凌晓婉	女	88	95	100	283		性别	语文	数学
10	张启轩	男	98	96	92	286		女	>90	>90
11	王　丽	女	78	92	84	254				
12	王　敏	女	85	96	74	255				
13	丁伟光	男	67	61	66	194				
14										
15	按以下要求求解					计算结果				
16	“语文”和“数学”成绩都大于90的学生人数：					4				
17	所有女生的总分之和：					1308				
18	女生“语文”成绩的平均分：					85.2				
19	女生“语文”成绩的最高分：					98				
20	“语文”成绩大于90的“女生”姓名：					唐　琳				
21										

图 2-75　数据库函数示例

3）DCOUNTA 函数

功能：返回列表或数据库中满足指定条件的记录字段（列）中的非空单元格的个数。字段参数为可选项。如果省略字段，DCOUNTA 计算数据库中符合条件的所有记录数。

语法：

```
= DCOUNTA(database, [field,] criteria)
= DCOUNTA(数据库区域, [求解字段,] 条件区域)
```

参数：

- database：必需。构成列表或数据库的单元格区域。
- field：可选。指定函数所使用的数据列（需要统计分析的数据列）。
- criteria：必需。为包含指定条件的单元格区域。

4）DMAX 函数和 DMIN 函数

功能：返回列表或数据库中满足指定条件的记录字段（列）中的最大数字和最小值。

语法：

```
= DMAX(database, field, criteria)
= DMAX(数据库区域, 求解字段, 条件区域)
= DMIN(database, field, criteria)
= DMIN(数据库区域, 求解字段, 条件区域)
```

参数：

- database：必需。构成列表或数据库的单元格区域。
- field：必需。指定函数所使用的数据列（需要统计分析的数据列）。
- criteria：必需。为包含指定条件的单元格区域。

例如，在图 2-75 所示的学生成绩表中，要求女生“语文”成绩的最高分。可在 F19 单元格中输入以下任一行公式：

```
=DMAX(A1:F13,C1,H9:H10)
=DMAX(A1:F13, "语文",H9:H10)
```

```
=DMAX(A1:F13,3,H9:H10)
```

5）DSUM 函数

功能：返回列表或数据库中满足指定条件的记录字段（列）中的数字之和。

语法：

```
=DSUM(database, field, criteria)
=DSUM(数据库区域, 求解字段, 条件区域)
```

参数：

- database：必需。构成列表或数据库的单元格区域。
- field：必需。指定函数所使用的数据列（需要统计分析的数据列）。
- criteria：必需。为包含指定条件的单元格区域。

例如，在图 2-75 所示的学生成绩表中，要求所有女生的总分之和。可在 F17 单元格中输入以下任一行公式：

```
=DSUM(A1:F13,F1,H9:H10)
=DSUM(A1:F13, "总分",H9:H10)
=DSUM(A1:F13,6,H9:H10)
```

6）DGET 函数

功能：从列表或数据库的列中提取符合指定条件的单个值。

语法：

```
=DGET(database, field, criteria)
=DGET(数据库区域, 求解字段, 条件区域)
```

参数：

- database：必需。构成列表或数据库的单元格区域。
- field：必需。指定函数所使用的数据列（需要统计分析的数据列）。
- criteria：必需。为包含指定条件的单元格区域。

注意：

- 如果没有与条件匹配的记录，DGET 将返回#VALUE！，错误值。
- 如果多个记录与条件匹配，DGET 将返回#NUM！，错误值。

例如，在图 2-75 所示的学生成绩表中，要求“语文”成绩大于 90 的“女生”姓名。可在 F20 单元格中输入以下任一行公式：

```
=DGET(A1:F13,A1,H9:I10)
=DGET(A1:F13, "姓名",H9:I10)
=DGET(A1:F13,1,H9:I10)
```

9. 信息函数

Excel 中的信息函数主要用于返回某些指定单元格或区域的信息，例如，获取文件路径，单元格格式信息或操作系统信息等。比较常用的是 IS 类函数。下面主要介绍 IS 类函数。

IS 类函数总共有 12 个，可以利用这类函数检验给定数据的数据类型并根据数据的取值不同返回 TRUE 或 FALSE。IS 类函数具有相同的语法和相同的参数，其共通的语法形式可表示成：

```
=IS 类函数名 (value)
```

参数：

value：必需。需要检查的值，其值可以是空白（空单元格）、错误值、逻辑值、文本、数字、引用值或者名称。

函数的返回值为 TRUE 或 FALSE。

IS 类函数的语法及功能可参考表 2–5。

表 2-5　IS 类函数

函数名	语　法	功　能
ISBLANK	=ISBLANK(value)	检查指定的单元格是否空白
ISERR	=ISERR(value)	检查指定的值是否任意错误值（除 #N/A 外）
ISERROR	=ISERROR(value)	检查指定的值是否任意错误值
ISEVEN	=ISEVEN(value)	检查指定的值是否是偶数
ISFORMULA	=ISLOGICAL(value)	检查指定的单元格是否包含公式
ISLOGICAL	=ISLOGICAL(value)	检查指定的值是否是逻辑值
ISNA	=ISNA(value)	检查指定的单元格是否返回 #N/A 错误值
ISNONTEXT	=ISNONTEXT(value)	检查指定的值是否不是文本
ISNUMBER	=ISNUMBER(value)	检查指定的值是否是数字
ISODD	=ISODD(value)	检查指定的值是否是奇数
ISREF	=ISREF(value)	检查指定的值是否是引用
ISTEXT	=ISTEXT(value)	检查指定的值是否是文本

2.6　习　　题

一、选择题

1. 在 Excel 公式复制时，为使公式中的（　　），必须使用绝对地址（引用）。

　A. 引用不随新位置而变化　　B. 单元格地址随新位置而变化

　C. 引用随新位置而变化　　D. 引用大小随新位置而变化

2. 连续选择不相邻工作表时，应该按（　　）键。

　A. 【Enter】　B. 【Alt】　C. 【Shift】　D. 【Ctrl】

3. 在 Excel 中，如果我们只需要数据列表中记录的一部分时，可以使用 Excel 提供的（　　）。

　A. 排序　B. 自动筛选　C. 分类汇总　D. 以上全部

4. Excel 中 PMT 函数用于（　　）。

　A. 基于固定利率及等额分期付款方式，返回贷款的每期付款额

　B. 等额分期付款方式，返回贷款的每期付款额

　C. 基于固定利率，返回贷款的每期付款额

　D. 贷款的每期付款额

5. 在 Excel 中，在进行自动分类汇总之前必须（　　）。

A. 对数据清单进行索引

B. 选中数据清单

C. 必须对数据清单按要进行分类汇总的列进行排序

D. 数据清单的第一行里必须有列标记

6. 在 Excel 表格的单元格中出现一连串的“#####”符号，则表示（　　）。

A. 需重新输入数据　　B. 需删去该单元格

C. 需调整单元格的宽度　　D. 需删去这些符号

7. 将 Excel 表格的首行或者首列固定不动的功能是（　　）。

A. 锁定　　B. 保护工作表　　C. 冻结窗格　　D. 不知道

8. Excel 中单元格下拉列表框的设置可以通过使用（　　）命令来完成。

A. 名称管理器　　B. 数据有效性（数据验证）

C. 公式审核　　D. 模拟分析

9. 在 Excel 中创建图表，首先要打开（　　），然后在“图表”组中操作。

A. “开始”选项卡　　B. “插入”选项卡

C. “公式”选项卡　　D. “数据”选项卡

10. 在 Excel 中按某个字段排序时，其中出现的空白单元格将排在（　　）。

A. 最前面

B. 最后面

C. 不一定，要看排序方式是升序还是降序

D. 以上都错

11. 如何快速地将一个数据表格的行、列交换：（　　）。

A. 利用复制、粘贴命令

B. 利用剪切、粘贴命令

C. 使用鼠标拖动的方法实现

D. 使用复制命令，然后使用选择性粘贴，再选中“转置”，确定即可

12. 在 Excel 中，利用填充柄可以将数据复制到相邻单元格中，若选择含有数值的左右相邻的两个单元格，左键拖动填充柄，则数据将以（　　）填充。

A. 等差数列　　B. 等比数列　　C. 左单元格数值　　D. 右单元格数值

13. 在 Excel 单元格中输入的数据有两种类型：一种常量，可以是数值或文字；另一种是以“=”开头的（　　）。

A. 公式　　B. 批注　　C. 数字　　D. 字母

14. 使用 Excel 的数据筛选功能，是将（　　）。

A. 满足条件的记录显示出来，而删除掉不满足条件的数据

B. 不满足条件的记录暂时隐藏起来，只显示满足条件的数据

C. 不满足条件的数据用另外一个工作表来保存

D. 将满足条件的数据突出显示

15. 在 Excel 中建立图表时，有很多图表类型可供选择，能够很好地表现一段时期内

数据变化趋势的图表类型是（　　）。

A. 柱形图　　B. 折线图　　C. 饼图　　D. XY 散点图

16. 求取某数据库区域满足某指定条件数据的平均值用（　　）。

A. DGETA　　B. DCOUNT　　C. DAVERAGE　　D. DSUM

17. Excel 中，在单元格输入负数时，两种可使用的表示负数的方法是（　　）。

A. 在负数前加一个减号或用圆括号　　B. 斜杠（/）或反斜杠（\\）

C. 斜杠（/）或连接符（-）　　D. 反斜杠（\\）或连接符（-）

18. Excel 中完整的输入数组公式表达式之后，应按（　　）组合键。

A. 【Enter】　　B. 【Shift+Enter】

C. 【Ctrl+Shift+Enter】　　D. 【Ctrl+Enter】

19. 将数字向上舍入到最接近的偶数的函数是（　　）。

A. EVEN　　B. ODD　　C. ROUND　　D. TRUNC

20. 返回参数组中非空值单元格数目的函数是（　　）。

A. COUNT　　B. COUNTBLANK

C. COUNTIF　　D. COUNTA

21. 关于 Excel 表格，下面说法不正确的是（　　）。

A. 表格的第一行为列标题（称字段名）

B. 表格中不能有空列

C. 表格与其他数据间至少留有空行或空列

D. 为了清晰，表格总是把第一行作为列标题，而把第二行空出来

22. 将 Excel 工作表中单元格 E8 的公式“=$A3+B4”移至单元格 G8，应变为（　　）。

A. $A3+B4　　B. $A3+D4　　C. $C3+B4　　D. $C3+04

23. 公式“=LEFT（RIGHT（"中国农业银行, 4）, 2）”的运算结果是（　　）。

A. 中国　　B. 农业　　C. 银行　　D. 农

24. Excel 文档包括（　　）。

A. 工作表　　B. 工作簿　　C. 编辑区域　　D. 以上都是

25. 关于打印说法错误的是：（　　）。

A. 打印内容可以是整张工作表　　B. 可以将内容打印到文件

C. 可以一次性打印多份　　D. 不可以打印整个工作簿

26. 在 Excel 中，创建一个图表时第一步要（　　）。

A. 选择图表的形式　　B. 选择图表的类型

C. 选择图表存放的位置　　D. 选定创建图表的数据区域

27. 将数字向上舍入到最接近的奇数的函数是（　　）。

A. ROUND　　B. TRUNC　　C. EVEN　　D. ODD

28. 在 Excel 中套用表格格式后，会出现（　　）选项卡。

A. 图片工具　　B. 表格工具　　C. 绘图工具　　D. 其他工具

29. 将数字截尾取整的函数是（　　）。

A. TRUNC　　B. INT　　C. ROUND　　D. CEILING

30. 在 Excel 中，当公式中出现被零除的现象时，产生的错误值是（　　）。

A. #DIV/0!　　B. #N/A!　　C. #NUM!　　D. #VALUE!

31. 数据条的渐变填充是（　　）实现的。

A. 条件格式—数据条—渐变填充　　B. 条件格式—渐变填充

C. 设置单元格格式　　D. 条件格式—数据条

32. 统计某数据库中记录字段满足某指定条件的非空单元格数用（　　）。

A. DCOUNTA　　B. DCOUNT

C. DAVERAGE　　D. DSUM

33. Excel 中，打印工作簿时，下面的（　　）表述是错误的。

A. 一次可以打印整个工作簿

B. 一次可以打印一个工作簿中的一个或多个工作表

C. 在一个工作表中可以只打印某一页

D. 不能只打印一个工作表中的一个区域位置

34. 在 Excel 中使用填充柄对包含数字的区域复制时应按住（　　）键。

A. 【Alt】　　B. 【Ctrl】　　C. 【Shift】　　D. 【Tab】

35. Excel 的筛选功能包括（　　）和高级筛选。

A. 直接筛选　　B. 自动筛选　　C. 简单筛选　　D. 间接筛选

36. 函数 AVERAGE(A1:B5)相当于（　　）。

A. 求(A1:B5)区域的最小值　　B. 求(A1:B5)区域的平均值

C. 求(A1:B5)区域的最大值　　D. 求(A1:B5)区域的总和

37. 在 Excel 中，对工作表中的数据排序后，要使数据恢复原来的次序，方法是(　　)。

A. 执行“开始”选项卡下的“撤消排序”命令

B. “排序”对话框中选择“删除条件”按钮

C. 单击快速访问工具栏中的“撤消”命令

D. “排序”对话框中选择“降序”按钮

38. 以下 Excel 运算符中优先级最高的是（　　）。

A. :　　B. ,　　C. *　　D. +

39. 下列关于 Excel 打印与预览操作的说法中，正确的是（　　）。

A. 输入数据时是在表格中进行的，打印时肯定有表格线

B. 尽管输入数据时是在表格中进行，但如果不特意进行设置，那么打印时将不会有表格线

C. 可在“页面设置”中选“工作表”选项卡，然后单击“网格线”前面的“口”使“√”消失，这样打印时会有表格线

D. 除了在“页面设置”中进行设置可以打印表格线外，再没有其他方式可以打印出表格线了

40. 将单元格 A3 中的公式“=$A1+A$2”复制到单元格 B4 中，则单元格 B4 中的公式为（　　）。

A. “=$A2+B$2”　　B. “=$A2+B$1”

C. “=$A1+B$2”　　D. “=$A1+B$1”

41. 随着内容的变化实现会变色的单元格的方法为（　　）。

A. 条件格式—项目选取规则　　B. 条件格式—新建规则

C. 条件格式—变色　　D. 格式—设置单元格格式

42. 在 Excel 中，关于“筛选”的正确叙述是（　　）。

A. 自动筛选和高级筛选都可以将结果筛选至另外的区域中

B. 执行高级筛选前必须在另外的区域中给出筛选条件

C. 自动筛选的条件只能是一个，高级筛选的条件可以是多个

D. 如果所选条件出现在多列中，并且条件间有与的关系，必须使用高级筛选

43. 在 Excel 中，下面不是获取外部数据的方法的是（　　）。

A. 现有连接　　B. 来自网站　　C. 来自 Access　　D. 来自 word

44. B1 单元格存了“20150825”，要取出当前月应该（　　）。

A. MID(B1,5,2)　　B. REPLACE(B1,5,2)

C. GETMID(B1,5,2)　　D. EXTRACTMID(B1,5,2)

45. 在 Excel 中的某个单元格中输入“（123）”，则该单元格中的内容为（　　）。

A. -123　　B. “123”　　C. “(123)”　　D. 123

46. 假设在某工作表 A1 单元格存储的公式中含有$B1，将其复制到 C2 单元格后，公式中的$B1 将变为（　　）。

A. $D2　　B. $D1　　C. $B2　　D. $B1

47. SUMIF 的第 1 个参数是（　　）。

A. 条件区域　　B. 指定的条件　　C. 需要求和的区域　　D. 其他

48. 在 Excel 的电子工作表中建立的数据表，通常把每一列称之为一个（　　）。

A. 记录　　B. 二维表　　C. 属性　　D. 关键字

49. 在 Excel 中，下面对于自定义自动筛选说法中不正确的是（　　）。

A. 在自定义自动筛选对话框中可以使用通配符

B. 可以对已经完成自定义自动筛选的数据记录再进行自定义自动筛选

C. 在自定义自动筛选对话框中可以同时使用“与”和“或”选项

D. 当前数据列表中的数据只有先执行了自动筛选命令后，才能使用自定义自动筛选方式

50. 在 Excel 中，在（　　）选项卡可进行工作簿视图方式的切换。

A. 开始　　B. 页面布局　　C. 审阅　　D. 视图

51. A2 单元格存储了“8913821”要使用函数将“8913821”这一号码升级为“88913821”，应该使用（　　）。

A. MID(A2,2,0,8)　　B. REPLACE(A2,2,0,8)

C. GETMID(A2,2,0,8)　　D. EXTRACTMID(A2,2,0,8)

52. 下列各选项中，对分类汇总的描述错误的是（　　）。

A. 分类汇总前需要排序数据

B. 汇总方式主要包括求和、最大值、最小值等

C. 分类汇总结果必须与原数据位于同一个工作表中

D. 不能隐藏分类汇总数据

53. 某单位要统计各科室人员工资情况，按工资从高到低排序，若工资相同，以工龄降序排列，则以下做法正确的是（　　）。

A. 主要关键字为“科室”，次要关键字为“工资”，第二个次要关键字为“工龄”

B. 主要关键字为“工资”，次要关键字为“工龄”，第二个次要关键字为“科室”

C. 主要关键字为“工龄”，次要关键字为“工资”，第二个次要关键字为“科室”

D. 主要关键字为“科室”，次要关键字为“工龄”，第二个次要关键字为“工资”

54. 计算贷款指定期数应付的利息额应该使用函数（　　）。

A. IPMT　　B. SLN　　C. PV　　D. FV

55. 下列函数中，（　　）函数不需要参数。

A. DATE　　B. DAY　　C. TODAY　　D. TIME

56. 有关表格排序的说法正确是（　　）。

A. 只有数字类型可以作为排序的依据

B. 只有日期类型可以作为排序的依据

C. 笔画和拼音不能作为排序的依据

D. 排序规则有升序和降序

57. 关于筛选的叙述，下列错误的是（　　）。

A.筛选可以将符合条件的数据显示出来

B.筛选功能会改变原始工作表的数据结构与内容

C.可以自定义筛选的条件

D.可以设置多个字段的筛选条件

58. 在 Excel 中，若需要将工作表中某列上大于某个值的记录挑选出来，应执行数据菜单中的（　）。

A. 排序命令　　B. 筛选命令　　C. 分类汇总命令　　D. 合并计算命令

59. 公式=REPLACE（"中国农业银行", 3, 1, "兴"）的运算结果是（　　）。

A. 中国银行　　B. 中国农业银行　　C. 中国兴业银行　　D. 中国农业

60. 在 Excel 的高级筛选中，条件区域中不同行的条件是（　　）。

A. 或关系　　B. 与关系　　C. 非关系　　D. 异或关系

61. 关于筛选，叙述正确的是（　　）。

A. 自动筛选可以同时显示数据区域和筛选结果

B. 高级筛选可以进行更复杂条件的筛选

C. 高级筛选不需要建立条件区域

D. 自动筛选可将筛选结果放在指定区域

62. 为了实现多字段的分类汇总，Excel 提供的工具是（　　）。

A. 数据地图　　B. 数据列表　　C. 数据分析　　D. 数据透视表

63. 在 Excel 中，进行分类汇总前，首先必须对数据表中的某个列标题（即属性名，又称字段名）进行（　　）。

A. 自动筛选　　B. 高级筛选　　C. 排序　　D. 查找

64. 在 Excel 中，对于 D5 单元格，其绝对单元格表示方法为（　　）。

A. D5　　B. D$5　　C. $D$5　　D. $D5

65. 默认情况下，每个工作簿包含（　　）个工作表。

A. 1　　B. 2　　C. 3　　D. 4

66. 在 Excel 中，求最大值的函数是（　　）。

A. IF（）　　B. COUNT（）　　C. MIN（）　　D. MAX（）

67. Excel 一维水平数组中元素用（　　）分开。

A. ;　　B. \　　C. ,　　D. \\

68. 在 Excel 中，如果某个单元格中的公式为“=$A1”，这里的$A1 属于（　　）引用。

A. 相对　　B. 绝对

C. 列相对行绝对的混合　　D. 列绝对行相对的混合

69. 在 Excel 的图表中，水平 X 轴通常作为（　　）。

A. 排序轴　　B. 分类轴　　C. 数值轴　　D. 时间轴

70. 一个工作表各列数据均含标题，要对所有列数据进行排序，用户应选取的排序区域是（　　）。

A. 含标题的所有数据区　　B. 含标题任一列数据

C. 不含标题的所有数据区　　D. 不含标题任—列数据

71. 在 Excel 中，计算 A1:B5，D1:E5 这 20 个单元格中数据的平均值，并填入 A6 单元格，则 A6 单元格中应输入（　　）。

A. AVERAGE(A1,B5,D1,E5)　　B. AVERAGE(A1:B5,D1:E5)

C. AVERAGE(A1:B5:D1:E5)　　D. AVERAGE(A1,B5:D1,E5)

72. 在 Excel 中要录入身份证号，数字分类应选择（　　）格式。

A. 常规　　B. 数值　　C. 科学计数　　D. 文本

73. 在一个表格中，为了查看满足部分条件的数据内容，最有效的方法是（　　）。

A. 选中相应的单元格　　B. 采用数据透视表工具

C. 采用数据筛选工具　　D. 通过宏来实现

74. 在 Excel 中，单元格地址有 3 种引用方式，它们是相对引用、绝对引用和（　　）。

A. 相互引用　　B. 混合引用　　C. 简单引用　　D. 复杂引用

75. 在 Excel 中，在打印学生成绩单时，对不及格的成绩用醒目的方式表示（如用红色表示等），当要处理大量的学生成绩时，利用命令最为方便（　　）。

A. 查找　　B. 条件格式　　C. 数据筛选　　D. 定位

76. 在 Excel 中，假定存在着一个职工简表，要对职工工资按职称属性进行分类汇总，则在分类汇总前必须进行数据排序，所选择的关键字为（　　）。

A. 性别　　B. 职工号　　C. 工资　　D. 职称

77. VLOOKUP 的第 1 个参数的含义是（　　）。

A. 查找值　　B. 查找范围　　C. 查找列　　D. 匹配

78. 在 Excel 中要想设置行高、列宽，应选用（　　）选项卡中的“格式”命令。
A. 开始　　B. 插入　　C. 页面布局　　D. 视图

79. 数据透视表在插入选项卡（　　）组中。
A. 插图　　B. 文本　　C. 表格　　D. 符号

80. 公式“=VALUE("12")+SQRT(9)”的运算结果是（　　）。
A. #NAME?　　B. #VALUE?　　C. 15　　D. 21

二、判断题

1. 在创建数据透视表时，“行标签”中的字段对应的数据将各占透视表的一行。（　　）
2. 数据透视图就是将数据透视表以图表的形式显示出来。（　　）
3. 自动筛选的条件只能是一个，高级筛选的条件可以是多个。（　　）
4. 通过数据验证的设置，可对数据的输入值进行校验。（　　）
5. Excel 中只能用“套用表格格式”设置表格样式，不能设置单个单元格样式。（　　）
6. ROUND 函数返回指定小数位数的四舍五入数值，第二个参数只能是正整数。（　　）
7. Excel 中 Hlookup 函数的参数 lookup_value 不可以是数值。（　　）
8. 在 Excel 中，排序可以根据字体颜色来排。（　　）
9. 在 Excel 中，套用表格格式后可在“表格样式选项”中选取“汇总行”显示出汇总行，但不能在汇总行中进行数据类别的选择和显示。（　　）
10. 自动筛选可以快速将满足条件的记录显示到指定区域。（　　）
11. MID 函数和 MOD 函数的返回值都是字符。（　　）
12. Excel 工作表的数量可根据工作需要作适当增加或减少，并可以进行重命名、设置标签颜色等相应的操作。（　　）
13. 在 Excel 中，除可创建空白工作簿外，还可以下载多种 office.com 中的模板。（　　）
14. 在 Excel 中，分类汇总的数据折叠层次最多是 8 层。（　　）
15. Excel 保护工作簿分为结构和窗口两个选项。（　　）
16. 在 Excel 中，除在“视图”功能可以进行显示比例调整外，还可以在工作簿右下角的状态栏拖动缩放滑块进行快速设置。（　　）
17. 在 Excel 中，数组常量中的值可以是常量和公式。（　　）
18. 在 Excel 中，不排序就无法正确执行分类汇总操作。（　　）
19. 在 Excel 中，只能清除单元格中的内容，不能清除单元格中的格式。（　　）
20. Excel 中数组区域的单元格可以单独编辑。（　　）
21. 在 Excel 中插入图片、剪贴画、屏幕截图后，选项卡就会出现“图片工具–格式”选项卡，打开图片工具选项卡面板做相应的设置。（　　）
22. 在 Excel 中，只能设置表格的边框，不能设置单元格边框。（　　）
23. 当原始数据发生变化后，只需单击“更新数据”按钮，数据透视表就会自动更新数据。（　　）
24. 如果所选条件出现在多列中，并且条件间有“与”的关系，必须使用高级筛选。（　　）

25. 在 Excel 中，数组常量可以分为一维数组和二维数组。（　）

26. 在 Excel 中只要运用了套用表格格式，就不能消除表格格式，把表格转为原始的普通表格。（　）

27. 在 Excel 中，符号“&”是文本运算符。（　）

28. 在 Excel 中，迷你图可以显示一系列数值的变化趋势，并突出显示最值。（　）

29. 不带分隔符的文本文件导入 Excel 中时无法分列。（　）

30. 高级筛选不需要建立条件区，只需要指定数据区域就可以。（　）

31. 在 Excel 中，只要应用了一种表格格式，就不能对表格格式做更改和清除。（　）

32. 在 Excel 中，数组常量不得含有不同长度的行或列。（　）

33. 在 Excel 中，后台“保存自动恢复信息的时间间隔”默认为 10 分钟。（　）

34. 数据透视表中的字段是不能进行修改的。（　）

35. 只有每列数据都有标题的工作表才能够使用记录单功能。（　）

36. Excel 中三维引用的运算符是“!”。（　）

37. Excel 中不能进行超链接设置。（　）

38. 在 Excel 中，切片器只能用于数据透视表中。（　）

39. Excel 使用的是从公元 0 年开始的日期系统。（　）

40. 在 Excel 表格中是无法执行分类汇总操作的。（　）

41. 在 Excel 工作表中建立数据透视图时，数据系列只能是数值。（　）

42. 在 Excel 中只能插入和删除行、列，但不能插入和删除单元格。（　）

43. 不同字段之间进行“或”运算的条件必须使用高级筛选。（　）

44. 高级筛选可以对某一字段设定多个（2 个或 2 个以上）条件。（　）

45. 在创建数据透视图的同时自动创建数据透视表。（　）

46. 在创建数据透视表时，“行标签”中的字段只能有一个。（　）

47. 如果对一个工作表进行保护，并锁定单元格内容之后，用户只能选定单元格，不能进行其他的操作。（　）

48. 高级筛选可以将筛选结果放在指定的区域。（　）

49. 使用 DAVERAGE 函数可计算列表或数据库的列中指定条件的数值的平均值。（　）

50. 在 Excel 中创建数据透视表时，可以从外部（如 DBF、MDB 等数据库文件）获取源数据。（　）

51. 在 Excel 中输入分数时，需在输入的分数前加上一个“0”和一个空格。（　）

52. 在 Excel 中设置页眉和页脚，只能通过“插入”选项卡来插入页眉和页脚，没有其他的操作方法。（　）

53. 分类汇总只能按一个字段分类。（　）

54. Excel 中 VLOOKUP 函数的最后一个参数是 FALSE 表示最近似匹配。（　）

55. Excel 中的数据库函数都以字母 D 开头。（　）

56. 在创建数据透视表时，“数值”中的字段指明的是进行汇总的字段名称及汇总方式。（　）

57. 自动筛选只能筛选出满足与关系的条件的记录。 ( )
58. 使用 COUNT 函数可返回指定文本包含字符的个数。 ( )
59. Excel 的同一个数组常量中不可以使用不同类型的值。 ( )
60. Excel 可以通过 Excel 选项自定义选项卡和自定义快速访问工具栏。 ( )

PowerPoint 2019是一种制作演示文稿的软件工具，用PowerPoint 2019可以非常方便地把文字、图像、声音、动画等多媒体素材集合在一起，也可以制作多媒体课件。制作演示文稿前，必须明确目标、确定演示对象、拟定演示大纲、准备好各种素材，然后进行设计与制作、美化与装饰等工作。

3.1 知识点讲解

启动PowerPoint 2019后，单击菜单栏的“文件”→“新建”命令，打开“新建演示文稿”窗格，用户可以选取“空白演示文稿”创建演示文稿。

3.1.1 工作窗口

启动PowerPoint 2019后，将打开工作窗口，如图3-1所示。其中包括标题栏、菜单栏、工具栏、幻灯片窗格、大纲窗格、视图切换按钮、备注窗格、绘图工具栏、状态栏等。

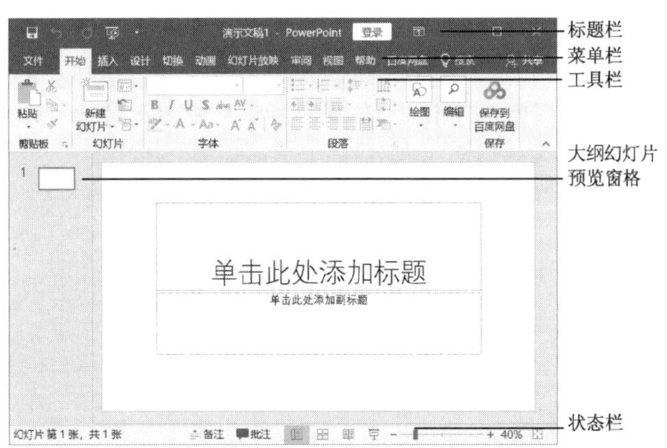

图 3-1 PowerPoint 2019的工作窗口

PowerPoint 2019主要提供了四种视图模式，分别是“普通视图”、“幻灯片浏览视图”、“阅读视图”和“幻灯片放映”。

3.1.2 母版

如果要使演示文稿中的所有幻灯片有一致的风格，或在所有的幻灯片的同一位置使用相同的图标等，则可以使用母版功能。母版分为幻灯片母版、讲义母版和备注母版三种。

1. 幻灯片母版

幻灯片母版决定着幻灯片的外观，用于设置幻灯片的标题、正文文字等样式，包括字体、字号、颜色、阴影等效果；也可以设置幻灯片的背景、页眉页脚等。执行菜单“视图”→“母版视图”→“幻灯片母版”命令，进入幻灯片母版的编辑模式。

2. 讲义母版

讲义母版主要用来设置在一张打印纸中可以打印多少张幻灯片，并设置打印页面的整体外观，包括打印页面的页眉、页脚、日期、页码等。执行菜单“视图”→“母版视图”→“讲义母版”命令进入讲义母版的编辑模式。

3. 备注母版

备注母版可以用来编辑具有统一格式的备注页，执行菜单“视图”→“母版视图”→“备注母版”命令，进入备注母版的编辑模式。

3.1.3 背景与主题

1. 背景

如果简单的颜色背景不能满足幻灯片的设置要求时，可以利用配色方案来更改幻灯片的背景色，也可以使用“设计”→“自定义”命令，打开“设置背景格式”窗格，更改幻灯片的背景设置，如图 3-2 所示。

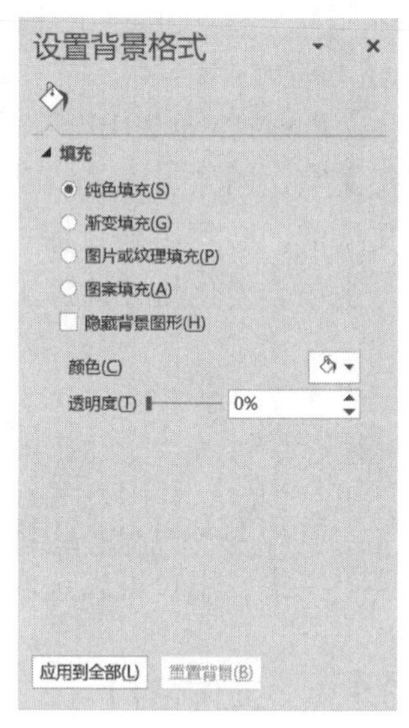

图 3-2 “设置背景格式”窗格

2. 主题

PowerPoint 2019 提供了内置的多种不同的主题模板，用户可以根据需要选择不同的模板来设计演示文稿。包括：颜色、字体、效果、背景样式等，如图 3-3 所示。

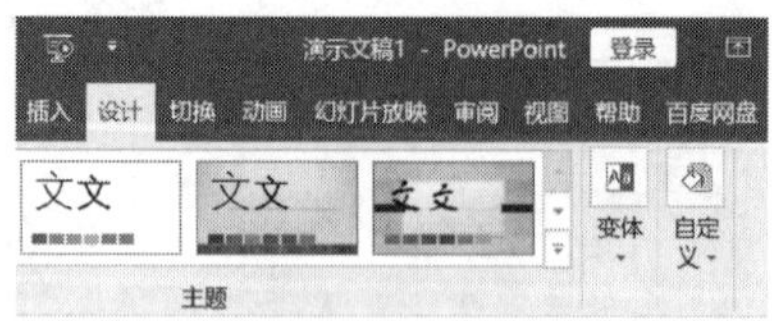

图 3-3 设计主题

3.1.4 图形对象及多媒体信息

1. 在幻灯片中绘制图形

执行菜单“开始”→“绘图”命令，利用绘图工具栏中的“自选图形”和其他按钮，可在幻灯片上绘制各种图形。执行菜单“开始”→“插图”→“形状”，也可在幻灯片上绘制或插入各种图形。

2. 插入图像

在演示文稿中插入图像，可以使演示文稿图文并茂，更生动形象地阐述主题。执行菜单“插入”→“图像”→“图片”或“联机图片”或“屏幕截图”或“相册”命令，可以插入需要的图像。

3. 插入图表

PowerPoint 还提供了绘制表格、插入图表等功能。执行菜单“插入”→“插图”→“图表”命令即可。

4. 插入 SmartArt 图形

组织结构图是 PowerPoint 图示库中最为常用的图示，可以非常直观地说明层级关系，常用于表现事物内部的级别、层次之间的关系。

执行菜单“插入”→“插图”→“SmartArt”命令，在弹出的“选择 SmartArt 图形”对话框中选择所需的类型即可，然后对相应的图示进行编辑。

5. 插入艺术字

执行菜单“插入”→“文本”→“艺术字”命令，在弹出的艺术字库中选择合适的样式，在弹出的编辑‘艺术字’对话框中输入文字，并进行相应的文本格式设置。

6. 插入音频、视频

作为一个优秀的多媒体演示文稿制作程序，PowerPoint 允许用户方便地插入音频、视频等。如插入外部文件的视频：执行菜单“插入”→“媒体”→“视频”→“PC 上的视频”命令，弹出“插入视频文件”对话框；用户选取相应的视频文件，单击“插入”按钮，即可将其插入到幻灯片中。

7. 插入对象

执行菜单“插入”→“文本”→“对象”命令，打开“插入对象”对话框，可以插入 Flash 文档、Excel 工作表、公式、Word 文档等各种对象，如图 3-4 所示。

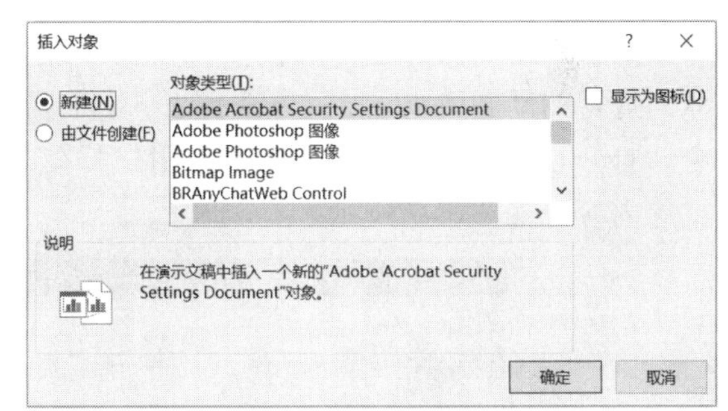

图 3-4　“插入对象”对话框

3.1.5　超链接

选定幻灯片中的文字或对象，执行菜单“插入”→“链接”→“超链接”命令，在弹出的“插入超链接”对话框中设置需要链接到的对象。

3.1.6　动作按钮

动作按钮是 PowerPoint 中预先设置好的一组带有特定动作的图形按钮，用户可以应用预置好（跳到前一张、跳到后一张等）的按钮，也可以自行设计按钮，实现在放映幻灯片时跳转的目的。

选取需要创建动作按钮的幻灯片，执行菜单“插入”→“插图”→“形状”→“动作按钮”命令，选择一个动作按钮，如图 3-5 所示。

在幻灯片的具体位置上用鼠标拖拉出一个按钮（如“下一页”）；松开鼠标后会弹出一个“操作设置”对话框，在对话框中设置好相应内容后按“确定”按钮，如图 3-6 所示。

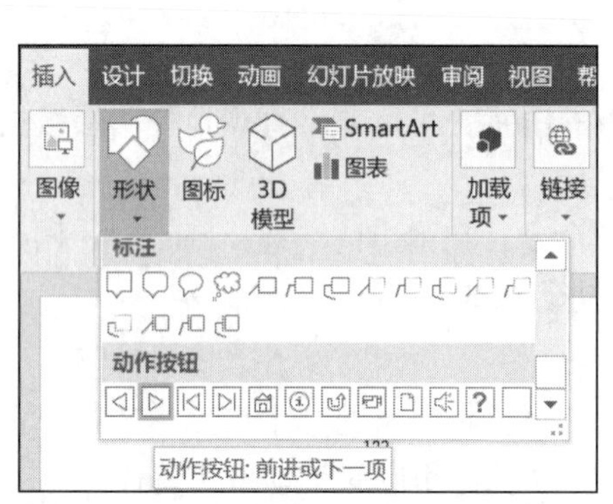

图 3-5 插入动作按钮

图 3-6 “动作设置”对话框

3.1.7 幻灯片切换

用户可以对幻灯片进行切换效果的设计，幻灯片切换效果是指从一张幻灯片切换到另一张幻灯片的动画效果。设置方法如下：选中要设置切换效果的幻灯片，执行菜单 “切换”命令，打开“切换方案”任务窗格，用户可在此窗格中设置切换效果、速度、声音、换片方式等内容，如图 3-7 所示。

图 3-7 幻灯片切换

3.1.8　自定义动画

在 Powerpoint 中，还可以为演示文稿中的文本或其他对象添加特殊的视觉效果、动画效果，还可以自定义动画。具体操作方法如下：

（1）在幻灯片的普通视图下，选中需添加动画的对象；执行菜单“动画”→“动画”命令，打开“动画”任务窗格，如图 3-8 所示。

（2）显示动画效果的方式有进入、强调、退出、动作路径等几种，如想要“更多进入效果”，则单击图 3-8 中的相应按钮进入，有基本、细微、温和、华丽等四大类，如图 3-9 所示。

图 3-8　“动画”任务窗格

图 3-9　动画级联菜单

3.1.9　幻灯片放映

PowerPoint 2019 为用户提供了多种放映幻灯片和控制幻灯片的方法，如正常放映、排练计时、跳转放映等。用户可以选择最理想的放映速度与放映方式，在放映时用户还可以利用绘图笔在屏幕上随时进行标示或强调，使重点更为突出。

PowerPoint 2019 提供了多种演示文稿的放映方式，可以对放映类型、放映选项、放映幻灯片、换片方式等进行相应地设置。执行菜单“幻灯片放映”→“设置”→“设置幻灯片放映”命令，打开“设置放映方式”对话框，进行相应的设置。也可以使用“隐藏幻灯片”命令，使某些幻灯片放映时不显示。具体操作为：选中幻灯片，右击选择“隐藏幻灯片”命令或执行菜单“幻灯片放映”→“设置”→“隐藏幻灯片”命令，如图 3-10 所示。

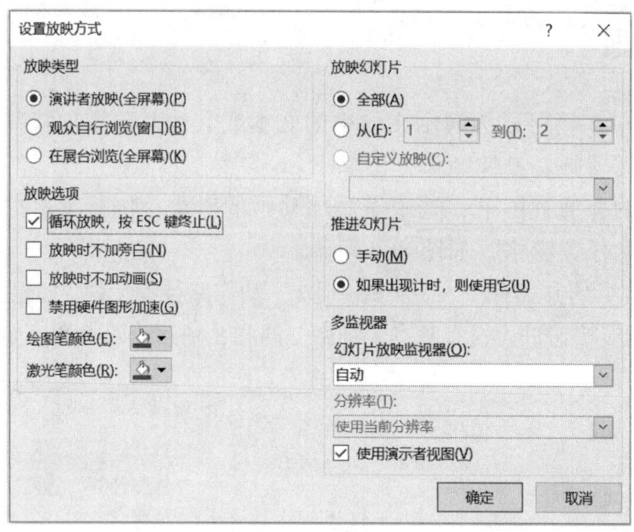

图 3-10 设置放映方式

3.1.10 幻灯片输出

执行菜单“文件”→“保存”命令，可以对设计好的演示文稿按要求进行保存。

如果要将设计好的演示文稿打包成 CD，单击“文件”菜单，在弹出的菜单中单击“导出”命令，然后选择“将演示文稿打包成 CD”命令。再单击右边的“打包成 CD”按钮，如图 3-11 所示。此时打开“打包成 CD”对话框，先输入“我的演示文稿”名称，再单击“复制到文件夹”按钮，如图 3-12 所示。打开“复制到文件夹”对话框，单击“浏览”按钮，按题目要求找到适合的位置后单击“确定”按钮，如图 3-13 所示。

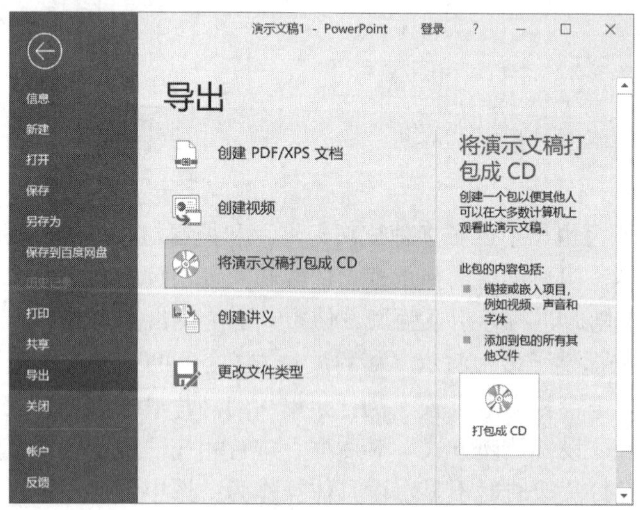

图 3-11 单击“打包成 CD”按钮

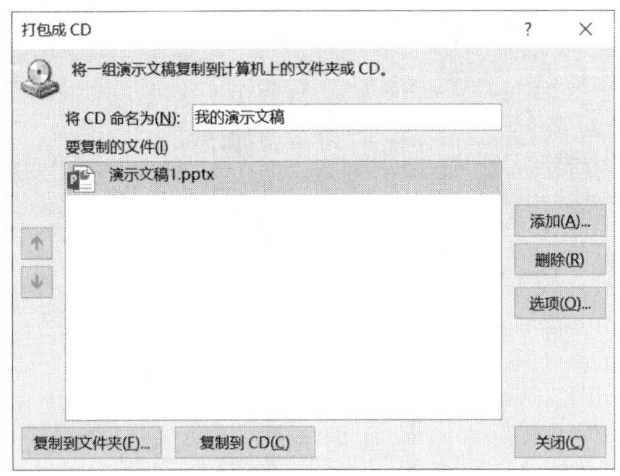

图 3-12　“打包成 CD”对话框

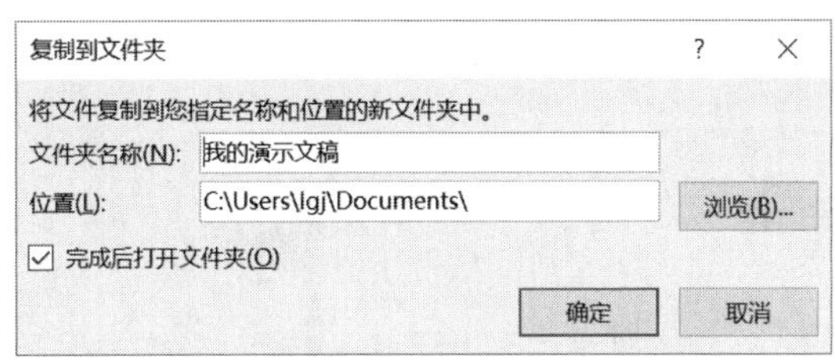

图 3-13　“复制到文件夹”对话框

3.2　PowerPoint 综合应用

3.2.1　综合应用题 1

1. 操作要求

打开“数据挖掘能做些什么.pptx”文件，按要求完成操作。

（1）幻灯片的设计主题设为“丝状”。

（2）给幻灯片插入日期（自动更新，格式为 X 年 X 月 X 日）。

（3）设置幻灯片的动画效果，要求针对第二页幻灯片，按以下顺序设置自定义动画效果：

① 将文本内容“关联规则”的进入效果设置成“自顶部飞入”；

② 将文本内容“分类与预测”的强调效果设置成“彩色脉冲”；

③ 将文本内容“聚类”的退出效果设置成“飞出”；

④ 在页面中添加“前进”（前一项）与“后退”（下一项）的动作按钮。

（4）按下面要求设置幻灯片的切换效果：

① 设置所有幻灯片的切换效果为“垂直百叶窗”；

② 实现每隔 3 秒自动切换，也可以单击进行手动切换。

（5）在幻灯片最后一页后，新增一页，设计出如下效果：选择“我国的首都”，若选择正确，则在选项边显示文字“正确”；否则显示文字“错误”。效果分别为图 3-14~

图 3-18 所示。注意：字体、大小等，由考生自定。

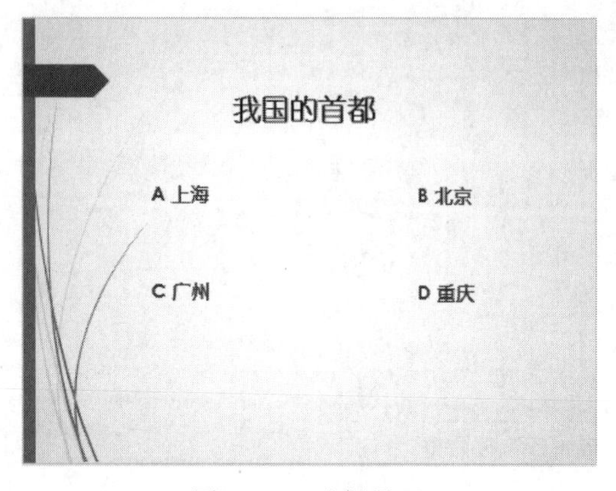

图 3-14　选择界面

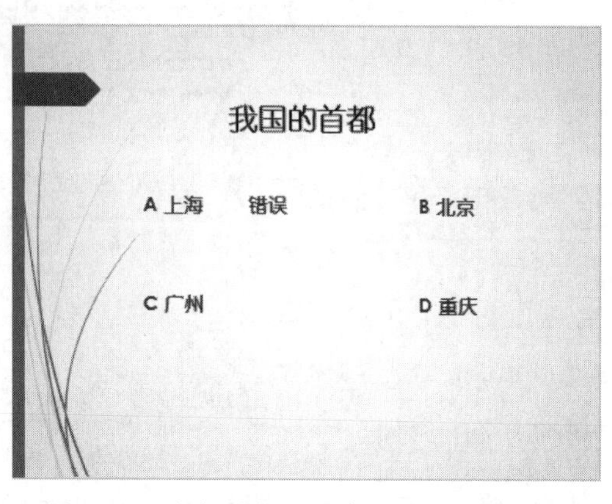

图 3-15　鼠标选择 A，旁边显示“错误”

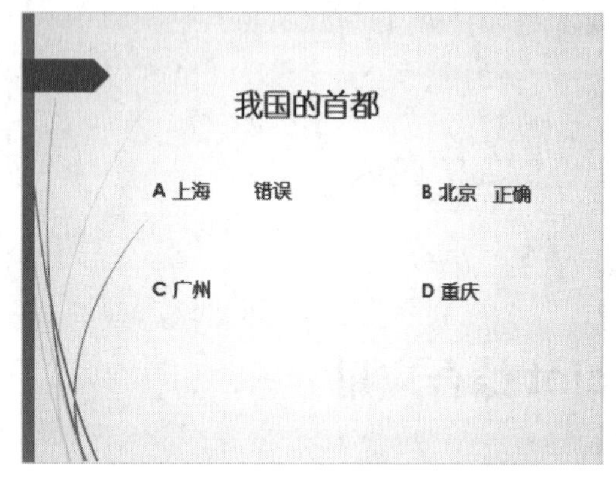

图 3-16　鼠标选择 B，旁边显示“正确”

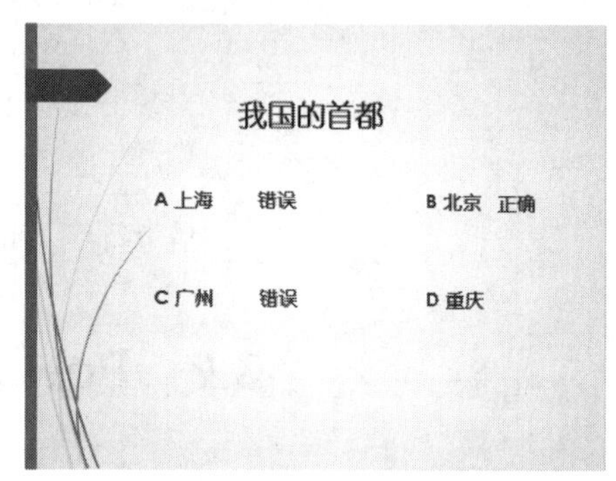

图 3-17　鼠标选择 C，旁边显示“错误”

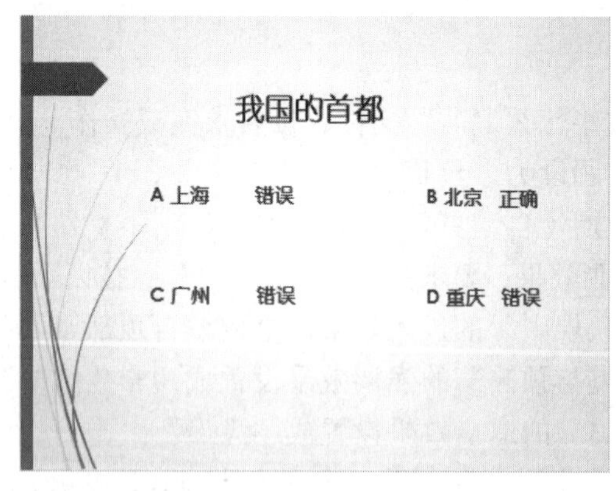

图 3-18　鼠标选择 D，旁边显示“错误”

2. 操作步骤

步骤 1：打开“数据挖掘能做些什么.pptx”文件，选择第一张幻灯片，单击“设计”→“主题”→“其他”按钮，如图 3-19 中所示，打开主题面板，选择“丝状”主题，如图 3-20 所示。

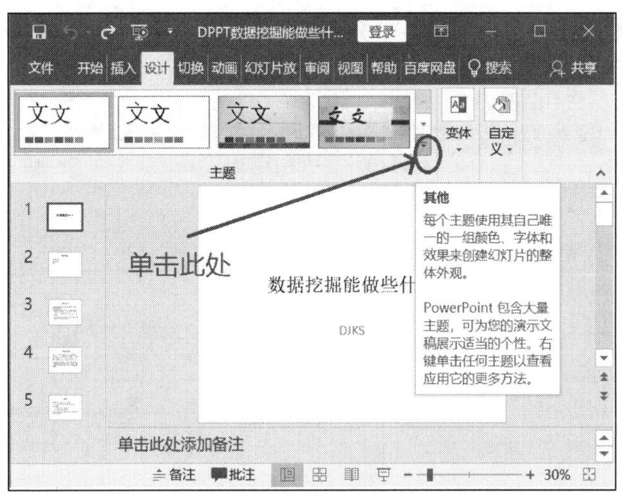

图 3-19　设计主题

图 3-20　“丝状”主题

步骤 2：单击“插入”→“文本”→“日期和时间”按钮，打开“页眉和页脚”对话框，设置好相应参数，单击“全部应用”按钮，如图 3-21 所示。

图 3-21　插入日期

步骤 3：选择第二张幻灯片中的“关联规则”，单击“动画”→“飞入”效果，如图 3-22 所示。

图 3-22　设置飞入效果

步骤 4：单击“动画”→“效果选项”→“自顶部”命令，如图 3-23 所示。

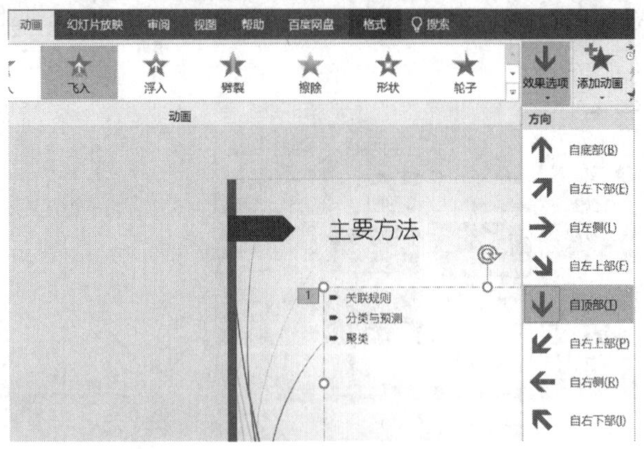

图 3-23　自顶部飞入

步骤 5：选择第二张幻灯片中的“分类与预测”，单击“动画”→“高级动画”→“添加动画”→“彩色脉冲”效果，如图 3-24 所示。

图 3-24　彩色脉冲效果

步骤 6：选择第二张幻灯片中的“聚类”，单击“动画”→“高级动画”→“添加动画”→“飞出”效果，如图 3-25 所示。设计完成后，第二张幻灯片中提示增加了三种效果，如图 3-26 所示。

图 3-25 彩色脉冲

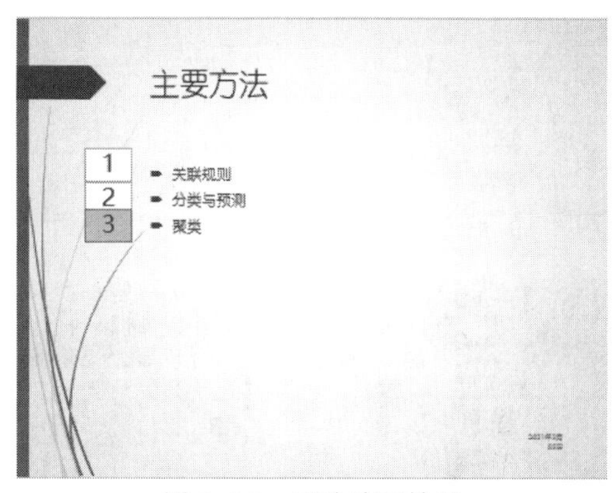

图 3-26 三种动画效果

步骤 7：选择第二张幻灯片，单击“插入”→“形状”→“动作按钮”命令，选择第一个按钮“后退或前一项”，如图 3-27 所示。继续插入一个按钮“前进或下一项”，添加完两个按钮的幻灯片如图 3-28 所示。

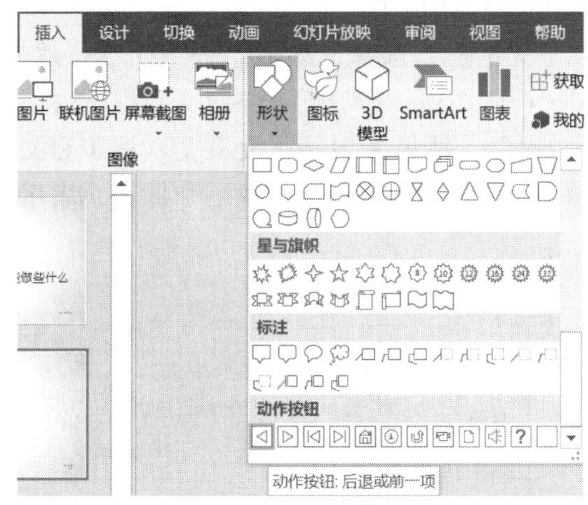

图 3-27 选择动作按钮

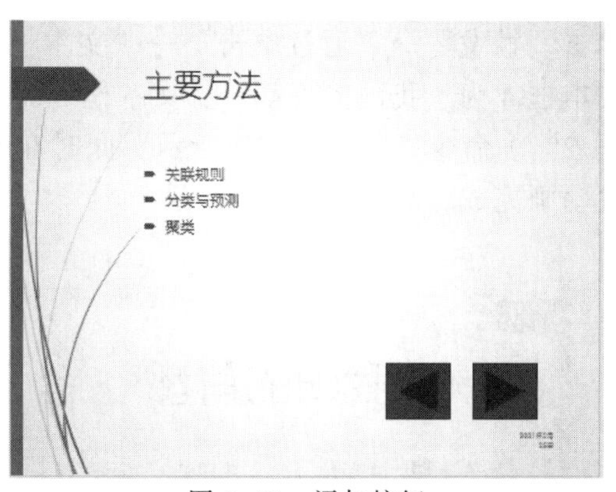

图 3-28 添加按钮

步骤 8：选择第一张幻灯片，单击“切换”→“百叶窗”效果，选择“效果选项”下拉列表中的“垂直”命令，在“计时”组中，对“单击鼠标时”打勾，“设置自动换片时间”为 3 秒，其他为默认设置，单击“应用到全部”按钮，如图 3-29 所示。

步骤 9：选择最后一张幻灯片并右键，执行复制幻灯片命令，在最后一张幻灯片的后面添加一张幻灯片，如图 3-30 所示。

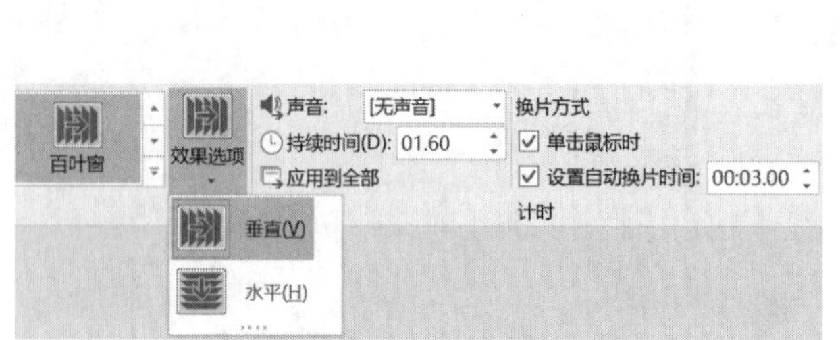

图 3-29　设置换片方式

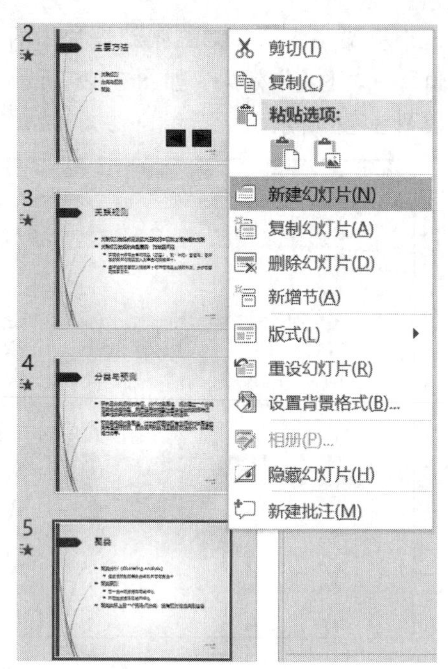

图 3-30　新建幻灯片

步骤 10：选择刚才新建的幻灯片并右键，执行“版式”→“空白”命令，然后依次插入九个文本框，分别输入文字。第一个文本框内容为“我国的首都”，第二个文本框内容为“A 上海”，第三个文本框内容为“错误”……如图 3-31 所示。

步骤 11：选择“A 上海”后面的“错误”文本框，选择“动画”→“出现”效果，单击“触发”→“通过单击”→“文本框 5”（即“A 上海”所对应的文本框，这里的文本框 4 为“我国的首都”，文本框 5 为“错误”，请思考为什么没有文本框 1 和文本框 2？）命令，如图 3-32 所示。此时在幻灯片中北京的后面会出现一个标记，表示触发动画完成，如图 3-33 所示。

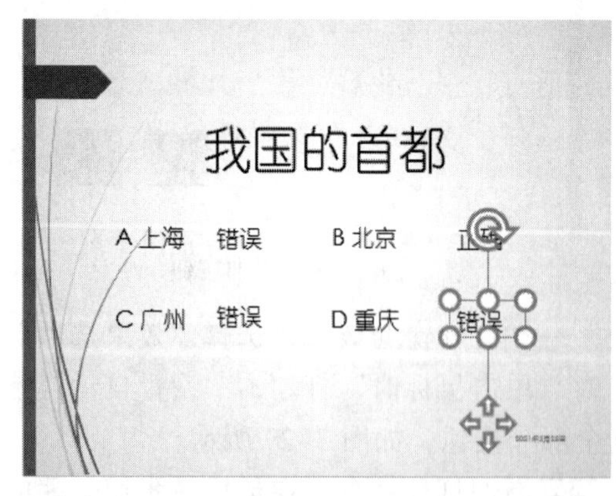

图 3-31　输入文本

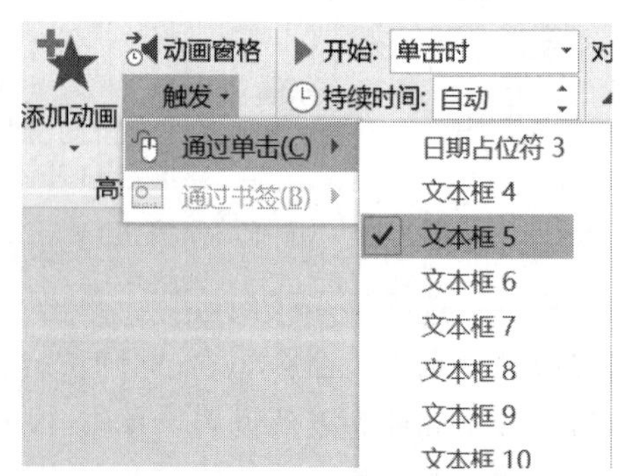

图 3-32 设置单击 A 上海时的触发动作

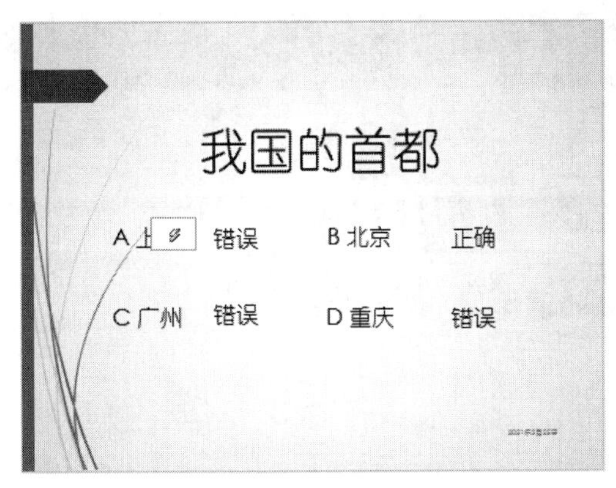

图 3-33　单击“A 上海”时的触发完成

步骤 12：同步骤 11 的方法，设置其他几个“正确”和“错误”文本框出现的触发方式，注意选择相应的文本框。

3.2.2　综合应用题 2

1. 操作要求

打开“如何进行有效的时间管理.pptx”文件，按要求完成操作。

（1）将第一张幻灯片的设计主题设为“平面”，其余页面的设计主题设为“丝状”。

（2）按以下要求设置幻灯片的母版：将其中的标题样式设为“黑体，54 号字”；对于其他页面所应用的标题母版，在日期区中插入格式为“×年×月×日星期×”并自动更新显示，在页脚中插入幻灯片编号。

（3）设置幻灯片的动画效果，将首页标题文本的动画方案设置成系统自带的“向内溶解”效果；要求针对第二页幻灯片，按以下顺序设置自定义动画效果：

① 将文本内容“关于时间的名言”的进入效果设置成“棋盘”；

② 将文本内容“生理节奏法”的强调效果设置成“波浪形”；

③ 将文本内容“有效个人管理”的退出效果设置成“层叠”；

④ 在页面中添加“前进”（前一项）与“后退”（下一项）的动作按钮。

（4）按下面要求设置幻灯片的切换效果：

① 设置所有幻灯片的切换效果为“垂直百叶窗”；

② 实现每隔 3 秒自动切换，也可以单击鼠标进行手动切换。

（5）按下面要求设置幻灯片的放映效果：隐藏第三张幻灯片，使得播放时直接跳过隐藏页；选择前四页幻灯片进行循环播放。

2. 操作步骤

步骤 1：打开“如何进行有效的时间管理.pptx”文件，选择第一张幻灯片，单击“设计”→“主题”→“平面”主题，右击并选择“应用于选定幻灯片”命令，如图 3-34 所示。应用完成后，界面情况如图 3-35 所示。

图 3-34 “平面”设计主题

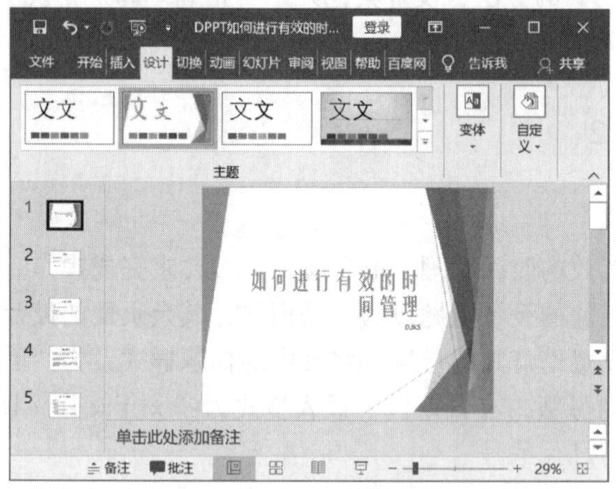

图 3-35 设计主题完成

步骤 2：选择第二张幻灯片，单击“设计”→“主题”→“丝状”主题，右击并选择“应用于相应幻灯片”命令，应用完成后，界面情况如图 3-36 所示。

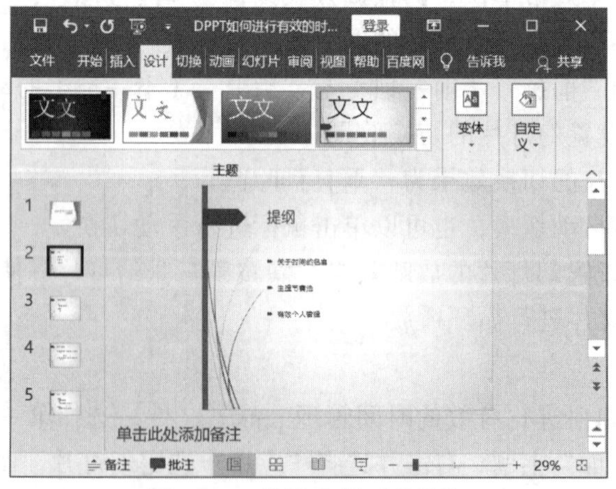

图 3-36 设计主题“丝状”

步骤 3：选择第一张幻灯片，单击“视图”→“母版视图”→“幻灯片母版”按钮，在幻灯片中选取“单击此处编辑母版标题样式”文字，将其中的标题样式设为黑体，54 号字，如图 3-37 所示。然后单击“幻灯片母版”→“关闭母版视图”按钮。

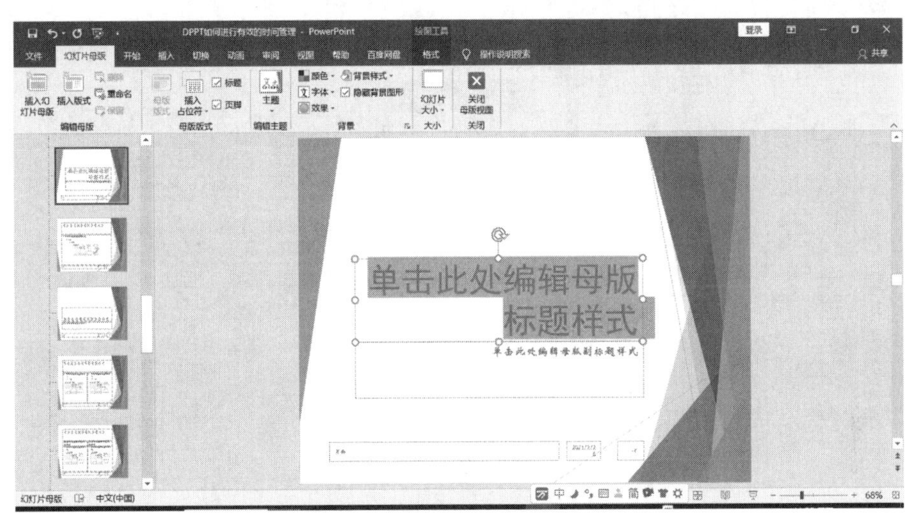

图 3-37　设置标题页母版

步骤 4：选择第二张幻灯片，单击“视图”→“母版视图”→“幻灯片母版”按钮，单击“插入”→“页眉和页脚”按钮，在打开的对话框中设置，如图 3-38 所示。然后单击“幻灯片母版”→“关闭母版视图”按钮。

页眉和页脚

幻灯片　备注和讲义

幻灯片包含内容

☑ 日期和时间(D)

◉ 自动更新(U)

2021年2月26日星期五

语言(国家/地区)(L):　日历类型(C):

中文(中国)　公历

○ 固定(X)

2021/2/26

☑ 幻灯片编号(N)

☐ 页脚(F)

预览

☑ 标题幻灯片中不显示(S)

应用(A)　全部应用(Y)　取消

图 3-38　设置日期和编号

步骤 5：选择第一张幻灯片中的标题文字，单击“动画”→“高级动画”→“添加动画”按钮，选择更多进入效果，如图 3-39 所示。

步骤 6：在弹出的“添加进入效果”对话框中选择基本中的“向内溶解”效果，单击“确定”按钮，如图 3-40 所示。

步骤 7：参照综合应用题 1 中的方法，完成本题中（3）和（4）的所有要求。

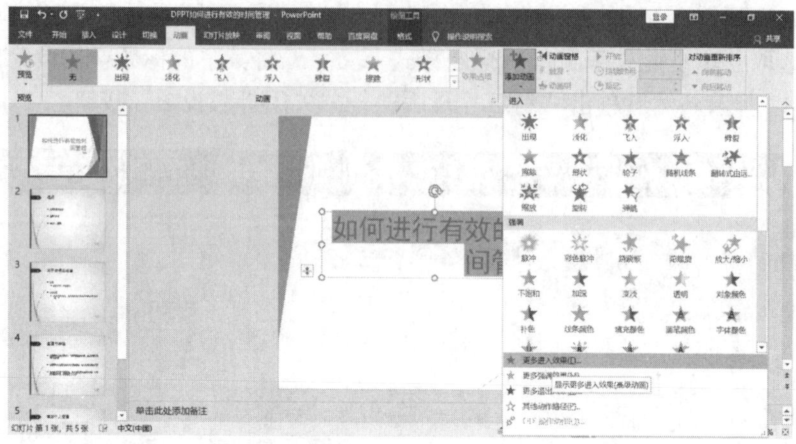

图 3-39　更多进入效果

图 3-40　"向内溶解"效果

步骤 8：在幻灯片预览窗格中选择第三张幻灯，右击，选择"隐藏幻灯片"命令，如图 3-41 所示。

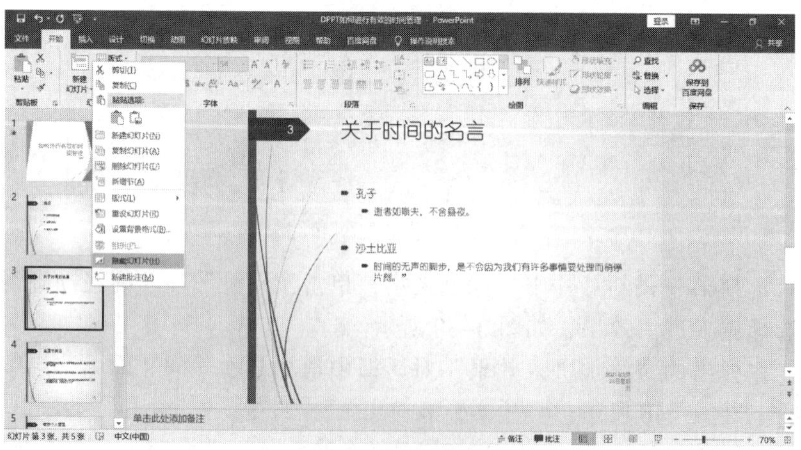

图 3-41　隐藏第三张幻灯片

步骤 9：在浏览窗格中选择第一张幻灯，单击“幻灯片放映”→“设置幻灯片放映”按钮，在弹出的对话框中根据要求设置前四页循环播放，如图 3-42 所示。

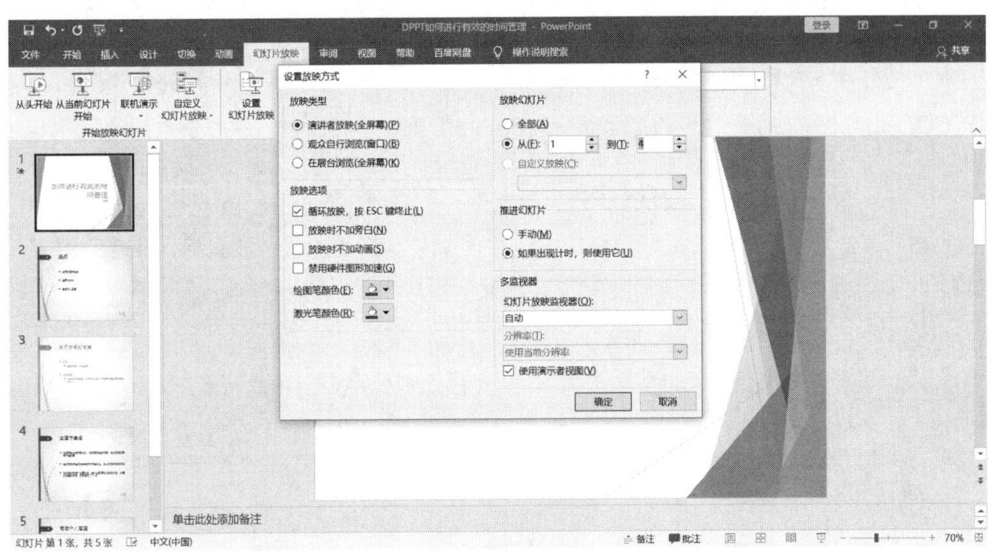

图 3-42　设置幻灯片放映方式

3.2.3　综合应用题 3

1．操作要求

新建一个空的 PPT 文件，按下列要求完成操作。

（1）在第一页幻灯片中设计出如下效果：圆形四周的箭头向各自方向同步扩散，放大尺寸为 1.5 倍，重复 3 次。效果分别如图 3-43 与图 3-44 所示。注意：圆形无变化，圆形和箭头的初始大小、颜色等，由读者自定。

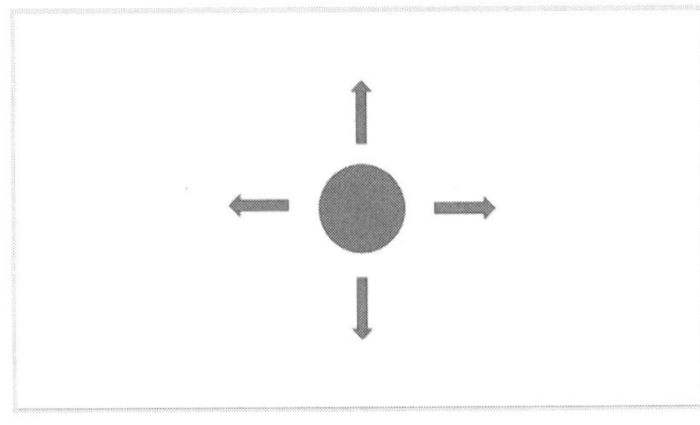

图 3-43　箭头初始界面

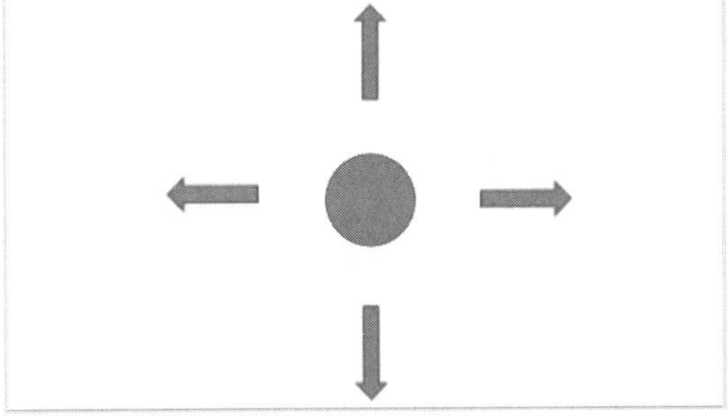

图 3-44　单击鼠标后，四周箭头放大/缩小，重复 3 次

（2）在第二页幻灯片中设计出如下效果：单击鼠标，依次显示文字 A，B，C，D，效果分别为图 3-45~图 3-48 所示。字体、大小等由读者自定。

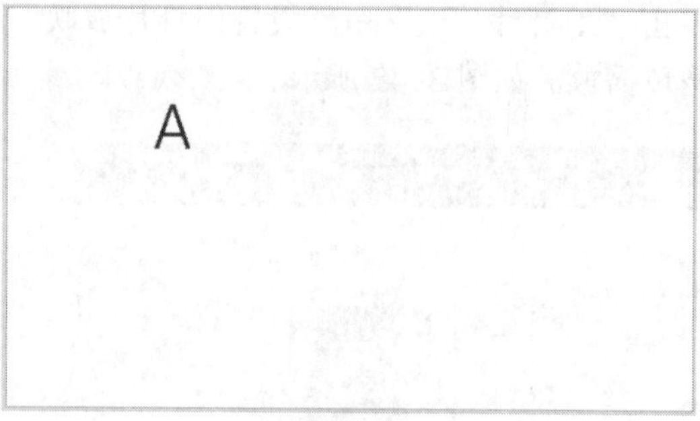

图 3-45　单击鼠标，先显示 A

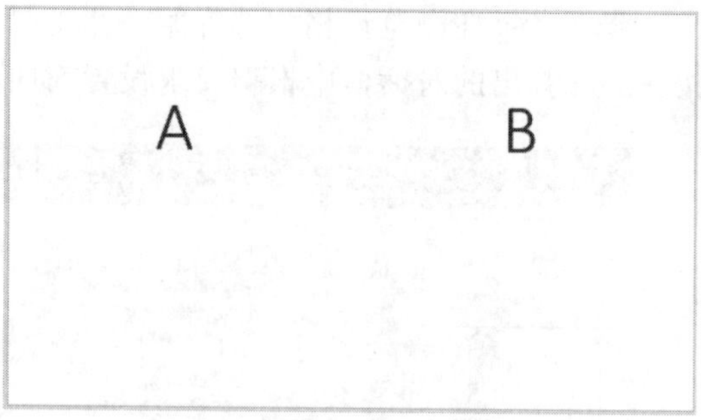

图 3-46　单击鼠标，再显示 B

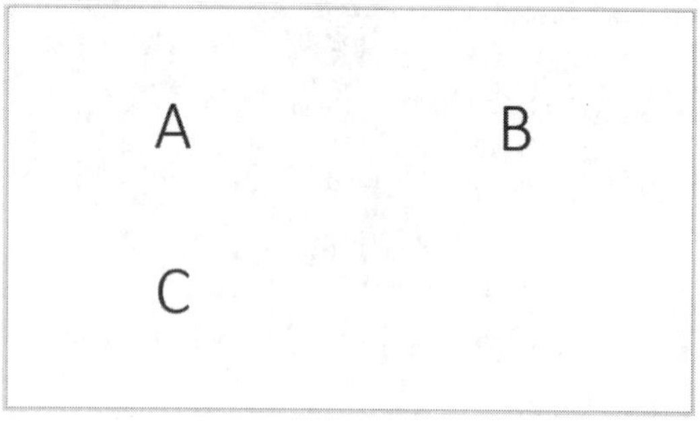

图 3-47　单击鼠标，接着显示 C

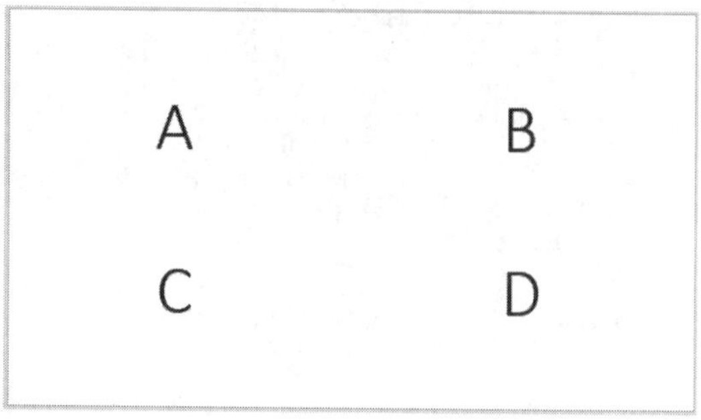

图 3-48　单击鼠标，最后显示 D

（3）在第三页幻灯片中设计出如下效果：单击鼠标，文字字幕从底部，垂直向上显示，默认设置，字体、大小等由读者自定。效果如图 3-49~图 3-52 所示。

图 3-49　字幕在底端，尚未显示

图 3-50　字幕开始垂直向上

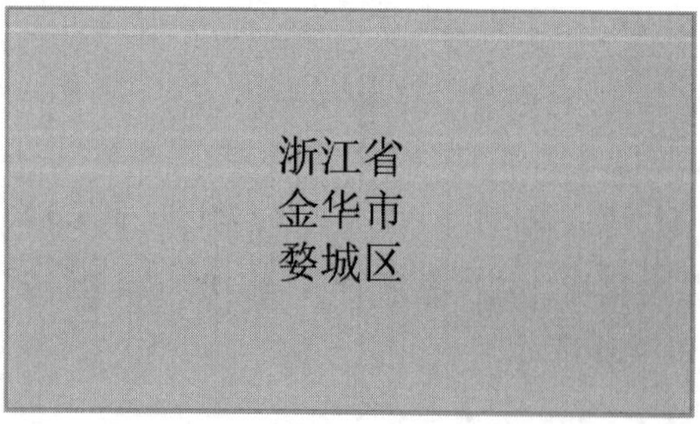

图 3-51　字幕继续垂直向上

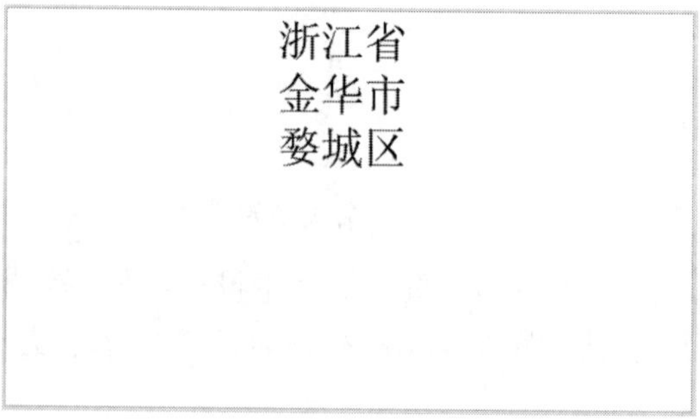

图 3-52　字幕垂直向上，最后消失

2. 操作步骤

步骤 1：打开 PowerPoint 2019，新建一个空白幻灯片，如图 3–53 所示。选中并删除标题和副标题的占位符（即两个虚线框）。

步骤 2：单击“插入”→“形状”按钮，分别插入圆和四个不同方向的箭头，如图 3–54 所示。

图 3–53　初始图

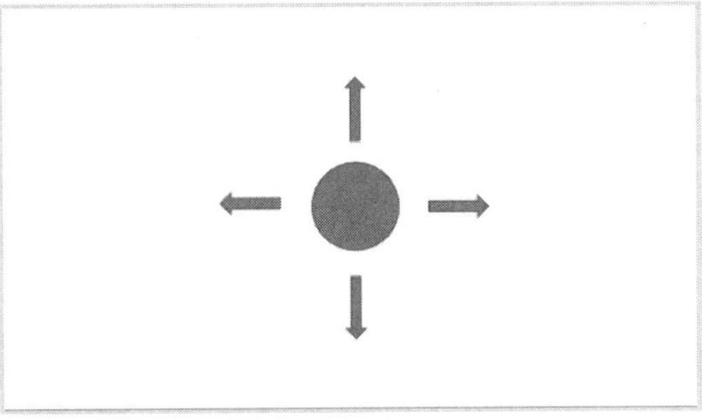

图 3–54　插入圆和四个箭头

步骤 3：选中四个箭头并右击，选择“组合”命令，单击“动画”→“放大/缩小”→其他按钮，如图 3–55 所示。

步骤 4：弹出“放大/缩小”的对话框，选中“效果”选项卡，选中“自动翻转”复选框，“尺寸”设为 150%，单击“确定”按钮，如图 3–56 所示。

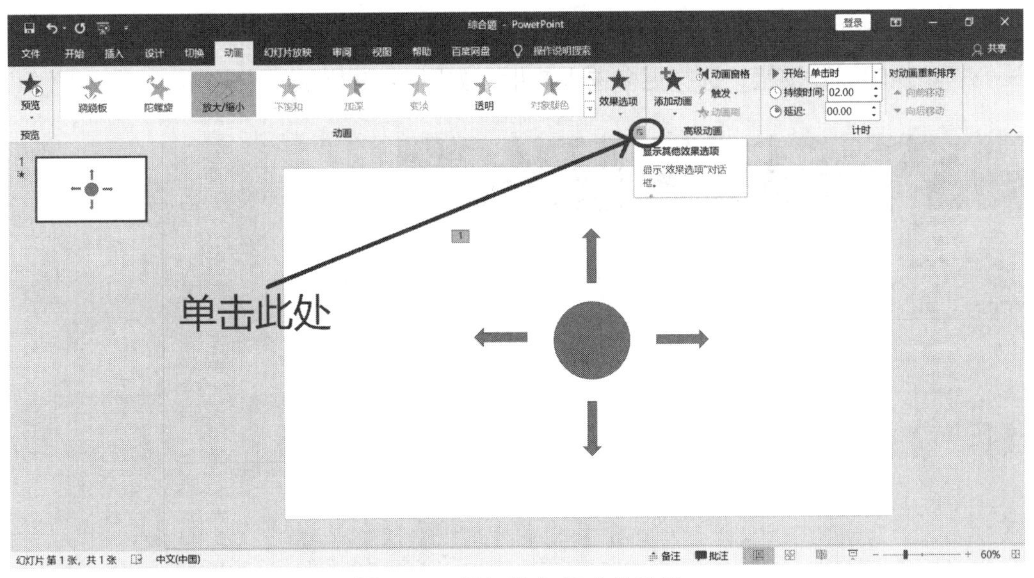

图 3–55　添加放大/缩小的效果

步骤 5：单击图 3–56 中的“计时”选项卡，在“重复”下拉列表框中设为“3”次，如图 3–57 所示，然后单击“确定”按钮。

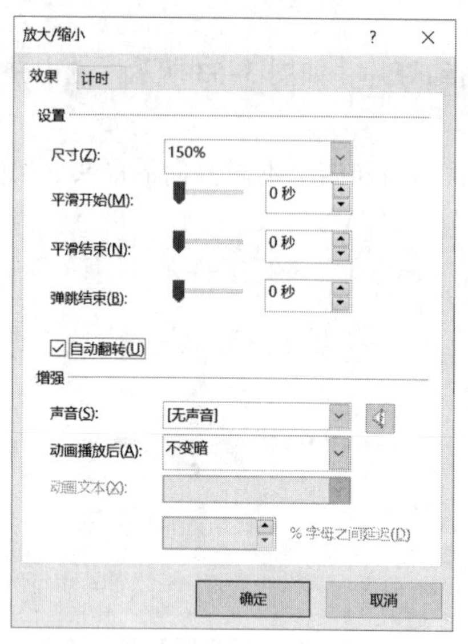

图 3-56　设置自动翻转

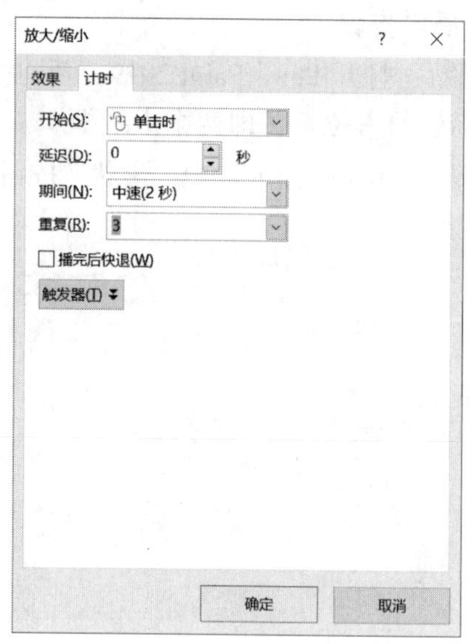

图 3-57　设置重复 3 次

步骤 6：对于第二页幻灯片（A、B、C、D 依次出现）的设计方法同综合应用题 1，操作略。

步骤 7：新建第三页幻灯片，插入一个文本框，输入“浙江省，金华市，婺城区”，如图 3-58 所示。

步骤 8：选中文字，将其移到编辑区的顶部编辑区的外面，单击“动画”→“高级动画”→“添加动画”按钮，选择更多进入效果，如图 3-59 所示。

图 3-58　插入文本框

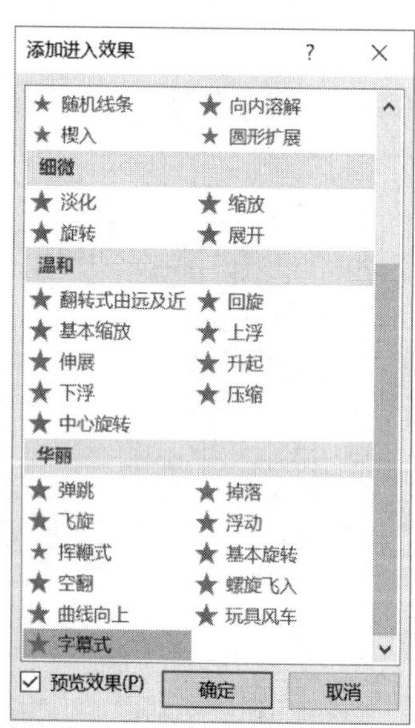

图 3-59　设置“字幕式”效果

3.3 习　　题

一．选择题

1. 可以用拖动方法改变幻灯片的顺序是（　　）。

A. 幻灯片视图　　B. 备注页视图

C. 幻灯片浏览视图　　D. 幻灯片放映

2. 下列对象中，不可以设置链接的是（　　）。

A. 文本上　　B. 背景上　　C. 图形上　　D. 剪贴图上

3. 改变演示文稿外观可以通过（　　）。

A. 修改主题　　B.修改母版　　C. 修改背景样式　　D. 以上三个都对

4. 如果希望在演示过程中终止幻灯片的演示，则随时可按的终止快捷键是（　　）。

A. 【Delete】　　B. 【Ctrl+E】　　C. 【Shift+C】　　D. 【Esc】

5. PowerPoint 中，下列说法错误的是（　　）。

A. 可以动态显示文本和对象

B. 可以更改动画对象的出现顺序

C. 图表中的元素不可以设置动画效果

D. 可以设置幻灯片切换效果

6. 下面哪个视图中，不可以编辑、修改幻灯片（　　）。

A. 浏览　　B. 普通　　C. 大纲　　D. 备注页

7. 幻灯片中占位符的作用是（　　）。

A. 表示文本长度　　B. 限制插入对象的数量

C. 表示图形大小　　D. 为文本、图形预留位置

8. 幻灯片的主题不包括（　　）。

A. 主题动画　　B. 主题颜色　　C. 主题效果　　D. 主题字体

9. 幻灯片放映过程中，右击并选择“指针选项”中的荧光笔，在讲解过程中可以进行写和画，其结果是（　　）。

A. 对幻灯片进行了修改

B. 对幻灯片没有进行修改

C. 写和画的内容留在幻灯片上，下次放映还会显示出来

D. 写和画的内容可以保存起来，以便下次放映时显示出来

二、判断题

1. 在幻灯片母版中进行设置，可以起到统一整个幻灯片的风格的作用。（　　）

2. 在幻灯片中，可以对文字进行三维效果设置。（　　）

3. 在 PowerPoint 中，旋转工具能旋转文本和图形对象。（　　）

4. 在幻灯片母版设置中，可以起到统一标题内容作用。（　　）

5. 在幻灯片中，超链接的颜色设置是不能改变的。（　　）

6. PPT 文档保护可以采取加密方式和文件类型转换方式。（　　）

7. 演示文稿的背景色最好采用统一的颜色。 ( )

8. 在幻灯片母版中进行设置，可以起到统一整个幻灯片的风格的作用。 ( )

9. PPT 文档保护可以对文件的内容进行加密，只需在“文件”菜单的信息选项中进行设置。 ( )

第4章 图像处理软件 Adobe Photoshop

Photoshop（PS），是由 Adobe 公司开发的图像处理软件，集图像扫描、编辑修改、图像制作、广告创意、图像输入与输出于一体的图像处理软件。Photoshop 支持众多的图像格式，对图像的常见操作和变换做到了非常精细的程度，它还拥有非常丰富的插件（在 PS 中称为滤镜），图像处理功能强大，使得任何一款同类软件都无法与其相比。它深受广大平面设计人员和计算机美术爱好者的喜爱。

4.1 知识点讲解

2003 年，Adobe Photoshop 8 更名为 Adobe Photoshop CS。2013 年 7 月，Adobe 公司推出了最新版本的 Photoshop CC，自此，Photoshop CS6 作为 Adobe CS 系列的最后一个版本被新的 CC 系列取代。

4.1.1 简介

平面设计是 Photoshop 应用最为广泛的领域，无论是图书封面，还是海报、婚纱摄影、包装的设计，都需要 Photoshop 软件对图像进行处理。

1. 图像编辑

图像编辑是图像处理的基础，可以对图像进行各种变换，如缩放、旋转、镜像、透视等，也可以对图像进行复制、去除斑点、修补残损等操作。在婚纱摄影、照片处理中使用广泛，通过美化修饰，最终可以得到令人满意的效果。

2. 图像合成

图像合成是指将几幅不同的图像合成为一幅完整的、有特殊意义的图像。运用 PS 软件的图层、工具、滤镜等功能可以将不同的图像拼合出天衣无缝的效果，让人辨别不出真假。

3. 校色调色

校色调色是 PS 具有的一项功能，用它可以方便快捷地对图像的颜色进行明暗、色偏的调整和校正，也可以在不同颜色之间进行切换，应用于网页设计、印刷制品、广告设计中。

4. 特效制作

特效制作在PS中主要由通道、滤镜及其他相应工具综合应用完成，包括特效创作、各种特效字（如火焰字、滴血字、霓虹字、冰雕字等）的制作；浮雕、素描、油画、石膏画等传统的美术技巧都可由PS软件完成。

5. 视觉创意

视觉创意是设计艺术的一个分支，此类设计通常没有明显的商业目的，但它为广大设计爱好者提供了广阔的设计空间，因此，有更多的设计爱好者开始学习Photoshop软件，并进行具有个人特色与风格的视觉创意。

4.1.2 界面介绍

通过打开一个文件的方法，快速地熟悉Photoshop的操作界面，了解菜单栏的操作、图层及相应面板的使用方法。例如，打开Windows 7系统内的经典桌面图。

运行Photoshop软件，运行“文件”→“打开”命令，弹出“打开”对话框，选择C盘Windows\Web\Wallpaper下的Windows图像，如图4-1所示。

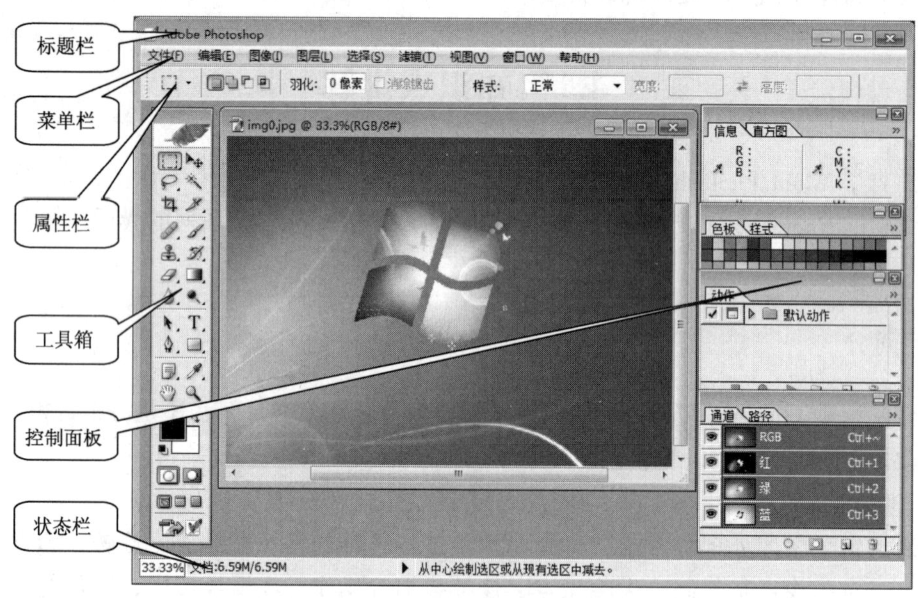

图4-1　打开Windows经典图像

在“打开”对话框中也可以一次打开多个文件，只要在文件列表中将所需的几个文件选中，并单击“打开”按钮。

1. 菜单栏

菜单栏中共包含9个菜单命令。即“文件”、“编辑”、“图像”、“图层”、“选择”、“滤镜”、“视图”、“窗口”和“帮助”菜单。利用这些菜单命令可以完成对图像的编辑、调整色彩、添加滤镜等操作。

（1）“文件”菜单：包含了各种文件操作命令，如图4-2所示。

（2）“编辑”菜单：包含了各种编辑文件的操作命令，如图 4-3 所示。

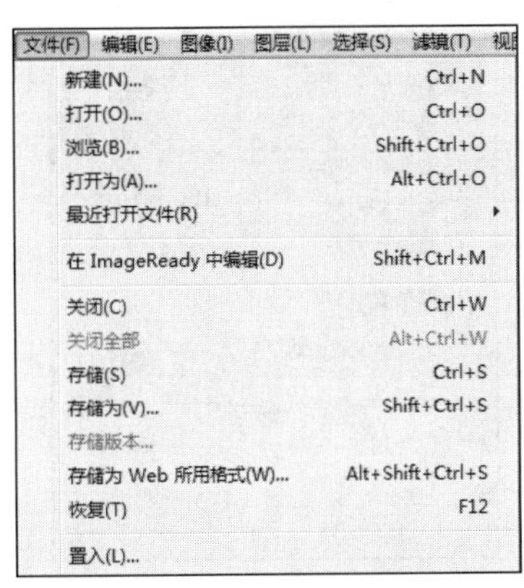

图 4-2　“文件”菜单

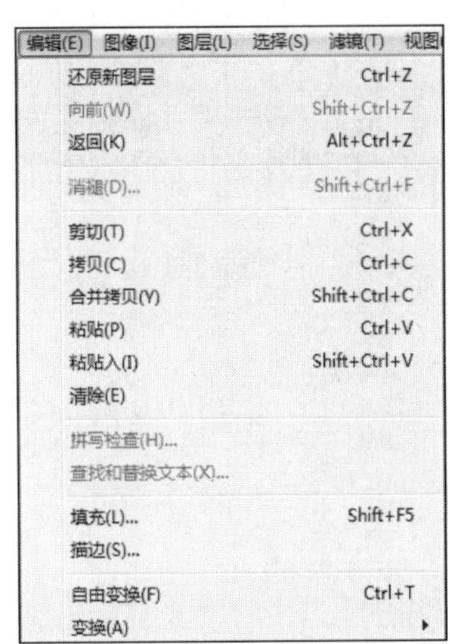

图 4-3　“编辑”菜单

（3）“图像”菜单：包含了各种改变图像大小、颜色等的操作命令，如图 4-4 所示。

（4）“图层”菜单：包含了各种调整图像中的图层的操作命令，如图 4-5 所示。

（5）“选择”菜单：包含了各种关于选区的操作命令，如图 4-6 所示。

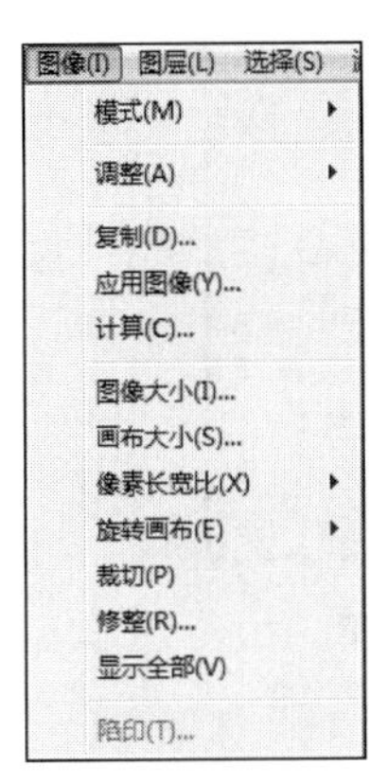

图 4-4　“图像”菜单

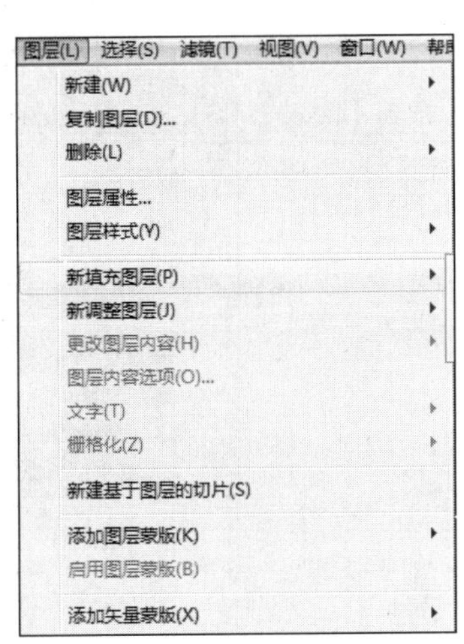

图 4-5　“图层”菜单

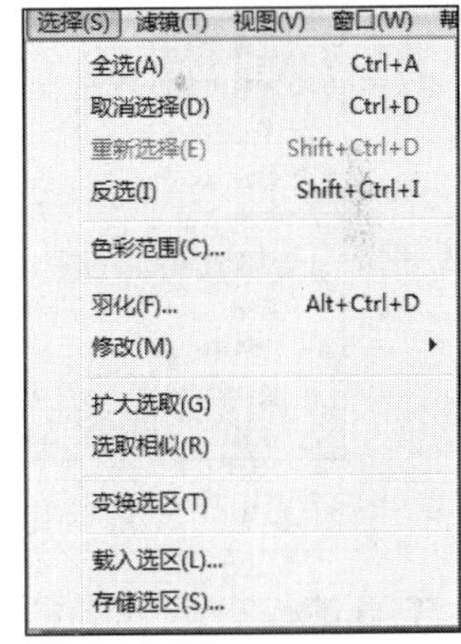

图 4-6　“选择”菜单

（6）“滤镜”菜单：包含了各种添加滤镜效果的操作命令，如图 4-7 所示。

（7）“视图”菜单：包含了各种对视图进行设置的操作命令，如图 4-8 所示。

（8）“窗口”菜单：包含了各种显示或隐藏控制面板的命令，如图 4-9 所示。

（9）“帮助”菜单：包含了各种帮助信息，如图 4-10 所示。

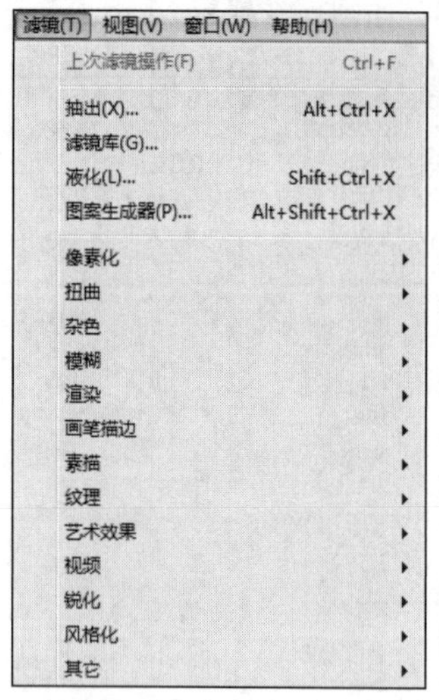

图 4-7 “滤镜”菜单

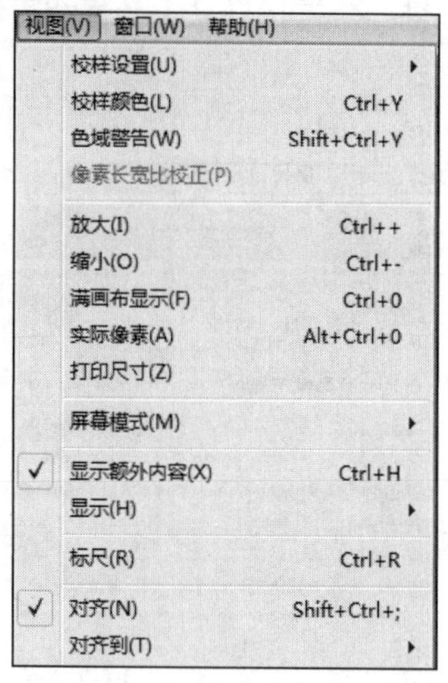

图 4-8 “视图”菜单

图 4-9 “窗口”菜单

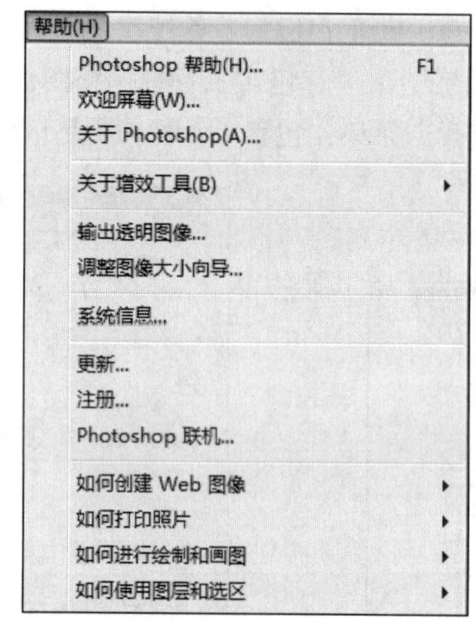

图 4-10 “帮助”菜单

2. 工具箱

工具箱中包含了多个工具，如选择工具、绘图工具、填充工具、编辑工具、颜色选取工具、屏幕视图工具、快速蒙版工具等。如果想了解每个工具的具体名称，可将鼠标指针放在具体工具的上方，此时会弹出一个黄色的图标并显示该工具的具体名称。利用这些工具可以完成对图像的绘制、观察、测量等操作。

3. 属性栏

属性栏是工具箱中各个工具的功能扩展。通过在属性栏中设置不同的选项，可以完成多样化的操作。

4. 控制面板

控制面板是 PS 的重要组成部分。通过不同的功能面板可以完成图像中的填充颜色、设置图层、添加样式等操作。提示：按【F6】键可以显示或隐藏“颜色”控制面板，按【F7】键可以显示或隐藏“图层”控制面板，按【F8】键可以显示或隐藏“信息”控制面板，按住【Alt】键的同时，单击控制面板上方的最小化按钮，将只显示面板的标签。

4.2　综合应用题

4.2.1　综合应用题 1：制作招贴画

1. 操作要求

运用图层混合设置，将两幅不同的图像进行叠加，配上一定的文字特效，制作成一幅招贴画，效果如图 4-11 所示。

2. 操作步骤

步骤 1：运行 PS 软件，新建一幅图像，名称为“北京”，并设置参数如图 4-12 所示。

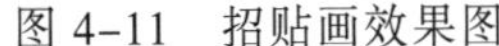
图 4-11　招贴画效果图

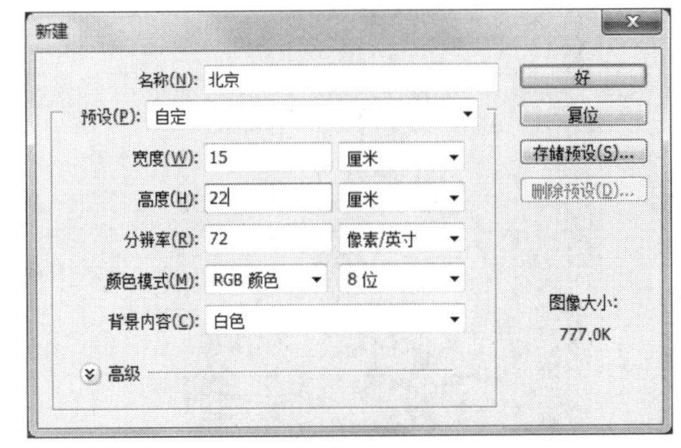

图 4-12　“新建”对话框

步骤 2：打开一幅素材图像，如图 4-13 所示。将该图像复制并粘贴到主图像中，然后执行“编辑”→“变换”→“缩放”命令，使其大小与主图像一致，如图 4-14 所示。

步骤 3：打开另一幅素材图像，如图 4-15 所示。将该图像复制并粘贴到主图像中，然后执行“编辑”→“变换”→“缩放”命令，使其大小与主图像一致，如图 4-16 所示。

图 4-13　素材原图 1

图 4-14　缩放后的素材图 1

图 4-15　素材原图 2

图 4-16　缩放后的素材图 2

步骤 4：将图层混合模式设为“柔光”，如图 4-17 所示，并执行“图层”→“拼合图层”命令，效果如图 4-18 所示。

步骤 5：选中文字工具，在图像左上方输入竖排文字“北京欢迎你”，如图 4-19 所示。双击文字图层或者执行“图层”→“图层样式”→“投影”命令，打开“图层样式”对话框，勾选“投影”复选框，如图 4-20 所示。单击“好”按钮，得到如图 4-11 所示的效果图。

图 4-17　“图层”控制面板　　　　图 4-18　拼合图层

图 4-19　输入文字后的效果

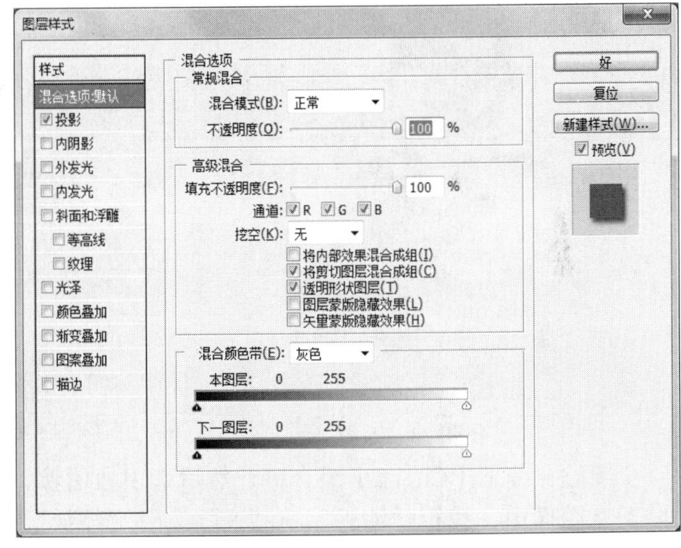

图 4-20　“图层样式”对话框

4.2.2　综合应用题 2：制作瓶中人影

1. 操作要求

运用蒙版的功能，将两幅不同的图像拼合成一幅完美的图像，效果如图 4-21 所示。

2. 操作步骤

步骤 1：打开两幅图像，如图 4-22 和图 4-23 所示。

步骤 2：选中人物图像，在工具箱中选择魔棒工具，按下【Shift】键并单击人物图像中的白色区域。执行“选择”→“反选”命令，选中人物，如图 4-24 所示。

图 4-21　瓶中人影效果图

图 4-22　瓶子原图

图 4-23　人图

图 4-24　人像选取效果

步骤 3：按下【Ctrl+C】组合键，然后选中瓶图像，按下【Ctrl+V】组合键，将人物粘贴到瓶图像中，执行“编辑”→“变换”→“缩放”命令，调整人物到合适的大小，如图 4-25 所示。

步骤 4：单击“图层”控制面板中的“添加图层蒙版”按钮，为图层 1 创建蒙版，如图 4-26 所示。

步骤 5：选择渐变工具，并选择前景色（白色）到背景色（黑色）的渐变图案，然后从人的头部往中部制作渐变效果，得到如图 4-27 所示的效果图。

步骤 6：按住“图层”控制面板中的图层 1，将其拖动到“创建新的图层”按钮上，创建图层 1 的副本，并将透明度调成 50%，如图 4-28 所示。

图 4-25　合成初始图

图 4-26　“图层”控制面板

图 4-27　渐变工具应用后的效果图

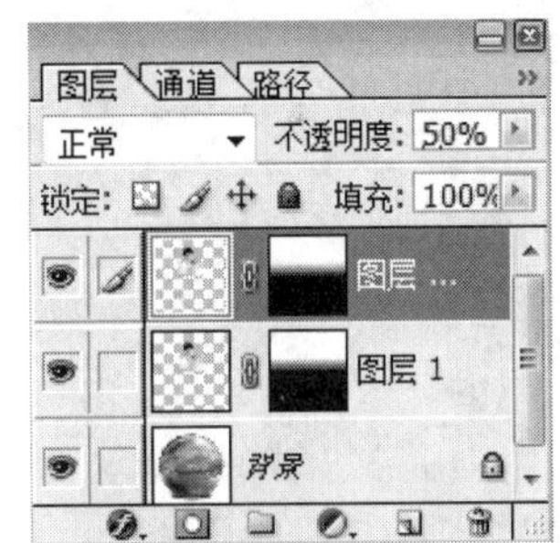

图 4-28　透明度调整

步骤 7：选择图层 1 的副本图层，使其成为当前图层，执行“编辑”→“变换”→“垂直翻转”命令，然后用移动工具将其移动到合适的位置，最后得到如图 4-21 所示的效果图。

4.2.3　综合应用题 3：制作火焰文字

1．操作要求

运用滤镜的功能，制作熊熊燃烧的火焰字，效果如图 4-29 所示。

2．操作步骤

步骤 1：新建一幅图像，名称为“火焰字”，并设置好参数，如图 4-30 所示，单击“好”按钮。

图 4-29　火焰字效果图

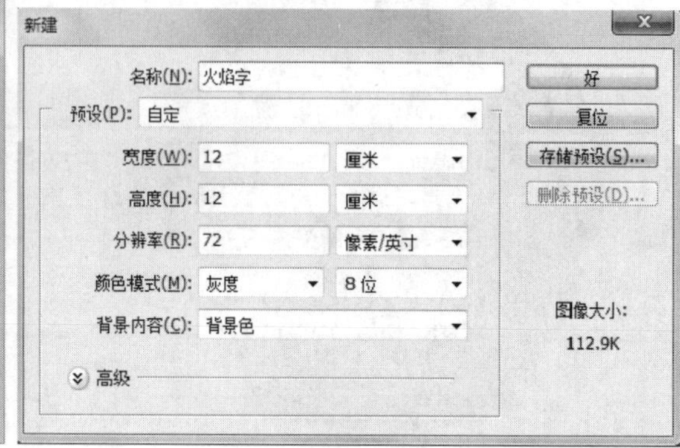

图 4-30　新建文件对话框

步骤 2：在图像中输入“火焰字”，执行“图像”→“旋转画布”→“90 度（顺时针）”命令，如图 4-31 所示。

步骤 3：执行“滤镜”→“风格化”→“风”命令，制作风吹字的效果，方向设为从左，方法为风。重复执行风操作 3 次（即按【Ctrl+F】组合键 3 次），效果如图 4-32 所示。

图 4-31　输入文字旋转画布

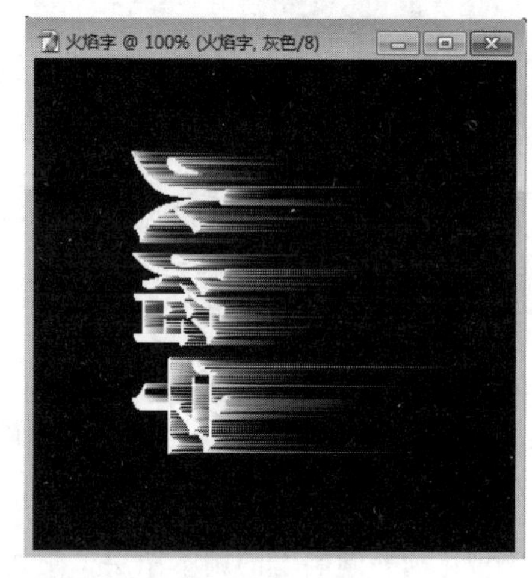

图 4-32　风滤镜应用

步骤 4：执行“图像”→“旋转画布”→“90 度（逆时针）”命令。

步骤 5：执行“滤镜”→“扭曲”→“水波”命令，设置数量为 5，起伏为 3；执行“滤镜”→“扭曲”→“波纹”命令，设置数为 80%，大小为中，效果如图 4-33 所示。

步骤 6：执行“图像”→“模式”→“灰度”命令；执行“图像”→“模式”→“索引颜色”命令；执行“图像”→“模式”→“颜色表”命令，弹出“颜色表”对话框，选择“黑体”，如图 4-34 所示，得到效果如图 4-35 所示。

图 4-33　波纹等滤镜应用

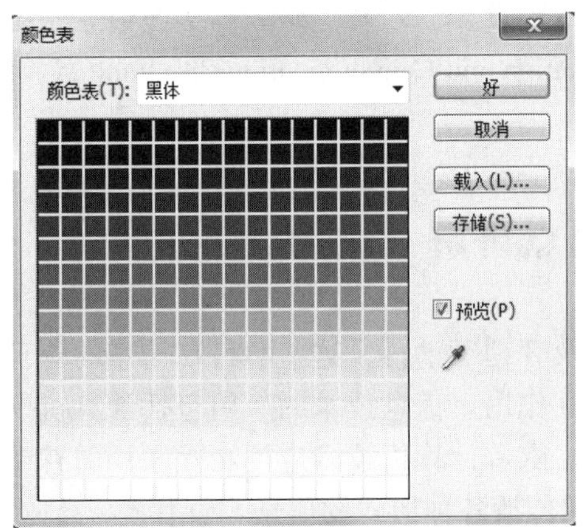

图 4-34　颜色表对话框

图 4-35　火焰字效果图

第5章 信息技术应用

信息技术（Information Technology，IT），是主要用于管理和处理信息所采用的各种技术的总称。它主要是应用计算机科学和通信技术来设计、开发、安装和实施信息系统及应用软件。它也常被称为信息和通信技术（Information and Communications Technology，ICT），主要包括传感技术、计算机技术和通信技术。

5.1 知识点讲解

信息技术的研究包括科学、技术、工程以及管理等学科，这些学科在信息的管理、传递和处理中的应用，相关的软件和设备及其相互作用。信息技术的应用包括计算机硬件和软件、网络和通信技术、应用软件开发工具等。随着计算机技术应用和互联网的普及，人们日益普遍地使用计算机来生产、处理、交换和传播各种形式的信息（如书籍、商业文件、报刊、唱片、电影、电视节目、语音、图形、影像等）。

在企业、学校和其他组织中，信息技术体系结构是一个为达成战略目标而采用和发展信息技术的综合结构，它包括管理和技术的成分。其管理成分包括使命、职能与信息需求、系统配置和信息流程；技术成分包括用于实现管理体系结构的信息技术标准、规则等。由于计算机是信息管理的中心，计算机部门通常被称为“信息技术部门”。

5.1.1 定义

人们对信息技术的定义，因其使用的目的、范围、层次不同而有不同的表述：

（1）信息技术就是“获取、存储、传递、处理分析以及使信息标准化的技术”。

（2）信息技术包含通信、计算机与计算机语言、计算机游戏、电子技术、光纤技术等。

（3）现代信息技术“以计算机技术、微电子技术和通信技术为特征”。

（4）信息技术是指在计算机和通信技术支持下用以获取、加工、存储、变换、显示和传输文字、数值、图像以及声音信息，包括提供设备和提供信息服务两大方面的方法与设备的总称。

（5）信息技术是人类在生产斗争和科学实验中认识自然和改造自然过程中所积累起来

的获取信息，传递信息，存储信息，处理信息以及使信息标准化的经验、知识、技能和体现这些经验、知识、技能的劳动资料有目的的结合过程。

（6）信息技术是管理、开发和利用信息资源的有关方法、手段与操作程序的总称。

（7）信息技术是指能够扩展人类信息器官功能的一类技术的总称。

（8）信息技术指“应用在信息加工和处理中的科学、技术与工程的训练方法和管理技巧；上述方法和技巧的应用；计算机及其与人、机的相互作用，与人相应的社会、经济和文化等诸种事物。”

（9）信息技术包括信息传递过程中的各个方面，即信息的产生、收集、交换、存储、传输、显示、识别、提取、控制、加工和利用等技术。

广义而言，信息技术是指能充分利用与扩展人类信息器官功能的各种方法、工具与技能的总和。该定义强调的是从哲学上阐述信息技术与人的本质关系。中义而言，信息技术是指对信息进行采集、传输、存储、加工、表达的各种技术之和。该定义强调的是人们对信息技术功能与过程的一般理解。狭义而言，信息技术是指利用计算机、网络、广播电视等各种硬件设备及软件工具与科学方法，对文图声像各种信息进行获取、加工、存储、传输与使用的技术之和。该定义强调的是信息技术的现代化与高科技含量。

信息在日常生活中无处不在，计算机信息处理的过程实际上与人类信息处理的过程一致。人们对信息处理也是先通过感觉器官获得的，通过大脑和神经系统对信息进行传递与存储，最后通过言、行或其他形式发布信息。从计算机能处理的信息形式看，信息可以分为文本信息、多媒体信息和超媒体信息；从信息的结构化程度看，信息可以分为结构化信息、半结构化信息和非结构化信息。在信息安全领域，信息有公开的信息、一般保密信息和绝密信息等。因此，信息与我们的日常工作密不可分。信息的接收包括信息的感知、信息的测量、信息的识别、信息的获取以及信息的输入等；信息的存储就是把接收到的信息或转换、传送或发布的信息通过存储设备进行缓冲、保存、备份等处理；信息转化就是把信息根据人们的特定需要进行分类、计算、分析、检索、管理和综合等处理；信息的传送把信息通过计算机内部的指令或计算机之间构成的网络从一地传送到另外一地；信息的发布就是把信息通过各种表示形式展示出来。

5.1.2　技术分类

信息技术包括信息传递过程中的各个方面，即信息的产生、收集、交换、存储、传输、显示、识别、提取、控制、加工和利用等技术。

（1）按表现形态的不同，信息技术可分为硬技术（物化技术）与软技术（非物化技术）。前者指各种信息设备及其功能，如显微镜、电话机、通信卫星、多媒体计算机。后者指有关信息获取与处理的各种知识、方法与技能，如语言文字技术、数据统计分析技术、规划决策技术、计算机软件技术等。

（2）按工作流程中基本环节的不同，信息技术可分为信息获取技术、信息传递技术、信息存储技术、信息加工技术及信息标准化技术。信息获取技术包括信息的搜索、感知、接收、过滤等，如显微镜、望远镜、气象卫星、温度计、钟表、Internet 搜索器中的技术等。

信息传递技术指跨越空间共享信息的技术，又可分为不同类型，如单向传递与双向传递技术，单通道传递、多通道传递与广播传递技术。信息存储技术指跨越时间保存信息的技术，如印刷术、照相术、录音术、录像术、缩微术、磁盘术、光盘术等。信息加工技术是对信息进行描述、分类、排序、转换、浓缩、扩充、创新等的技术。信息加工技术的发展已有两次突破：从人脑信息加工到使用机械设备（如算盘、标尺等）进行信息加工，再发展为使用电子计算机与网络进行信息加工。信息标准化技术是指使信息的获取、传递、存储、加工各环节有机衔接，提高信息交换共享能力的技术，如信息管理标准、字符编码标准、语言文字的规范化等。

（3）日常表示中，有人按使用的信息设备不同，把信息技术分为电话技术、电报技术、广播技术、电视技术、复印技术、缩微技术、卫星技术、计算机技术、网络技术等。也有人从信息的传播模式分，将信息技术分为传者信息处理技术、信息通道技术、受者信息处理技术、信息抗干扰技术等。

（4）按技术的功能层次不同，可将信息技术体系分为基础层次的信息技术（如新材料技术、新能源技术），支撑层次的信息技术（如机械技术、电子技术、激光技术、生物技术、空间技术等），主体层次的信息技术（如感测技术、通信技术、计算机技术、控制技术），应用层次的信息技术（如文化教育，商业贸易，工农业生产，社会管理中用以提高效率和效益的各种自动化、智能化、信息化应用软件与设备）。

5.1.3 管理信息系统

管理信息系统（Management Information Systems，MIS）是一个不断发展的新型学科，管理信息系统的概念随着人们对信息技术应用的认识也在不断更新，对于管理信息系统的定义已有很多种。

管理信息系统一词最早出现在 1970 年，由瓦尔特•肯尼万（Water T. Kennevan）给它下了一个定义："以口头或书面的形式，在合适的时间向经理、职员以及外界人员提供过去的、现在的、将来的有关企业内部及其环境的信息，以帮助他们进行决策。"这个定义说明了管理信息系统的主要功能是提供信息。什么时候的信息？是过去、现在和未来的。什么时候提供？在合适的时间。向谁提供？经理、职员以及外界人员。用来做什么？帮助他们进行决策。很明显，这个定义是出自管理，而不是出自计算机的。它没有强调一定要用计算机，它强调了用信息支持决策，但没有强调应用模型、应用数据库。所有这些均显示了这个定义的初始性。

直到 20 世纪 80 年代，1985 年管理信息系统的创始人之一，明尼苏达大学卡尔森管理学院的著名教授高登•戴维斯（Gondon B.Davis）给出管理信息系统一个较完整的定义："它是一个利用计算机硬件、软件和手工作业，分析、计划、控制和决策模型，以及数据库的人机系统。它能提供信息，支持企业或组织的运行、管理和决策功能。"这个定义说明了管理信息系统的目标、功能和组成，而且反映了管理信息系统当时已达到的水平。它说明了管理信息系统的目标是在高、中、低三个层次，即决策层、管理层和运行层上支持管理活动。它不仅强调了要用计算机，而且强调了要用模型和数据库。

同样在 20 世纪 80 年代初，根据中国的特点，我国学者给管理信息系统也下了一个比较有共识性的定义："管理信息系统是一个由人、计算机等组成的，能进行信息的收集、传递、储存、加工、维护和使用的系统。管理信息系统能实测企业的各种运行情况；利用过去的数据预测未来；从全局出发辅助企业进行决策；利用信息控制企业的行为；帮助企业实现其规划目标。"这个定义指出了当时中国一些人认为管理信息系统就是计算机应用的误区，再次强调了管理信息系统的功能和性质，再次强调了计算机只是管理信息系统的一种工具。对于一个企业来说，没有计算机也有管理信息系统，管理信息系统是任何企业不能没有的系统。所以，对于企业来说，管理信息系统只有优劣之分，不存在有无的问题。

另外，我们还可以在近期的一些管理著作中找到管理信息系统的定义，美国著名学者 Kenneth C. Laudon 和 Jane P. Laudon 在其所著的《管理信息系统》第九版中写道："从技术和系统角度，管理信息系统可以定义为用于收集、处理、存储、传递信息的相关组成部分的集合，用以辅助企业的管理和决策。"同时，Laudon 又从管理的角度给出一个更广的定义："由管理的观点，一个管理信息系统是一个基于信息技术的、针对环境给予的挑战的组织和管理的解决方案。"也就是说，任何用信息技术解决组织管理问题的解决方案均是管理信息系统。

从上述各种定义可知，虽然不同时期的学者给管理信息系统概念下的定义有所差异，但其关键内涵却有两个共同点：一是管理信息系统的目标是为了提升企业的管理水平和决策能力，为企业获取竞争优势；二是管理信息系统是一个基于信息技术进行信息的收集、处理、存储、加工、维护和使用的人机系统。本书对于管理信息系统的概念正是基于这两点的理解来展开的。

除了"管理信息系统"这个概念外，现在更多从事信息系统的研究与实践的人员使用"信息系统"这一名词。虽然名称上存在差异，但实际内涵并无不同，并不是"管理信息系统"更强调管理，"信息系统"更强调技术。因此，"管理信息系统"与"信息系统"这两个概念是一致的，被同等使用。

5.1.4　管理信息系统的结构

管理信息系统的结构是指管理信息系统的组成及其各组成部分的相互关系。由于可以从不同的角度理解管理信息系统的各组成部分，所以就形成了不同的管理信息系统的结构。

1．管理信息系统的组成

从概念上看，管理信息系统由四大部分组成，即信息源、信息处理器、信息用户和信息管理者，如图 5-1 所示。

信息源是信息的产生地，包括组织内部和外界环境的信息，这些信息通过信息处理器的传输、加工、存储，为各类管理人员即信息用户提供信息服务，而整个的信息处理活动由信息管理者进行管理和控制，信息管理者与信息用户一道依据管理决策的需求收集信息，并负责进行数据的组织与管理、信息的加工、传输等一系列信息系统的分析、设计与实现，同时在信息系统的正式运行过程中负责系统的运行与协调。

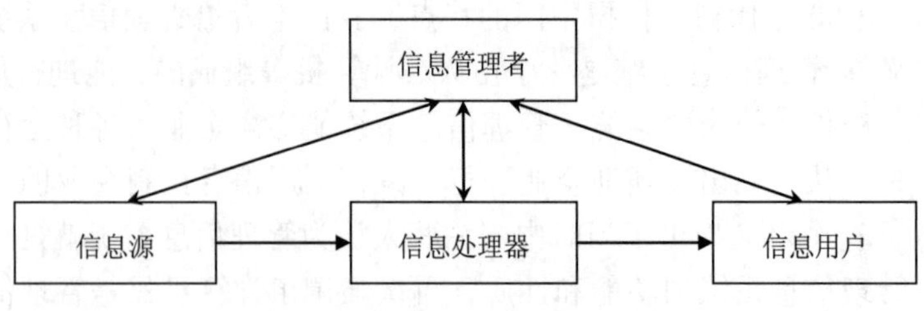

图 5-1　管理信息系统的组成

由此可见，信息用户是目标用户，信息系统的一切设计和实现都要围绕信息用户的需求而做；另一方面，信息管理者由于深谙信息系统的开发规律，则起到了一个明确需求、协调资源和分配资源的角色，显而易见，信息管理者的角色很重要。现在许多国内外的企业和组织都设立首席信息主管（Chief Information Officer，CIO）一职，既反映了企业对信息资源的重视，也反映了企业家开始重视信息系统的开发规律和运行规律。

根据处理的内容及决策的层次来看，可以把管理信息系统看成一个金字塔式的结构，如图 5-2 所示。

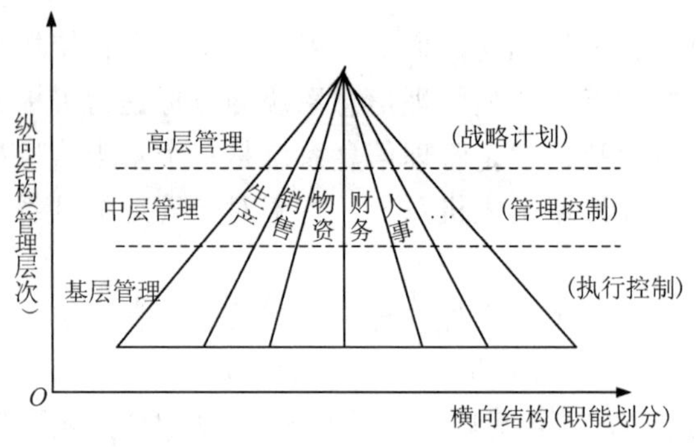

图 5-2　管理信息系统的金字塔结构

由于一般的组织管理均是分层次的，例如，分为战略计划、管理控制、运行控制三层，为它们的信息处理与决策支持也相应分为三层，并且还有最基本的业务处理（打字、算账、制表等）。这样信息系统也就可以分为销售与市场、生产、财务与会计、人事及其他等。一般来说，下层的系统处理量大，上层的处理量小，所以就组成了纵横交织的金字塔结构。管理信息系统的结构又可以用子系统及它们之间的连接来描述，所以又有管理信息系统的纵向综合、横向综合以及纵横综合的概念。

2．管理信息系统的功能结构

管理信息系统的功能结构描述了管理信息系统的功能组成以及各子功能之间的联系。

从信息技术的角度来看，信息系统无非是信息的输入、处理和输出等功能。因此，管理信息系统的功能结构从技术上看可以表示成图 5-3 所示的形式。所以，在开发信息系统时必须考虑这些具体的功能实现。有时还必须考虑细节，如：信息的检索有指定检索和模糊检索；信息的统计有时要考虑按常规时间段（如月、季）统计，有时还要考虑按非常规时间段统计，如上月 13 号到本月 13 号的统计等；信息的存储既要考虑实时存储，又要考虑定期转存；信息的增加有时还要考虑让系统自动记录增加的时间点，以便对系统的操作进行追踪等。

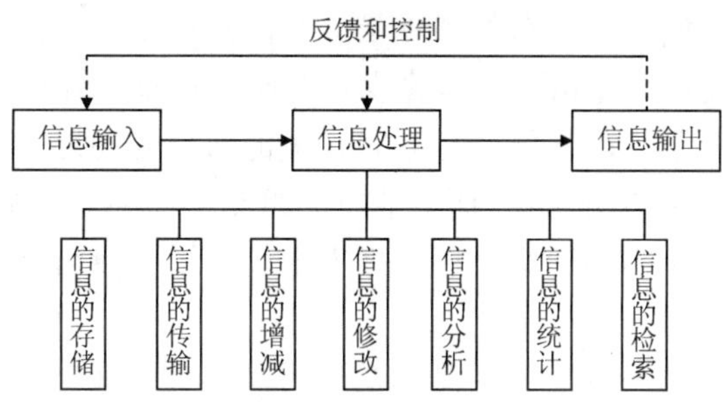

图 5-3　技术角度看管理信息系统功能结构

从信息用户的角度来看，信息系统应该支持整个组织在不同层次上的各种功能。各种功能之间又有各种信息联系，构成一个有机的整体及系统的业务功能结构。例如，一个企业的内部管理系统可以是图 5-4 所示的结构。企业的信息系统划分为 7 个子系统，除了完成各自的特定功能外，这 7 个子系统又有着大量的信息交换关系，其子系统之间的主要数据交换关系构成子系统之间的信息流，使得企业中的各类信息得到充分的共享，从而为企业的生产活动和管理、决策活动提供支持。

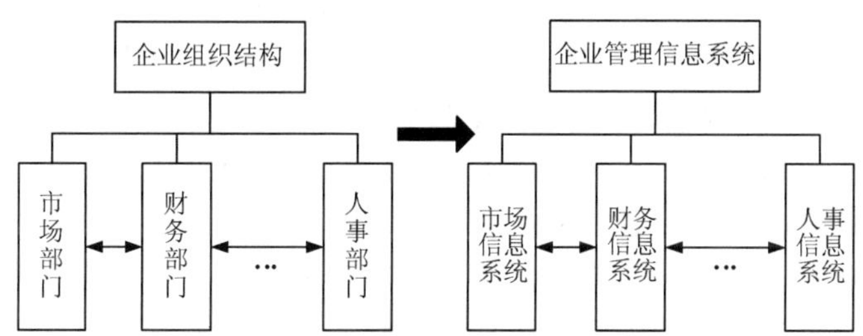

图 5-4　业务角度看管理信息系统的功能结构

通过管理信息系统的功能结构，我们可以知道，信息系统的实现不是一朝一夕的事情，必须经过长期的努力才能得以实现。因此，在信息系统的建设过程中必须首先进行总体规划，划分出子系统，规划出各子系统的功能及其相互之间的联系，然后逐步予以实现，其中特别要重视子系统之间的联系。只有这样才能实现信息的共享，发挥信息是资源的重要作用。

5.1.5　信息技术在现代化企业中的作用

信息技术在企业发展过程中扮演的角色越来越重要。在许多行业，没有管理信息系统的广泛应用，企业的存在和发展都是难以想象的。总的来说，管理信息系统对企业的作用可以归纳为三个层面：一是增强企业的信息处理能力，大大提升企业生产率；二是增强企业的创新能力，大大加快了新产品/服务的研发速度；三是增强企业的竞争能力，帮助企业获得更大的战略优势。

1．增强企业的信息处理能力

管理信息系统处理的基本对象就是数据和信息。从概念来说，数据是对现象的原始事实或者观测结果的描述。例如，汽车的载重量、产品的价格等。信息是在特定的环境中有意义的数据。例如，当我们决定给汽车装多少货物时，汽车的载重量就成为信息。

现代信息技术一个最重要的特征就是有非常强的信息处理能力，世界上运算速度最快的超级计算机已达每秒10 000万亿次,而企业每时每刻都面临着大量的信息需要进行处理。所以，管理信息系统在企业中的广泛应用就极大地提高了企业信息处理能力，进而显著地提升企业的生产经营效率。

我们现在可以看到，几乎每一家企业都在运用信息系统来支持完成生产经营活动。例如：连锁零售企业运用信息系统来完成收银业务、了解库存水平、自动补充货物等；生产制造企业利用信息系统来帮助确定生产计划、物料计划以及订货计划，并且可以通过电子数据交换来订购货物，利用信息系统来帮助设计产品和控制生产活动；银行等金融机构通过信息系统来完成存取款和信贷业务，并且利用工作组软件来帮助信息在组织内部自动流动；网上商店利用信息系统来进行网上销售和配送；政府、学校和其他的组织也广泛使用信息系统帮助他们管理组织内部的信息，更好地完成组织的业务活动。

2．增强企业的创新能力

世界著名的管理学家彼得•德鲁克曾经说过：企业经营最基本的，也是赖以生存的两个功能是市场营销和创新。在越来越激烈的市场竞争中，企业只有依靠产品和服务的创新才能立于不败之地。信息技术成为了现代企业创新的引擎。

人们也越来越认识到信息化和信息技术不再只是简单的公文流转和办公效率的提升，更重要的是，信息技术能促进企业的创新。因此，人们在谈到信息技术时不可避免地要谈到创新，随着信息技术的发展以及互联网的变革，超级计算力的普遍应用以及资源整合所带来的巨大力量将给企业创新带来良好的发展机遇。

宝洁是美国著名的日用品公司，它以产品创新而闻名于世。为了提升产品研发能力，宝洁开发实施了基于内部网络和互联网的信息系统来连接公司全球28个地点的8 000名科学家，组成了科学家研发网络组织，大大提高了公司的研发产出率。此外，宝洁公司还实施了产品生命管理（Product Lifetime Management，PLM）系统来支持产品研发的整个过程，取得了非常好的效果。正如哈佛商学院的一位教授所说："IT可以降低研发实验费用，从而加快创新过程并使你比以前重复更多的次数。"信息技术成为了管理遍布各地的研发队伍、日益复杂的创新流程的利器。

3．增强企业的竞争能力

随着信息系统与企业结合得越来越紧密，一个企业能否可持续的健康发展很大程度上依赖于它的信息系统。也就是说，信息系统在企业中已经不再扮演辅助的角色，在企业中的战略作用不断增强，很大程度上决定了企业的竞争能力。

信息技术成为创造企业间战略差异性的催化剂，它创造了过去不存在的可能性和选择机会。那些在其他人之前看到和利用这些可能性的公司能够在市场上实现差异化，获得经济回报。例如，美国戴尔（DELL）计算机公司充分利用基于网络的直销战略，在很短的时间就成长为行业的领头羊；世界 500 强的沃尔玛（Walmart）利用基于卫星的信息系统来运营和管理公司分布在全球各地的业务，信息系统有效地支持了沃尔玛的全球化经营战略。同样，国内也有许多利用信息技术来获取企业竞争力的例子：招商银行就充分利用网络银行建立了自己与四大国有银行竞争的差异化战略，获得了巨大的成功；阿里巴巴公司利用因特网建立 B2B 电子商务市场，现已成长为全球最大的 B2B 电子商务公司。这些实际的例子证明信息系统在现代企业中越来越起到战略性的作用。

5.1.6　现代企业中常用的信息系统

组织是信息系统的建设者和应用的载体。如今，信息系统已经在各种类型的组织中得到广泛的应用，包括学校、政府和企业组织。特别是在现代企业中，各种各样的信息系统用于企业的方方面面。为了更好地认识和理解信息系统在企业运营管理中所起的作用，一般我们会把信息系统进行分类。本节我们就来考察现代企业中有哪些常用的信息系统。

对企业组织中的信息系统进行分类，可以使用不同方法。一种分类方法是根据信息系统所服务的企业职能进行划分，信息系统可以分为：会计信息系统、财务信息系统、市场信息系统、生产和研发信息系统、人力资源信息系统等。另一种分类方法是根据信息系统提供的功能与服务组织的层次进行划分，可以把信息系统划分为：事务处理系统、办公自动化系统、管理信息系统、决策支持和经理信息系统等。

而随着信息系统的集成化与模块化，当前企业中最常见的分类方法是根据信息系统在企业价值链中应用对象来划分，企业价值链一般分为上游、中游、下游。对企业来说，上游是供应链；中游是企业本身；下游是顾客。他们所对应的信息系统就是供应链管理系统（Supply Chain Management Systems，SCM）、企业资源计划系统（Enterprise Resource Planning Systems，ERP）和客户关系管理系统（Customer Relationship Management Systems，CRM）。图 5-5 显示了现代企业系统架构模型。

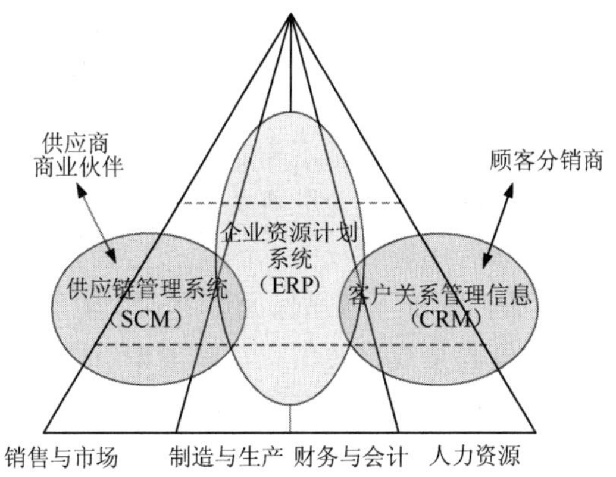

图 5-5　现代企业系统架构模型

5.2 信息输入

信息广泛存在于自然界和人类社会，但是未经整理的信息都是零散的、无序的，使用价值有限。要使信息变为财富，为我所用，首先必须进行有效的信息收集。随着信息技术的高速发展，信息输入作为一种重要的信息交换方式，也已经融入人们的日常生活，演变为一种融入人们的生活空间的技术，它无时不在、无处不在。下面重点介绍各种各样的信息输入方式及常用的输入设备，以及信息输入界面的相关问题。

信息输入设备是人与计算机最重要的接口。不同的应用选择不同的输入方式和输入设备。输入界面是管理信息系统与用户之间交互的纽带，一般而言，输入界面对用户来说，比对于系统开发人员显得更为重要。

5.2.1 信息收集

信息收集是指为了更好地掌握和使用信息，而对信息进行的聚合和集中。在人类社会中，人们要生存和发展，就要进行一系列的活动，还要与许许多多的外部环境相适应，这就需要把握各方面的信息，最大限度地收集、把握各方面的信息。只有把所需要的信息收集起来，进行加工处理、去粗取精、去伪存真，把原始信息变成二次信息，才能为人们所应用，信息的收集是信息应用的前提。

1. 信息收集的方法

随着科学技术的迅速发展，一方面使社会信息量急剧增加，另一方面又使信息传递速度大大加快，这种情况对信息收集工作提出了更高的要求。信息收集主要应坚持及时、全面、真实、重点、计划等基本原则。信息收集有对各种动态信息的收集和对各种静态信息的收集。动态信息是指直接从信息源中发出，尚未用文字符号或代码记录下来的信息。静态信息是指经过人的思维加工并用文字符号或代码记录下来的信息。信息的收集有以下两种基本方法。

1）业务法

业务法是根据信息业务工作的需要，确定信息的收集计划、设计数据结构和收集信息的方法。这种收集方法，只需要把与某项业务有关的信息收集并能最后提供出需要的信息资料。而且，收集的主要环节只有调查和校验，因此，这种方法调查目的和调查内容比较明确，容易确定。但是，业务法存在着不容易保证整个系统的信息组成一个系统的信息流，不容易避免信息可能被多次重复收集或重要信息在收集中可能被遗漏等明显缺点。所以，业务法适用范围有局限性，只能在一些分工简单的部门中作为信息收集的补充方法。

2）系统法

系统法是指信息的收集不仅仅满足某项业务工作的需要，而是从整个系统的目标出发，来确定信息的收集内容、收集计划、数据结构和收集信息的方法。

系统法与业务法相比较，系统法具有许多优点：一是这种方法从系统总目标出发去收集信息，所获得的信息不仅是满足某项业务的需要，而是满足整个信息的需要，因此，系统法能反映它所依附的系统内部的有机联系，建立信息产品网络；二是这种方法可以避免所收集的信息之间重复、遗漏和矛盾的现象，提高信息收集的效率。但是，系统法存在一定的困难，在现实的社会生活中，特别是在社会分工复杂、信息总量大的情况下，信息收集的内容和数据结构设计不易确定。

无论是业务法，还是系统法，都要通过如下具体步骤进行信息的收集。

（1）原始记录。原始记录是指按照一定的要求，用数字和文字形式，对业务活动的过程和结果比较详细地记载下来的资料，它的质量直接关系到整个信息工作的质量。因此，原始记录不仅是信息收集的重要手段，也是信息收集的重要内容。

（2）信息收集卡。信息收集卡既是信息收集的方法，也是信息收集的一种工具。它通过简明的书面方式，不仅能取得真实性的信息，而且还能得到数值化的信息。

（3）调查研究。调查研究是收集信息的重要方法，它是指对客观事物活动过程进行观察了解，详细占有材料，并加以综合分析研究，从中得到新的信息。

（4）统计方法。统计方法是指具有某种相同性质的个别事物的综合体，从总体数量方面来表现经济活动的功能、水平、速度、比例等。通过统计可以获得更具体、更准确的定量性的信息。

2．信息收集的基本程序

信息收集是一项有步骤、有计划、连续性很强的工作，实践中人们总结出一些收集信息的基本程序。

1）明确目标需求，制订收集计划

信息收集是为了满足信息的需求以达到一定的目标。收集目标是指信息收集最终要解决的问题，而需求则是为解决这一问题所需求的信息，需求是在目标的基础上产生的。所以首先必须确定目标需求，制订信息的收集计划，以指导整个信息收集工作。信息收集计划包括如下三方面的内容。一是确定收集信息的内容。不同的行业、不同的部门、各种不同的管理所需要的信息内容是各不相同的。因此，要确定信息收集的内容，明确收集方向，有目的地进行下一步收集的各个工作步骤。其次是选择信息的来源，所需要的信息要往何处去收集、获取。第三是明确信息的收集方法，只有信息的收集方法明确了，才可以在收集信息的过程中少走弯路，收到事半功倍的效果。

2）设计数据结构

数据是客观事物中数量关系的客观反映，其反映的符号可以是数字、字符、图表或文字等。信息往往是以数据形式反映出来的，收集的原始信息很大部分都是各种各样的数据。为了便于信息的收集和信息产品的生产、利用，在信息收集之前，按照信息收集的目的和要求，设计出合理的数据结构。数据结构包括两个方面的内容：一是分类，如商品名称，是消费资料还是生产资料，是工业品还是农产品等；二是数据项，也就是指标，如产值、产量、品种、规格等。

3）信息收集的过程

信息收集的过程可以分为以下四个阶段：

（1）按照信息收集计划的要求去收集信息。这是信息具体收集过程的第一步，也是关键的一步。

（2）在信息收集过程中，由于客观事物运动是在不停地进行的，不断地变化的，且在信息收集过程中，信息收集计划难免会出现不全、不准的情况，因此，在信息收集中，往往会出现新问题、新情况，这就要求进行补充性的收集或追踪收集。

（3）在对事物活动现场进行直接调查时，还要间接地从文献资料中收集历史的和现实有关的信息资料。将直接收集的信息与间接收集的信息结合起来，以保证信息的完整性和系统性。

（4）对收集好的信息进行分析，不断地进行分类，这样可以避免信息收集中可能发生的遗漏。

4）提供信息资料

信息的提供是指信息收集者将所获得的信息以文字等形式整理出来，如调查报告、资料汇编、统计报表等，提供给信息产品的生产部门。这是信息收集的最后一步，也是信息收集工作的具体成果。

5.2.2 信息输入方式

我们生活在一个现实的世界中，这个世界由物质、信息和能量组成，物质、能量和信息的交换时时刻刻在我们的周围发生，信息技术创新所带来的信息交互方式和处理方式的变化，对现代人们的生活方式和工作方式产生了巨大的影响，这些影响广泛渗透到社会生活中，形成了今天色彩缤纷的信息社会。

在信息社会里，信息的交互尤为重要而频繁，信息输入已经不再是一个局限于计算机的环境，手持设备、可穿戴设备或其他常规、非常规计算机外设都可以无障碍地输入信息，快速发展的信息技术已经为信息的输入方式带来了一场变革。

信息输入以其“无时不在、无处不在而又不可见”的强大优势，迅速渗透到人们生活的方方面面，并带来信息技术的全新变革。信息技术的变革，首先是信息输入方式的变革。在网络的世界里，信息输入已经无处不在。无处不在的信息输入能够满足人们随时、随地方便地享受计算所带来的信息服务，通过设置自主策略和智能化，信息输入成为一种背景环境，从而支持无处不在的信息运算和计算机应用。

输入设备是人与计算机最重要的接口，向计算机输入数据和信息的设备。其功能是把原始数据和处理这些数据的程序和命令通过接口输入计算机。因此，凡是能把程序、数据和命令送入计算机进行处理的设备都是输入设备，键盘、鼠标、摄像头、扫描仪、光笔、手写输入板、游戏杆、语音输入装置等都属于输入设备（Input Device）。由于需要输入计算机的信息多种多样，如字符、图形、图形、语音、光线、电流、电压等，各种形式的输入信息都需要转化为二进制编码才能为计算机所用，因此，虽然同属于输入设备，但是在工作原理、输入信息速度、输入信息的方式上千差万别。

1. 按照输入信息的形式分类

按照信息输入的形式，可以把信息分为文字、图表、声音和音像等多种媒体形式，也就是我们现在所说的多媒体。所谓媒体，就是信息的表示和传输的载体，通常指广播、电视、电影和出版物等。从广义上讲，媒体每时每地都存在，而且每个人随时都在使用媒体，同时也在被当作媒体使用，即通过媒体获得信息或把信息保存起来。但是，这些媒体传播的信息大都是非数字的，而且是相互独立的。

随着计算机技术和通信技术的不断发展，可以把上述各种媒体信息数字化并综合成一种全新的媒体——多媒体。多媒体的实质是将以不同形式存在的各种媒体信息数字化，然后用计算机对它们进行组织、加工，并以友好的形式提供给用户使用。这里所说的不同的信息形式包括文本、图形、图像、声音和动画。

计算机输入设备是把待输入信息转换成能为计算机处理的数据形式的设备。计算机输入的信息有数字、模拟量、文字符号、语声和图形图像等形式。对于这些信息形式，计算机往往无法直接处理，必须把它们转换成相应的数字编码后才能处理。输入信息的传输率变化也很大，它们与计算机的工作速率不相匹配。输入设备的一个作用是使这二者协调起来，提高计算机工作效率。

输入设备的种类很多，除文字及数字输入设备外，模拟信号的输入设备有数-模、模-数转换设备，图形、图像的输入设备有模式信息输入/输出设备，脱机输入信息用的数据准备装置有数据准备设备等。

按照输入信息的形式，可以把输入设备分为字符输入设备、图形和图像输入设备、模拟输入设备，如表 5-1 所示。

表 5-1 输入设备的分类

输入信息形式	输 入 设 备
字符输入设备	键盘、键盘打印机、读卡机、手写笔、触摸屏
图形和图像输入设备	鼠标、扫描仪、图形数字化仪、光学字符阅读器、光学标记阅读器、数码相机、摄像机
模拟输入设备	麦克风、模拟/数字转化器

1）字符输入设备

（1）键盘。键盘是常用的基本人工输入装置。键盘上的每个键上标有数字、文字和符号,按下某键即可把该键的代码送给计算机。键盘一般情况下是联机使用，即按下键盘，则会立即发送信息到计算机。键盘输入数据的速度虽然很慢，但由于采用分时操作，并不占用主机很多时间。键盘输入设备联机使用的优点是便于人机对话，可修改存储器中的某些内容，发布临时性的操作指令和启动程序等。键盘上的按键布局有两种形式：一种以数字为主，一种以文字为主。至于数字、文字和符号的编码规则多采用美国信息交换标准码（ASCII）和扩充的二-十进制交换码（EBCDIC）七位编码。

（2）键盘打印机。键盘打印机由键盘和打印机组合而成。它既可用作终端设备，也可用作输入设备。它还具有对话功能，是广泛使用的输入/输出设备，常用于简易的终端及计算机控制台，也供电传打字机用。键盘打印机在用按键输入数据时，可同时打印出数据，用于校核输入是否有误。键盘打印机上还可装纸带凿孔机。这种设备联机使用时，既可打出输出数据，也可制出凿孔纸带；脱机时可用作凿孔机，键盘打印机的进一步发展出现了彩色键盘打印机。

（3）读卡机。读卡机分为多种类型，常见的读卡机包括磁卡和简单的光学字符识别卡。

光学字符识别读卡机只对黑色敏感，所以卡上红色、绿色的部分读卡机无法识别。卡上原本印有黑色的条块帮助读卡机确认卡的方向与位置，铅笔在卡上填涂的黑块和印好的黑块共同组成了一个只有黑与白的图像，其原理与二进制的“0”“1”近似，读卡机扫描后与预先存储的答案生成的图像进行比较，相符的部分就得分，不符的就错误，考试阅卷中常见的答题纸和阅读读卡机就是遵循这样的原理。

（4）手写笔。文字识别与手写输入是计算机的一种非键盘输入方式。根据文字的识别方式，手写文字识别可分为脱机手写文字识别和联机手写文字识别两大类：脱机手写文字识别即通过扫描仪（或传真机、照相机等）把整页文字的图像传送到计算机中，再由识别软件加以识别，把图像形式的文字信息转换为相应的文字代码：联机手写文字识别即利用与计算机相连的专用手写板，用专用笔在书写板上写字，随着书写时笔的移动，笔尖所在坐标位置，落笔和抬笔等实时信息不断地传送到计算机中，识别程序根据笔的运动轨迹及落笔和抬笔信号，对每个笔画及由这些笔画构成的文字进行识别。

（5）触摸屏。触摸屏作为一种最新的计算机输入设备，它是目前最简单、方便、自然的一种人机交互方式。它赋予了多媒体以崭新的面貌，是极富吸引力的全新多媒体交互设备。触摸屏在我国的应用范围非常广阔，主要是公共信息的查询，如电信局、税务局、银行、电力等部门的业务查询；城市街头的信息查询，以及办公、工业控制、军事指挥、电子游戏、点歌点菜、多媒体教学、房地产预售等。

2）图形图像输入设备

（1）鼠标。鼠标输入设备属于基本的输入设备之一，因形似老鼠而得名“鼠标”。“鼠标”的标准称呼应该是“鼠标器”，英文名“Mouse”，最早的鼠标是一只小木头盒子，工作原理是由它底部的小球带动枢轴转动，并带动变阻器改变阻值来产生位移信号，信号经计算机处理，屏幕上的光标就可以移动。

鼠标的进一步发展便出现了操纵杆，它是在对方向敏感的环境下使用。

（2）扫描仪。扫描仪是一种计算机外部仪器设备，通过捕获图像并将之转换成计算机可以显示、编辑、存储和输出的数字化输入设备。照片、文本页面、图纸、美术图画、照相底片，甚至纺织品、标牌面板、印制板样品等三维对象都可作为扫描对象，提取和将原始的线条、图形、文字、照片、平面实物转换成可以编辑及加入文件中的装置。

扫描仪属于计算机辅助设计（CAD）中的输入系统，通过计算机软件和计算机，输出设备（激光打印机、激光绘图机）接口，组成计算机打印处理系统。扫描仪广泛应用于办公自动化（OA）、印刷行业等。

（3）图形数字化仪。图形数字化仪是在专业应用领域中一种用途非常广泛的图形输入设备，是由电磁感应板、游标和相应的电子电路组成，当使用者在电磁感应板上移动游标到指定位置，并将十字叉的交点对准数字化的点位时，按动按钮，数字化仪则将此时对应的命令符号和该点的位置坐标值排列成有序的一组信息，然后通过接口（多用串行接口）传送到主计算机。简单地说，数字化仪就是一块超大面积的手写板，用户可以通过用专门的电磁感应压感笔或光笔在上面写或者画图形，并传输给计算机系统。不过在软件的支持上，它是和手写板有很大的不同的，硬件的设计上也是各有偏重的。在许多的专业应用领域中，用户需要绘制大面积的图纸，仅靠 CAD 系统是无法完全完成图纸绘制的，在精度上也会有较大的偏差，因此必须通过图形数字化仪来满足用户的需求。

高精度的图形数字化仪适用于地质、测绘、国土等行业。普通的图形数字化仪适用于工程、机械、服装设计等行业。

（4）光学字符阅读器。光学字符识别（Optical Character Recognition，OCR）已有 40 多年历史，主要应用于办公室自动化的文本输入、邮件自动处理以及与自动获取文本过程相关的其他要求，具体包括：零售价格识读、订单数据输入、单证、支票和文件识读，微电路及小件产品上状态特征识读等。

自动识别已打印的字符这项工程技术始于第二次世界大战前，但是直到 20 世纪 80 年代各商业公司才开始重视。早期 OCR 设备的“眼睛”使用光线平面镜，让反光光线通过裂缝，反射回来的图像被分解成发散的黑白点，这些点被传送给图像放大管，并被转化成电子数字。OCR 的逻辑处理部分要求黑白数据点按照预定的程序出现或消失。这种方式使得 OCR 辨识很有限，特别是那种预设字符的设备，识读更是有限。

（5）数码照相机。数码照相机，是一种利用电子传感器把光学影像转换成电子数据的照相机。与普通照相机在胶卷上靠溴化银的化学变化来记录图像的原理不同，数码照相机的传感器是一种光感应式的电荷耦合或互补金属氧化物半导体（CMOS）。在图像传输到计算机以前，通常会先储存在数码存储设备中（通常是使用闪存）。

（6）摄像机。摄像机种类繁多，其工作的基本原理都是一样的：把光学图像信号转变为电信号，以便于存储或者传输。当我们拍摄一个物体时，此物体上反射的光被摄像机镜头收集，使其聚焦在摄像器件的受光面（如摄像管的靶面）上，再通过摄像器件把光转变为电能，即得到了“视频信号”。光电信号很微弱，需通过预放电路进行放大，再经过各种电路进行处理和调整，最后得到的标准信号可以送到录像机等记录媒介上记录下来，或通过传播系统传播或送到监视器上显示出来。

3）模拟输入设备

（1）麦克风。麦克风的历史可以追溯到 19 世纪末，贝尔（Alexander Graham Bell）等科学家致力于寻找更好的识别声音的办法，以用于改进当时的最新发明——电话。其间，他们发明了液体麦克风和碳粒麦克风，这些麦克风效果并不理想，只是勉强能够使用。

20 世纪，麦克风由最初通过电阻转换声电发展为电感、电容式转换，大量新的麦克风技术逐渐发展起来，这其中包括铝带、动圈等麦克风，以及当前广泛使用的电容麦克风。

（2）模/数转换器。模数转换器是把模拟量转换为数字量的装置。在计算机控制系统中，须经各种检测装置，以连续变化的电压或电流作为模拟量，随时提供被控制对象的有关参数（如速度、压力、温度等）而进行控制。计算机的输入必须是数字量，故需用模数转换器达到控制目的。

2．按照输入的批量分类

数据输入是数据处理系统中，将系统外部原始数据传输给系统内部，并将这些数据以外部格式转换为系统便于处理的内部格式的过程。

按照输入信息的数量划分，有少量信息输入和大量信息输入两种。少量信息输入往往依靠人工输入，当需要输入的数据量很大，动辄上万条记录，我们必须考虑采用批处理数据输入方式，而不可能完全依靠人工输入。

人工输入是指召集一些数据录入员，通过系统提供的标准屏幕进行数据输入。从本质而言，人工输入和系统正式运行后的操作是完全相同的，只是工作强度不同而已。这是一种相当灵活的办法，非常适用于系统的一些最基本的设置，如公司名称、地址或者系统语言设置等的输入。但是人工输入的致命缺点是工作强度高、输入效率低，而且容易引入人为的错误。即使是一个非常仔细的数据录入员，在连续输入几个小时类似的数据（特别是类似会计科目表那样的数据）的情况下，也难免发生一些错误。所以在系统上线前的数据输入阶段，人工输入仅仅适用于少量数据的输入，而不能用作大量数据的输入。手工输入可以很好地满足数据关系安全性、数据输入操作的原子性等要求，但不能较好地满足数据输入的高效性及数据输入的正确性等要求。

除了手工输入之外，其他办法都可以归入批处理数据输入的范畴之内，即利用计算机将一个预先准备好的数据文件输入系统。一个理想的、安全的批处理数据输入办法应该和通过系统屏幕输入数据是完全等价的。即如果用批处理的办法可以输入系统的数据，同样可以通过系统提供的标准屏幕输入到系统中去；无法通过系统提供的屏幕输入的数据，同样也无法通过批处理方法输入系统。批处理数据输入办法有以下几种：

1）利用信息系统提供的数据输入接口

有些信息系统提供了专门的数据批处理输入接口，这是一种值得优先考虑的方法。对于任何一个管理信息系统，我们必须首先做一个充分的研究，以确认该信息系统是否提供这种接口，以及该接口是针对应用程序级接口，还是针对数据库级接口。有些信息系统提供的接口是跳过应用程序层而直接面对数据库的。对于这种情况，我们必须非常谨慎，一般可以考虑和其他方法一起使用。例如，对于仅涉及一个数据表的数据，我们可以采用这个接口；而对于涉及多个数据表的数据并且我们对其中数据模型和输入顺序不确定时，应当考虑采用其他方法。

如果该接口是面向应用程序层的，它可以很好地满足几乎所有的要求；反之，则对数据关系安全性和输入操作的原子性支持不够。

2）利用 EDI 接口

电子数据交换（Electronic Data Interchange，EDI），是一种国际标准。如果将准备好的数据文件重新格式化成相应的 EDI 文件，然后模仿成是由外部网络传来的文件，交给本地的信息系统，就能够将大批量的数据自动输入系统。

EDI 文件的格式一般完全取决于业务要素。例如，一张销售订单的 EDI 文件包含交易双方的公司名称、地址和产品名称、编号、数量、单价、总价等，而并不涉及这些信息具体和哪个数据表的哪个字段对应。因此，EDI 接口是通过信息系统的应用程序层将数据输入系统的。但是，EDI 标准只定义了交易数据的规范，而不包含系统主数据的规范，因此我们一般无法利用 EDI 接口来输入系统重要数据。EDI 接口可以很好地满足数据关系安全性、输入操作的原子性、数据输入的高效性、数据输入的正确性等要求。

3）利用 CIM 接口

通过计算机集成制造（Computer Intergrated Manufacturing，CIM）接口，信息系统可以连续不断地接收数据采集进程产生的数据，也可以定时直接读取数据文件。显而易见，如果我们将准备好的数据文件重新格式化成 CIM 文件，然后模拟成系统接受的 CIM 输入文件，同样可以达到将大量数据输入系统的目的。

CIM 的数据格式一般同样也是面向应用程序的，与数据库设计无关。与 EDI 接口不同的是，CIM 接口的数据格式往往因具体信息系统的不同而有所不同，并无一定的国家标准或业界标准。另外，通过 CIM 接口可以输入多种数据。我们同样可以看到 CIM 接口可以很好地满足数据关系安全性、输入操作的原子性、数据输入的高效性、数据输入的正确性等要求。

无论是 EDI 格式文件还是 CIM 格式文件，其内容都是可读的普通文本。这一点给文件格式转换带来了不少的方便之处。

在现实工作和生活中，需要根据不同的应用需求，选择不同的数据输入方式。

5.2.3 信息输入界面

信息输入界面是信息系统和用户直接对接的一个窗口，它为用户提供易读易懂的信息形态，为用户建立良好的工作环境，激发用户努力学习、主动工作的热情；它是一个组织系统形象的具体体现，更重要的是信息输入界面是管理信息系统与用户之间交互的纽带。一般而言，输入界面设计对于系统开发人员并不重要，但对用户来说，却显得尤为重要。对用户来说，界面就是软件，或者说软件就是界面。

界面是计算机科学和认知心理学相结合的产物，同时也涉及语言学、人工智能和社会学等多种科学。界面的发展历程是由片面要求人去适应计算机转而按照“以人为本”的设计理念使计算机服务于人的历程。界面设计都是指在一定技术条件下人们对界面中一切必要且合理的信息交互设计，它反映了人、机、环境三要素间的相互关系和这些关系的合理性，而焦点仍是如何显示与控制。

1. 信息输入界面的设计原则

信息输入界面决定了数据输入和系统运行的效率，也决定着用户对系统的喜好和信任，从而影响着系统的使用寿命。注重输入界面的设计是管理信息系统“三分技术、七分管理、十二分数据”之内涵的充分体现。总体来说，信息输入界面设计要遵循友好性、便捷性、正确性和一致性等基本原则。

1）友好性

良好的信息输入界面能够使得用户赏心悦目，有利于提高工作效率。一个用户友好的界面可以给使用者良好的第一印象，这种印象造成先入为主的效果，甚至可以在一段时间里掩盖软件内部的缺陷，所以把交互式软件的界面做得漂亮、方便、快捷、迎合流行趋势，是大多数有经验的软件开发人员早已认可的道理。但“界面友好”与“界面不友好”恐怕无人能定一个确切的界线，一般认为，一个友好的输入界面应该至少具备以下特征：① 操作简单、易行；② 界面美观，操作舒适；③ 快速反应，响应合理；④ 用语通俗，语义一致。

友好性原则是特别常用常谈的原则，它的内涵也往往与其他原则，如便捷性、一致性有重叠。实际上，是否具有用户友好性已不仅仅是界面上的问题，而是结构上的问题；不仅仅是具体实现技术上的问题，而是设计思想方法上的问题。

2）便捷性

便捷的界面应该直观、透明。界面的直观性使用户可凭直觉找到系统通过的路径。直观系统是可直接操作的系统，其命令名有明确意义，响应符能自我解释，出错信息的叙述有效，并能提供较切实的帮助。直观系统使用户感到与自己有关的每一件事都写在屏幕上，即使是初学者也只需理解最少的概念，操作中的语法规则最少。可支持直观性的计算机技术很多，如图形图像技术、多媒体技术等。在透明的系统中，计算机的处理过程对用户是不可见的。换言之，用户只需知道让计算机做什么，完全不必具有计算机怎么做的知识。

便捷性也体现在易学、易用方面。易学易用性指界面功能直观、操作简单、状态明了，用户一学就懂，一练就会，一看就明白。

3）正确性

在强调部门信息收集人员上交的信息是正确的，没有遗漏、重复，也没有过时、失实后，我们应当保证在信息输入的过程中不能引入任何附加的错误。最常见的引入附加错误的原因是人为原因导致的误输入、误操作等。但是我们也必须意识到，输入顺序不正确也能引入非常严重的附加错误。我们应该具有一定的手段可以帮助检查出尽可能多的信息本身的或信息输入过程中的附加错误。

为了提高信息输入的正确性，数据的校验与查错功能是不可缺少的。输入数据的校验与查错方法常常有两种，即边输入边校验法和双工输入比较法，这两种数据校验与查错方法有时可以结合起来使用，这样，可以更好地确保输入的原始信息的正确性。

4）一致性

界面设计最重要的事情就是保证用户界面运作的一致性。一致性遵守“最小惊奇原则”，在整个系统中有一主要输入模型，系统所做的一切都必须严格遵守这一模型。例如，对于列表框来说，如果双击其中的项，使得某些事件发生，那么双击任何其他列表框中的项，都应该有同样的事件发生；所有窗口按钮的位置要一致，标签和信息的措辞要一致，颜色方案要一致等。一致性可以转换成可预见的一致性，减少用户的认知负担，给用户以自学的可能。只要掌握了一个屏幕上的操作，其他通过联想就可举一反三。用户界面的一致性使用户对于界面运作建立起精确的心理模型，从而降低培训和支持成本。

在应用软件中保持一致的唯一途径就是建立设计标准并加以遵循。最好的办法是采取一套行业标准，对自身特殊的需要加以补充。已有的行业标准，如 IBM 标准（1993）与 Microsoft 标准（1995），通常可满足 95%～99%的需要。采用行业标准，只需利用已有的成果，也使你的应用软件看起来或感觉上更像用户已购买或建立的其他应用软件。

现在西方和日本许多著名的公司在应用软件开发工程中已经把用户界面的设计作为在整个软件开发过程中的一个独立的设计阶段，是软件基本设计的主要内容。为了追求一个高友好性、高质量的操作使用界面，现代计算机应用软件中有 30%～65%的代码量是用来实现用户界面和与界面相关的功能。为了指导软件的界面设计，保证软件系列产品的一致性、规范性，Microsoft、Macintosh 等大型软件开发供应商皆建立了一整套的用户界面设计规范与指南，提供大量的可以直接被使用的实现常用用户界面功能的构件，开发了各种类型的用户界面的定义和制作工具，帮助应用开发商能方便地实现各种图形用户界面的功能。Microsoft 在计算机软件上获得成功的重要原因就是由于它在用户界面设计上的成功，它的易学、易用的图形用户界面使它很快战胜了以字符界面为主的对手而被用户广泛地接受。

2. 信息输入界面的设计方法

1）友好性设计方法

有助于实现友好性原则的设计方法如下：

（1）提示直观、自然。信息输入界面担负着引导用户输入数据的任务，因此其提示内容必须直观、简洁、自然、易懂、没有二义。根据系统特点和用户的习惯，可以按如下方法设计：

① 填表输入。界面显示一张待填充的表格，用户按表格栏目的提示输入数据。

② 面向用户设计提示信息。例如，修改合同时需根据供应单位找合同，如未找到则应显示“与该单位未签合同，请检查输入是否有误”，而不应显示“记录不存在”。

③ 系统内部处理时应给予提示。数据输入过程中系统经常需要花费时间进行查找或计算，此时界面应有相应的提示，不要给用户造成死机现象而让用户任意按键或启动计算机。

（2）操作简单、易行。

① 减少汉字输入。处理的信息有较大的汉字输入量时应通过代码、选择等方式替代或减少汉字输入。

② 提供默认值。信息有雷同之处时可设置按钮或功能键复制上一信息，达到灵活提供默认值的目的。

③ 全屏幕输入。无论是 DOS 环境还是 Windows 环境，用户都能实现全屏幕输入。避免数据输入时出现“只能下不能上，只能右不能左”的不良现象。

④ 选择输入。对于总体项目固定的数据，应实现选择输入。

⑤ 有联系的项目只输关键项。某些项目有直接联系可只输其中的关键项，其他项目通过已经建立的字典库查找显示。

（3）处理方便、快速。尽量缩短数据输入时系统的查找和计算时间，以避免用户出现烦躁与不安。当然通过改善硬件和系统软件的方法可提高速度，但在信息系统输入程序的设计中也应选择理想的方法降低时间占用。

（4）帮助系统完整、简洁。完整、简洁的帮助系统可对用户起“导航”作用。可设置两种帮助：一是对于每一输入项目在底行提供简单、清晰的提示；二是提供较为详细、完整的在线帮助，用户可随时单击按钮或按功能键查看帮助信息。

（5）出错宽容、友好。识别输入错误并允许用户改正错误是输入界面设计的基本要求。对于用户操作上的错误（如击键错、未按要求操作）、数据输入错误（如类型错误、数据不合理、数据越界等）、多用户环境冲突等必须给予提示，并让用户予以纠正。

（6）形式协调、雅致。信息输入界面要给用户提供一个良好和谐的视觉感受，不要过分追求丰富艳丽的色彩、强烈悬殊的反差，而应根据内容的需要实现形式美。空间比例要疏密均匀；主题、子主题和内容的字符形状要搭配得当；图形、数据、文本的大小和方位要协调；标题的字体、套色和背景衬托要和谐。从而形成赏心悦目的输入界面。

（7）界面标准、规范。整个输入界面要形成标准、规范的风格。

① 提示信息、操作按钮的位置统一。

② 色彩的分类规范。如主界面、一般提示、出错提示、窗口、操作键等的色彩应分类，并且在整个系统的界面内统一。

③ 用键标准。如 F1 代表在线帮助、Esc 代表退出、PgUp/PgDn 代表翻页等，整个系统前后一致。

2）便捷性设计方法

使用方便是任何类型的软件设计中都必须遵守的一条通则，是界面设计主要追求的目标之一，一个操作繁复的用户界面会使用户“逃之夭夭”。自从软件的用户界面从命令方式进步到二维图形界面方式并引入鼠标以后，用户界面易用性已经大大增加。以下的一些做法在提高信息系统的用户易用性方面很有帮助。

（1）尽量地采用菜单、下拉菜单、工具条、功能按钮、复选框、对话框等 Windows 提供的控件。

（2）系统的控制组织尽量保持与业务划分和业务操作过程一致，如菜单和子菜单的分组、功能/控制按钮的排列与组合等。完成同一任务的控制应相对集中在一起，以减少游标跳跃与视觉跳跃，菜单与下拉菜单最好不要超过二层。

（3）输入界面上尽量采用实际业务的用词。熟悉的东西是最易接受的，切忌创造用户没见过的“新”名词或一些概念含糊或模棱两可的名词。比如：常用的“用户”一词，在具体的应用中往往有“供应商”、“客户”或“系统操作员”之分，应尽量避免用“用户”这一比较笼统的用词。

（4）尽量提供菜单选择输入或初始值默认输入。让用户以确认或选择的方式输入，比完全用手工输入方便且正确率高。例如，输入了商品类别后提供一个下拉选择框，供用户选择可能的商品型号。

（5）采用格式控制输入。对于诸如日期、商品代码、位置代码、身份证号码等具有格式属性的数据，在界面上可以按格式填空式输入，分段检查，控制值域，提示数据属性。

（6）设置智能的模糊查找来减轻用户的记忆负担。信息系统中的型号、书号、单据号等都是难以记住关键词的，这时如果提供另一种用模糊检索的方法（如名称的首字拼音等），用下拉选择框来选择确定，比要求用户必须直接输入这些号码要好看得多。

易学性设计中有以下几点可供借鉴：

① 界面中尽量采用形象化的图标和图像，如计算器、日历、时钟、警铃、电话等图案。

② 标签名、功能名、控制名等用词与用语尽量明了、不含糊。尽可能地采用应用业务上的用词与用语。业务人员对信息系统不熟悉，但对他们自己从事的业务工作应该是了解的。

③ 界面上操作过程尽量地与业务的流程一致、相近，这样用户就容易理解和记住操作方法。

④ 画面上划分尽量与实际各岗位的业务一一对应，这样用户就不会被画面上的与其业务无关的功能（按钮、字段等）所困惑。软件设计者往往追求用一个画面去覆盖尽量多的功能。这样往往会增加学习的复杂性，需要一个长的学习过程。这如同一个功能齐全、用

途广泛的设备（如多功能音响设备），其使用方法往往是复杂的。设计者在注重系统的内部结构与模块划分的合理性的同时，要充分注意界面的易学性，把一切不必要的功能、显示信息从界面上去掉。

⑤ 尽量充分地提示信息和帮助信息。显示错误信息时要同时指出如何办，必要时可以用图示和声音提示正确的操作方法。

3）正确性设计方法

信息系统的核心是数据，保证数据的正确性与完整性是整个系统的关键。每天有大量的各种数据通过键盘、网络端口、磁盘（带）等介质被登录到系统的数据库中，输入界面设计中应充分考虑键盘录入数据正确性措施。以下是一些常用的措施：

（1）对录入数据进行属性的检查。对于日期、电话号码、邮编、电子邮件地址、产品型号、金额、单价等数据都可以在键盘输入时进行属性检查，这些属性包括数据的格式、长度、取值范围、字母/数字/符号等。

（2）采用列表框的选择、一览表的选择、单选框的选择来代替直接输入。如供应商名、库存地、商品类型、折扣率等这些数据的取值往往是几种到几十种之间，当然需要建立基础数据表。

（3）用表格选择代替直接输入。如在日历上直接单击日期代替录入日期，在位图上单击位置来代替库存位输入。

（4）自动产生相关数据。如录入电话号码后自动产生地址，录入邮编后自动产生地区，读入商品条形码后自动产生生产厂商、体积、重量信息等。

（5）自动引用，减少重复输入。在整个业务流程中，后继业务要能尽量地引入前面业务已经登录的数据，减少重复录入，也可以通过核对修改在业务中已登录的数据来产生当前业务的数据。各种系统之间也应该尽量地通过网络、磁介质相互引用，避免重复的键盘录入。人工输入的错误率是在各种输入方法中最高的，错误率在 1%左右已经是不错了。

（6）采用自动输入技术。条形码阅读器（Bar-code Reader）、光学字符阅读器的采用将输入的错误降到几十万分之几以下。

（7）引入校验。对一些代码信息，如客户代码、商品码、合同号等可以设计成自动校正的校验码。另外还可以使用常见的数据校验与查错方法。

（8）采取确认校对步骤。对一些关键性数据和重要的操作，如删除记录、登记金额等，在正式登录之前，用对话框或提示的方法请用户再一次确认输入的正确性。

（9）建立平衡校对。对于统计、财务等报表数据输入，同时要求输入每行或列的小计、累计值，界面同时自动进行计算，比较二者是否一致，如不一致则要求检查，禁止登录。

4）一致性设计方法

用户界面的一致性设计包括以下内容：

（1）用语与用词的一致性。系统中各画面的项目名、标签名、功能名、提示语句、错误信息等要统一；控制与命令的名称皆要尽量与流行软件和环境软件（如操作系统）尽量保持一致，并且与实际应用的业务用语保持一致。

（2）操作方法的一致性。特别是采用的诸如回车键、组合键、鼠标等的操作方法的定义应尽量与 Windows 操作系统界面上的定义一致，与常用流行软件的做法尽量一致。如双击鼠标左键来启动程序，以及复制、删除等编辑快捷键的定义等。

（3）界面格局的一致性。各画面的设计风格、控件的排列、背景、色彩、文字的字形和字体等，在同一系统中应保持一致。

（4）数据格式的一致性。维持数据的显示与输入的格式一致，如日期、金额、产品型号、零件代码等有规律的格式化数据的显示格式。输入格式要尽可能与流行的保持一致，与实际应用的相关业务规范尽量一致。

（5）系统响应的一致性。系统对相同或类似的操作响应的方式应该一致。相同的信息应该以相同的方式在相同的位置显示。有良好一致性的软件，用户使用起来才会有一种认同感，感到好学、好用。熟悉了一部分界面的使用后，对其他部分的使用也就“无师自通”。

3. 信息输入界面设计步骤

信息输入界面设计作为应用软件系统设计的一个有机组成部分，它是与系统设计的其他组成部分并行交叉推进的，它须经历需求分析、定义、设计、验证和实现五个阶段。为有效制定界面设计策略和实施设计，我们可把信息输入界面的设计过程分为如下几个步骤：

（1）用户调研：定性定量地调研用户特性（包括了解用户特征、技能、经验、认知和情感等特性）和环境特性。

（2）任务分析：分析任务的复杂性和难易程度，制定出任务列表。

（3）界面系统定义：根据任务分析确定界面系统应具备的功能。

（4）任务设计：详细分解任务，在此基础上进行用户操作流程与系统软硬件性能互补的优化设计，建立描述人机交互的结构层次和用户行为需求的设计文档，明确定义界面和对用户行为提出初步要求。

（5）交互方式设计：根据任务设计、交互介质和存取机制，对所有交互信息进行预先组织，选择或定制合适的交互方式。

（6）交互设计：根据交互方式、交互信息的内容与格式要求，在尽可能不改变用户工作流程的前提下建立交互模型，建立详细的界面流程图和用户操作指南。另外，由于人在短期记忆中只能同时把握 4 到 7 条分立的信息，对多于 7 条的分立信息易产生记忆上的模糊或遗忘，故无论屏幕被划分成多少个信息区，每个信息区上一次突显的重要信息都必须控制在 4 到 7 条范围内。

（7）软件界面设计：根据用户特性、任务作业空间数据、显示器等交互介质的类型和尺寸，遵循友好性、便捷性、正确性和一致性等基本原则和相应的设计方法，进行输入界面的全面设计。

（8）输入界面原型设计：根据上述设计结果，开发人员在短期内开发出一个满足任务基本要求的可执行界面原型系统供用户试用和评价，进一步完善原型系统，直到彻底满足任务要求。

（9）输入界面验证：以人的工作效能为验证标准，检验最终原型系统是否达到界面系统定义的各项指标，若有缺陷，进一步完善系统直到达到验证标准，交付用户正式上线。

5.3 信息处理方法

信息处理就是对信息的接收、存储、转化、传送和发布等。各个行业各种类型的企业都利用信息处理完成业务活动，也利用信息处理帮助制订决策。信息处理将信息输入所收集的数据，按照一定的方法加工，转变成为对管理活动有意义的信息，信息处理是信息再生的基础。其实，信息处理不仅是决策过程的基础，也是控制过程、优化过程和智能行为。因此，讨论信息处理的理论和方法是十分必要的。信息处理是一个非常广泛的概念，信息处理的方法也极其丰富多彩。对于不同的场合、针对不同的目的就存在不同的信息处理方法和技术。

5.3.1 广泛应用的信息处理

今天，我们正处于一个快速发展的信息时代，信息技术在企业生产经营活动中扮演着极为重要的角色。企业既利用信息技术完成各种各样的业务活动，也利用信息技术帮助制订决策。有时，企业把所收集的信息直接生成报表，提供给管理人员；但更多时候，企业需要将信息加以处理，将处理后的信息提供给管理人员。因此，信息处理对企业的生产、经营和管理非常重要，甚至可以说，信息处理是所有商业活动的基石。

企业对信息的处理是多种多样的，不同类型的企业、企业的不同业务、管理的不同需求都需要采用不同类型的信息处理。但不管处理的是什么信息，也不管采用何种方法处理，最终的处理目标都是获得准确、及时和能够被理解的信息。

比如，某高校利用信息处理，计算各门课程的平均分数，获得学生成绩在各个分数段内的分布信息。超市利用收银信息处理，计算客户每次购物应付款的金额和找零金额。医疗保健行业广泛使用信息处理。医院利用信息处理为药品确定价格、编制护士值班表、制订病床调度计划等，医院的实验室也利用信息处理分析实验数据，根据病人组织切片，分析、诊断疾病。金融机构也广泛使用信息处理。证券交易所利用信息处理，实现股票交易。银行利用信息处理，为客户实现存款、取款等业务，在月底计算客户存款利息，他们还对汇总数据进行分析，发现能为银行带来利润的更有价值的客户。企业利用信息处理，支持各个职能部门的工作。比如，财务部门，利用信息处理，计算应发工资；销售部门，利用信息处理，采用成本分析方法，计算并确定新产品的价格；计划与预测部门，通过信息处理，利用历史数据，预测下一年度水、电等费用；库存管理部门，利用信息处理，确定合理的订货量与库存水平。

5.3.2 信息处理方法

按照广义的理解，一切为了更好地利用信息而对信息本身所施加的操作过程，都可统称为信息处理。在这里，为了叙述上的方便，我们将分两个层次和十个类型来作介绍。

1．表层信息处理

第一层次的信息处理称为表层信息处理，它们共同的特征是所有这类处理都不触及信息的深层结构。这种层次的信息处理主要有以下五种类型。

1）为了便于对信息进行操作的处理

为了便于对信息进行操作，常常需要对信息进行一些适当的变换和表示。

变换主要指的是信息载体的转换，例如，把人的语音转变为电信号，或把空间的图像转变为电信号等。人的语音（空气介质的密度变化）和空间的图像（光的频率和强度的变化）都不便于进行直接的处理操作，而电信号的操作却很方便。这类以信息载体的转换（声转换为电，光转换为电）为特征的变换通常称为换能，实现这种转换的设备则称为换能器，如话筒和摄像机等。

信息变换是在语法信息的层次上进行的，因此可以理解为某种数学上和物理上的变换关系，并可以用某种不太复杂的设备来实现这种信息变换。

信息表示虽然在一定意义上也可以看作是某种信息变换，但它们一般已越出纯语法信息的范畴，而在或多或少的程度上涉及语义信息和语用信息的范畴。因此，信息表示的过程通常很难归结为某种数学或物理变换，也不容易通过简单的技术设备来完成，而是需要人工的参与才能完成。例如，在管理信息系统的场合，许多非电量的事务信息都要通过编码的程序用代码来重新表示它们；又如汉字的计算机输入过程，实际上也是通过一套人为的规定或规则用计算机的代码符号来重新表示这些汉字等。

无论是信息变换处理还是信息表示处理，它们的目的都是为了通过变换或表示使原来的信息变得更容易操作，从而提高操作的效率。但是，这类信息处理还必须满足一个基本的要求，这就是在变换前后或在表示前后的信息之间不应存在信息的失真或畸变，至少是不应发生不允许的信息失真或变异。

2）为了快速流通而进行的处理

信息资源与材料及能量资源相比，一个最重要的特点是可以实现在大范围内资源共享。为了这个目的，就要求在大范围的空间内保证信息的快速流通。在这个意义上可以说，各种各样的现代通信技术都是为了实现信息的快速流通而采用的信息处理技术。

不言而喻，通信本身是一个复杂的技术过程，现代通信网是一个规模巨大的宽带化、智能化、个人化的综合业务数字网，其间涉及大量极深层次的信息处理过程。仅就其外部的信息功能而言，通信可以看作是语法信息在空间中的转移。仅仅在这个意义上可以把通信看作是一种表层的信息处理。

3）为了保存信息而进行的处理

实现信息资源的共享不仅要求信息能够在大范围的空间中快速流通，而且也要求信息能够在任意跨度的时间域上实现高质保存，以供不同时期的人们之间共享信息，也使信息及其文明得以随时积累，与日俱增。在这个意义上可以认为，各种各样的信息记录和存储都是为了保存信息而进行的信息处理。

与通信技术极其相似，信息记录和存储也是一类十分复杂的技术，其间也涉及大量层次很深的信息处理过程。我们之所以把它们归于表层信息处理的类型，也仅仅是就其外部信息功能来考虑，在这种意义上，信息的存储乃是语法信息在时间域上的转移。

4）为了实现共享而进行的处理

为了实现人们对信息资源的共享，除了需要传输信息和存储信息之外，还需要把这样得到的信息复制出来，供人们使用。同一份信息之所以可以同时供众多的人们共享，其奥妙就在于同一份信息（事物运动状态及其变化方式，而不是事物本身！）可以复制（负载）在不同的众多的载体上：一部图书可以复印成若干部图书，等等。显然，复制也是一种信息处理的过程，是同一信息负载于多份载体的过程。

5）为了便于检索而进行的处理

信息存储得多了，检索就变得困难起来。为了便于用户检索和使用信息，需要对所存储的信息进行适当的处理，包括对信息进行比较、分类、排序、编制索引等。

将各种信息进行分类，首先必须明确定义类的特征。有了清晰的类特征定义，信息分类的问题就变成类特征的识别与比较的问题：把具有相同类特征的信息分为同一类，而把具有不同类特征的信息分为不同的类。有时，信息的类特征会有多个，那么就可以利用特征矢量的概念来定义类特征，或者更简单地用关键特征作为分类的依据。总之，定义信息的类特征和基于类特征的比较对信息进行分类的过程，实质上是某种降维处理和降维映射的综合过程。

除了分类处理之外，往往还需要进一步作信息排序处理：各类之间要有类的排序，每个类的内部要有类内事项的排序。显然，排序也要有一定的准则，它的实质是要建立某种映射关系：由类特征空间向一维实空间的映射，以及由类内事项空间向一维实空间的映射。

在分类和排序的基础上，还应当编制信息的存储索引。这样，用户就可以按照索引的引导快速地检索出所需要的信息。

2．深层信息处理

第二层次的信息处理称为深层信息处理，它们的共同特征是都要在一定程度上涉及信息的深层结构。当然，深层信息处理与表层信息处理的界限是相对的，深层与表层本身并没有一个绝对的界限，而且，一些所谓表层信息处理（如通信与存储）过程还包含许多内部的深层信息处理（如信息压缩和纠错编码等）。

深层信息处理主要包括以下几种类型。

1）为了提高效率而进行的处理

为了提高效率而进行的信息处理主要是指各种各样的信息压缩，即把信息中的多余成分或次要成分去除，只留下信息的主要成分。当然，这种压缩的前提是要保证信息的失真不会超过允许的限度。目前所采用的信息压缩技术完全局限在语法信息的范畴，主要原理是消除语法信息中的统计相关性和改变统计分布，具体的途径是通过有效性编码来实现。可见，信息压缩技术深入到了信息的微观结构，属于深层的信息处理。

下一代的信息压缩技术可能突破语法信息的限制，深入到语义信息和语用信息的范畴。换句话说，信息中哪些成分重要、哪些成分次要，不是仅从“恢复波形”这样一个纯语法信息的角度来判断，而是主要从语义信息（信息的逻辑含义）和语用信息（信息的效用价值）的角度来判断。因此，基于全信息分析的信息压缩必定比基于语法信息分析的信息压缩更为有效。

2）为了提高抗扰性而进行信息的处理

为了提高信息的抗扰性也必须对信息进行处理。干扰的存在是客观的，而干扰对于信息的作用往往是产生差错。无论在信息的传输过程中还是在信息的存储过程中，干扰的出现都会造成信息的变异，形成差错。克服干扰影响的方法在于增强信息的抗干扰能力，具体的途径是对信息进行抗干扰编码。目前，实现抗干扰编码的一般原理也局限在语法信息的范畴，因此，只能通过在信息的语法结构中加一些附加的成分，以使新的语法结构具有较强的约束关系。一旦干扰破坏了这种约束关系，这种破坏就会被发现，并且可以根据原有的约束关系检查出差错的位置和差错的量值，从而把它们纠正过来。

新一代的抗干扰编码也将突破语法信息的局限，进入全信息的范畴。这样，不仅可以根据信息的语法构造规律来纠正错误，而且还可以根据语义信息和语用信息来发现并纠正错误。

无论是现有的基于语法信息的抗干扰编码技术，还是基于全信息的抗干扰编码技术，都已经深入到信息的深层结构上进行处理，因此也属于一类深层信息处理。

3）为提高信息纯度而进行的处理

前已述及，从全信息的观点看，对具体的人类主体而言，有的信息是有用的，有的信息是无用的，有的信息甚至还是有害的，这取决于主体的特定目的或目标。另一方面，对任何特定主体来说，有用信息与无用信息或有害信息往往都同时存在或互为背景。因此，为了取出有用信息，抑制无用或有害信息，就需要进行适当的处理，以保证有用信息具有足够的纯度。到目前为止，在这一方面所发展的信息处理也基本局限在语法信息的范畴。其中，最典型的处理技术包括过滤和识别。频域的过滤用得最广泛。识别的目的也是为了识别有用的信息，排除无用的信息。

更完善的信息处理同样有赖于全信息的利用：要根据语义信息来判断信息的内容，并根据语用信息来判断它的效用，在此基础上抑制无用信息。

4）为提高安全度而进行的处理

这里所说的安全，或者说是信息的保护，是指信息不被未授权者所获得。为此，必须对信息进行处理，把“明码”变成“密码”。这样，即使未授权的用户接收到密码，但由于不知道如何才能把“密码”变换成为“明码”，他还是不能获得真正的信息，从而起到了信息保护的作用。把明码变换成为密码的过程称为信息加密过程，把密码反变换成为明码的过程称为信息解密过程（对授权的接收者而言）或破密（也称破译）过程。加密和解密（保密和破密），这是一对矛盾，二者相互促进，相反相成。迄今的加密技术也完全局限在语法信息的范畴内，将来会出现基于全信息的密码技术。后者意味着，即使未授权用户把密码变成了明码，但明码本身在语义的层次上又是保密的。于是，虽然解译了密码（在语法信息层次上），也还是不能获得真正的信息，还必须破译语义上的“密码”才有可能获得信息。这样就大大提高了信息的安全度。

5）为了提高可用度而进行的处理

通常，人们往往只利用信息的表面价值或直接价值。但是，在许多场合，信息的效用不会局限于表面的层次，它还有潜在的效用。为了挖掘这些潜在的效用，需要对信息进行深层的处理，其中包括预测、搜索、理解、推理和计算机等。

所谓预测，就是根据已有的信息通过某种合适的算法推测出新的信息：根据这个事物此时的运动状态及其变化方式预见彼时的运动状态及其变化方式，或者根据这个事物的运动状态及其变化方式预见下一个事物的运动状态及其变化方式。

所谓搜索，就是根据初始的状态信息按照某种策略去找出目标状态的信息，其间，初始状态和目标状态都是已知的，但是由初始状态到达目标状态的路径（通常要求这个路径必须是最优的，即最短的或代价最小的）是要在搜索过程中搜索的。

所谓理解，就是不仅获得了语法信息（识别了事物运动状态及其变化方式的形式），而且获得了语义信息和语用信息（理解了事物运动状态及其变化方式的含义和效用）。理解信息的一个重要标志，就是能够按照全信息去执行合理的动作或实现正确的目的。显然，决策就应当在理解的基础上进行。

推理是在理解基础上进行的一类高级的信息处理，它的典型过程是：给定推理的前提条件和约束条件，在理解这些条件（即信息）的基础上选择适当的推理规则，由前提条件推出正确的结论。推理的过程通常不是一步到位，而是要经过多阶段的推理。其中每步的推理可以表达为 IF（若）...THEN（则）...的形式。

计算往往是与理解推理相伴随的一种信息处理，因为一个深刻的认识往往既包含定性理解也包括定量分析。特别是在决策的场合，为了确定究竟要采取策略 A 还是应当采取策略 B，除了要对策略 A 和 B 有定性的理解之外，最重要的是应当能在理解的基础上分别计算出策略 A 和 B 的语用信息量或其他适当定义的策略优值，这样才能通过定量的比较作最终的取舍。因此，计算也是一类很重要的信息处理过程。

当然，以上所介绍的这十类信息处理概念和方法只是整个信息处理方法中的一小部分，虽然都是比较典型比较重要的一部分，但却远远不是全部。何况，随着人们认识的深化和实践对信息处理的要求的日益提高，新的信息处理的理论和方法还会源源不断地被创造和发展出来。而且，从上面简要的介绍中可以清楚地看出，更强有力的、更深层次的、充分基于全信息的信息处理理论方法和技术都还有待开发。因此，完全可以这样说，信息处理理论和方法更重大的发展，还在后头。

5.3.3　信息处理举例

1. 超市销售统计

零售企业的各项业务活动都离不开信息技术支持。当今，几乎所有超市的收银业务都需要利用信息处理才能得以实现。收银时，收银员利用输入设备——条形码扫描仪，对每件商品扫描。收银信息系统，根据扫描所获得的商品代码，从存储商品数据的数据库中获得商品的价格。收银员利用输入设备——收银机的小键盘，输入商品的件数，收银信息系统计算每种商品的金额。当扫描完最后一件商品时，收银信息系统计算出总金额，并显示在输出设备上。用户付款时，收银系统计算出应找零金额。收银过程中，从数据库中查找对应商品的价格，计算每种商品的金额、销售的总金额、应找零金额等都是典型的信息处理。

除此之外，超市还利用信息处理，汇总并打印有关销售情况的报表，如按照商品类别、销售地区、销售对象、销售时间等汇总数据，形成报表。超市也利用库存有关信息，分析订货量的变化与订货成本之间的关系，确定合理的订货数量。

2．企业销售预测

企业管理人员的一项重要工作就是预测未来，制定合适的发展策略。由于企业运用计算机技术处理各种业务活动，如发放工资、产品销售、产品出入库等，因此能将业务活动涉及的大量数据收集并储存起来。这些数据经过汇总处理生成的合计数据能反映出变化的趋势，选择合适的统计预测方法，可以对未来做出较好的预测，这也是一种类型的信息处理。

5.3.4 信息处理的分类

信息处理是一个将信息输入转换为有用输出的过程。信息处理将信息输入所收集的数据，按照一定的方法加工，转变成为对管理活动有意义的信息，利用信息输出，将其反馈给管理人员。在信息处理过程中，既需要直接从信息输入中获得信息，也可能从信息的存储中获得信息。企业在完成业务时，如接收订单、超市收银、计算应发工资时，都会收集数据，并存放在数据库中，在信息处理时，也需要从数据库中获得这些数据。信息处理的结果，既有可能直接通过信息输出，传递给用户，也有可能存放在数据库中。信息处理与输入、输出与存储之间的关系如图 5-6 所示。

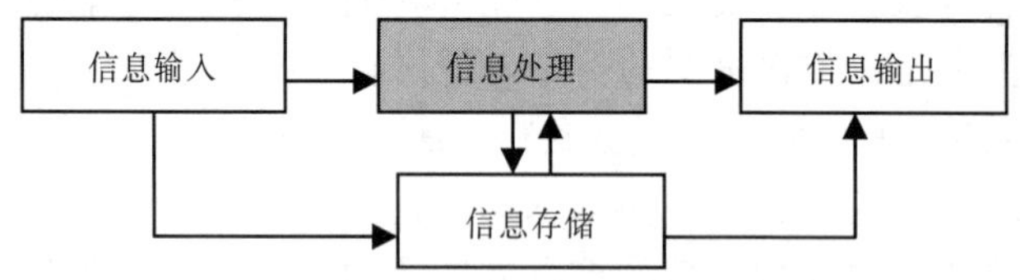

图 5-6 信息处理与输入、输出与存储之间的关系

信息处理活动需要同时利用硬件和软件。例如，超市计算客户应付金额的信息处理活动，需要使用硬件中的中央处理器、主存储器、外部存储器等，才能从已有数据中获得商品价格，计算出应付金额，并更新外部存储器中的库存数据。而获得商品价格、计算应付总额和更新数据，是需要编写程序并利用数据库管理软件和操作系统软件，配合硬件同时工作才能实现。

信息处理的方法，可以是对数据进行排序、更新、筛选等简单操作，也可以是计算、统计汇总，或者有着复杂的逻辑判断以及多个步骤的带有决策功能的复杂操作。

信息处理的形式，可以分为批处理和实时处理。批处理，是指数据发生时并不马上对数据进行处理，而是等到一定的时间，或数据累积到一定量时再做处理。批处理的重要特征是在事件的发生和更新数据的最终事务处理之间有延迟。实时处理是指数据发生时立即进行处理。例如，到银行存、取款或到航空公司订购机票都属于实时处理，而会计中的凭证录入、账务汇总就属于批处理类型。也应当看到，由于硬件和软件技术的不断进步、计算机价格的不断下降，大部分信息处理活动采用了实时处理的形式。

信息处理又可分为联机事务处理、联机分析处理和决策支持处理。联机事务处理是指利用计算机对企业的业务活动进行处理，超市收银中计算销售的总金额、应找零金额等都是联机事务处理。联机分析处理是指利用计算机为生成汇总数据而进行的信息处理，超市生成按照品牌分类的销售报表，就是联机分析处理。决策支持处理是专门支持那些结构化和非结构化的决策问题而进行的信息处理，管理人员分析广告投入与销售额之间关系进而对未来销售额加以预测就属于决策支持处理。

5.3.5　联机事务处理

以往，企业采用手工的方式实现事务处理，比如，利用算盘、纸、笔等工具计算每个员工的应发工资。随着信息技术的出现和发展，企业开始利用计算机技术来帮助处理各种业务。最早应用计算机的机构就是财务部门，他们将员工上、下班打卡的数据输入计算机，利用编写好的程序，根据每个工种员工每小时的应发额，乘以该员工的累计工作时间，计算出应发工资。那时的事务处理较多采用批处理形式。高校的教务系统也存在批处理，比如在学生输入选修某课程数据之后，系统并不马上处理，而是等到一个截止时间（大部分学生都输入选课数据之后），才对这些数据进行批处理。

如今，企业更多采用联机处理进行事务处理。这种方法对每个业务都即时进行处理，并更新这一业务涉及的数据。比如，在超市的收银活动中，每笔销售发生的同时，就计算该销售的金额和找零，更新库存量。采用联机处理系统的数据在任一时刻，反映的都是最新状况。这种处理形式，对诸如航空票务处理、股票投资公司等需要迅速获取数据和更新数据的业务是必需的。

1．联机事务处理的定义

联机事务处理（Online Transaction Processing，OLTP）是指利用计算机对企业业务活动进行处理。联机事务处理，能对信息输入所收集的业务数据或者已存储于外部存储设备中的业务数据加以处理，以产生满足管理需求的输出，或者再次保存在外部存储设备中，以备今后使用。

联机事务处理的对象是各种各样的数据。一般而言，这些数据是企业内部的数据，是详细的、高度结构化的、准确的信息，如客户所下订单的信息。这些处理活动一般都是固定的、不经常发生变化的，对管理人员而言是单调的、乏味的。联机事务处理的应用，大大地减少了管理人员工作量。

2．联机事务处理活动

联机事务处理活动可能很简单，也可能很复杂。简单的联机事务处理的活动包括数据分类、排序、比较、计算、汇总等；复杂的联机事务处理需要编写大量的程序，完成分类、排序、计算、比较等多种类型的活动。比如，超市计算一笔销售的销售金额，就是比较简单的联机事务处理；高校的教务管理系统，根据学校计划开设的课程、教室的情况（教室所配置的设备、能容纳的人数）、教师的情况（教师在哪些时间能够上课）、学生的情况（各学生需选修的课程、学生的哪些时间未被占用）等经过多次反复的处理，得到一个高校的课程表，则是一个较复杂的联机事务处理。

联机事务处理实际上存在于各种类型的系统中，比如，财务管理系统、订单处理系统、库存管理系统、生产管理系统、人力资源管理系统与市场营销系统等。这些系统收集业务数据，进行联机事务处理，才能完成企业的记账、产品销售、产品出入库、生产调度、发放工资、制订促销计划等业务活动。以下为几种典型的企业联机事务处理活动：

（1）每月根据员工工作情况，结算工资。

（2）每月核实、结算销售发票。

（3）每天核实、结算采购订单。

（4）根据订货信息，计算应支付给供应商的货款。

（5）每天发掘潜在客户，电话确认，并拜访。

（6）每天安排人员调度、工作空间及设备的调度以完成生产任务。

（7）不断抽检产品，采取各种方法，检出不合格产品。

企业大部分的系统都包括联机事务处理，这些处理虽然千差万别，但也具有一些共同的特征，包括：

（1）迅速、有效地处理大量数据。

（2）进行严格的数据编辑，以保证记录的正确性和时效性。

（3）通过检查，保证所有输入数据、处理、程序和输出是完整、准确和有效的。

（4）提供有关保障安全的防护能力。

（5）支持多人同时进行事务处理。

3. 联机事务处理的管理优势

联机事务处理，通常能提高工作效率，比人工处理更快、更正确，而耗费的人力资源和其他企业资源更少。实现联机事务处理的企业能获得多种管理优势，包括：

1）降低成本

信息技术帮助降低事务处理的成本。公司在计算工资时，读入工时卡上每天的工作时间，计算每月总工作时间，并计算出正常工资、加班工资、总工资、应扣款以及实发工资。传统方式，需要手工输入工作时间，手工计算各项工资，而采用联机事务处理方式，可减少数据的重复读入，降低人的计算工作量。采用联机事务处理有助于降低成本，提高产品或者服务的质量。

2）提高速度

联机事务处理还极大地提高了企业操作型任务的完成速度，从而提高了为客户提供服务水平。例如，联机事务处理加速销售订单的录入及处理，允许公司在收到订单的当天完成货物的装运，而且货物一经装运，就能将发票寄给客户，从而加速资金流动。

3）提高准确度

企业采用手工方式计算，可能出现错误，进而导致客户不满。利用联机事务处理可减少这种人为因素造成的错误，提高准确度。

4）提高服务水平

联机事务处理，也提高了企业满足每一位客户对产品和服务特殊需求的能力。计算机系统可以帮助企业记录、处理并跟踪许多细节信息，利用这些信息，企业可以在客户需要的时候，针对客户的特殊需求，按照客户的方式，提供给客户所需的产品。

5）提供决策制定的数据

联机事务处理对决策制定也很重要。联机事务处理产生的数据，不仅反映了大多数企业的基本活动，也可作为企业战略管理、制定长远发展规划的原始资料。

5.3.6 联机分析处理

企业不仅利用联机事务处理完成订单处理、超市收银，应发工资计算等业务，还需要对联机事务处理所收集的数据进行分析，以了解企业的经营状况，如分析本月完成订单的情况、超市各个收银台的工作效率等，这些分析被称为联机分析处理。

1. 联机分析处理的定义

联机分析处理（Online Analytical Processing，OLAP）指对经营业务数据进行分析的信息处理。联机分析处理的对象是联机事务处理所收集的数据。联机分析处理能帮助管理人员了解经营状况、发现问题以及支持决策。

联机分析处理的定义，也存在一些争论：有人将联机分析处理定义为一种多层次维度的观念或思想；有人认为，联机分析处理是软件市场上销售的特定产品，能够对数据进行多维分析；也有些人将联机分析处理的软件进一步分类，分为关系型联机分析处理和多维联机分析处理，关系型联机分析处理（ROLAP）对存储在关系数据库中的数据作动态多维分析，多维联机分析处理（MOLAP）表示基于多维数据组织形式的联机分析处理。我们在这里所使用的联机分析处理概念是广义的概念，它包括所有对数据进行分析的处理，既包括报表处理也包括对多维数据的处理。

2. 联机分析处理的管理优势

企业之所以投入大量的人力、物力与资金，对数据进行联机分析处理，是因为联机分析处理能提供以下管理优势：

（1）联机分析处理能向管理人员提供各种类型的报表，使他们深入了解公司的日常运营情况，帮助管理人员实现公司目标。

（2）联机分析处理能使管理人员将现有结果与预定目标作比较，发现问题，寻求解决问题、改善管理的途径和机会。

（3）借助对企业更深入的了解，管理人员可使公司的管理、规划与决策更科学有效。

（4）良好的联机分析处理能力将能带给公司竞争优势，甚至长期的战略领先地位。

管理人员需要获得企业状况的信息，以帮助决策。比如，销售经理希望了解各种商品的销售情况，决定哪些商品继续销售，哪些商品应停止销售；人事经理，希望了解员工的加班时间，以决定是否招聘更多工人；库存经理，希望了解各商品库存水平，以决定哪些商品需要进货；生产经理，希望了解生产进度情况，以决定某些生产环节是否需要安排员工加班等。

而企业在处理业务时，已经记录下每一笔销售、每个商品的入库出库、每个员工加班的时间和每个客户的信用额度等数据。这些数据需要按照一定形式，加以汇总或整理，形成反映企业经营状况的二维报表，这种对数据的汇总或整理就是报表处理。报表处理，可以利用程序员编写的程序，也可以使用生成报表的专门软件。

报表处理形成的汇总数据，可以通过信息输出系统输出，比如输出到显示器、打印机，或输出到 Excel 工作簿或其他电子文档中，也可以制作成网页，发布在企业的内部网。管理人员需要时，从纸制文档、电子表格工作簿、其他电子文档或者网页上查看报表。越来越多的企业采用无纸化办公，正式打印的报表在不断减少。

企业的各个职能部门、各个管理层次都使用报表处理来获得汇总报表。这些报表的处理会因为企业性质、职能的特点而不同，但它们也具有一些共同的特征：

（1）报表处理，通常是预先写好的程序。

（2）报表处理的目的，一般是为了能够向上级报告现有的工作状态，帮助管理人员进行日常业务的控制。

（3）报表处理的对象通常是公司现有的数据。

（4）报表处理一般不提供分析问题的能力。

5.3.7 决策支持处理

联机事务处理帮助企业处理业务活动，如订货、计算应发工资等，联机分析处理为管理人员提供反映企业经营状况的汇总数据。这两类系统，能够支持管理人员决策制订中的信息需求，但是有一些决策问题，这两类处理无法很好支持，企业的管理人员往往从决策支持处理中寻求帮助。

1. 决策问题分类

卡内基梅隆大学曾获得诺贝尔奖的管理科学家赫博特·西蒙，将决策问题分为不同的类型。他认为决策问题是一个从结构化到非结构化的连续区间，一端是结构化的决策问题，另一段是非结构化的问题，中间是部分结构化、部分非结构化的决策问题，称之为半结构化问题。结构化决策问题和非结构化决策问题的概念是非常重要的，不同类型的决策问题使用不同的信息技术。

结构化决策问题是那些重复的、日常性的，有一定步骤和方法可以遵循的问题。每当这类问题出现时，都不需要把它们当作新问题来处理，这类决策问题往往可以找到最好的决策方案。比如，企业决定给员工发多少加班工资的决策，就可以用员工加班时间乘以每小时加班费来计算。该决策就是一个结构化的决策。联机事务处理和联机分析处理能够支持结构化的决策问题。

非结构化决策问题，是那些新的、太复杂的、结果无法预计，可能有几个正确的答案，也可能没有任何方法能够保证一定可以找到正确答案的那些决策。企业决定是否改变企业形象，是否在中国西部开设新的分支机构，都是非结构化的决策。

西蒙认为，结构化决策和非结构化决策，只是这个连续区间的黑白两个端点，大部分决策是灰色的。股票市场的投资，就是一个半结构化问题，因为某只股票现在的股价、市盈率等信息的比较是结构化的，而未来的可能变化属于非结构化的问题。

决策支持处理是专门支持那些半结构化和非结构化决策问题的信息处理。决策支持处理，一般采用建立决策模型的方法，利用计算机化的决策模型，对问题进行分析，管理人员再结合个人的经验、直觉、判断力等，制定出管理决策。

2. 利用决策模型解决决策问题

模型是对现实世界的对象或活动的抽象，它代表了一些对象或活动，这些对象或活动一般被称为实体。决策模型，是企业管理决策所使用的模型。管理人员使用模型来描述企业管理实践中所面对的问题，引发问题的对象或活动就是实体。

管理人员决策时，经常使用数学模型。数学模型，是为某种目的对部分现实世界进行抽象的一个简化的数学结构。更确切地说：数学模型就是对于一个特定的对象，为了一个特定目标，根据特有的内在规律，做出一些必要的简化假设，运用适当的数学工具，得到的一个数学结构。数学结构可以是数学公式、算法、表格、图示等。所有的数学关系式或者等式都是数学模型。管理人员将管理中所遇到的问题，抽象成变量之间的关系式，就是构建数学模型。管理中的数学模型，可能很简单也可能很复杂。

比如，企业在采购零部件时，可以采用不同的订货量。订货量的大小，影响订货有关的成本。如果订货量很小，则需频繁订货，订货时发生的联系供应商、处理订单有关的固定订货成本就会很高；如果订货量很大，则仓库需要保存大量的库存，仓储有关的成本会提高。为了确定一个合理的订货量，需要构建模型，找到使订货有关的成本最小的订货量，该订货量又被称为经济订货量。该决策，通过如下简化（假设）：

假设：

① 全年的需求量是固定的；

② 每次的订货量是相同的；

③ 所订购商品立即运到，没有任何的延迟。

可以构建出如下的数学模型：

$$C=\frac{kD}{Q}+\frac{hQ}{2}$$

其中，C 为全年的总成本，K 为每次订货时的固定订货成本，D 为全年的需求，h 为一件商品储存一年的成本，Q 为每次采用的订货量。根据上述公式，能够推导出经济订货量 Q_0 的公式。

$$Q_0=\sqrt{\frac{2kD}{h}}$$

很多数学模型，如同经济订货量模型一样，并不复杂。但也有些管理问题的数学模型非常复杂，可能涉及几百个变量，上千个关系式。大型数学模型的使用和构建都非常复杂，一般的管理人员更乐于通过抽象和简化，将复杂的问题利用简单的数学模型来表示。

数学模型可以根据模型的时间范围、确定性的程度与达到最优化的程度来分类，有以下 3 种分类方法。

（1）静态模型与动态模型。静态模型不把时间作为变量，这样的模型描述了某个特定时间点的情况，类似在某个时间点拍下照片。将时间也作为变量包括到模型当中，就是动态模型。这种模型描述了实体在一个时间段内的行为，类似视频录像。前面介绍的经济订货量模型就是静态模型。

（2）随机模型与确定性模型。另一种模型分类方法是按照是否包括可能性（概率）来划分模型。可能性，是指某事件发生的机会。可能性从 0 到 1，0 代表不可能发生，1 代表必然发生。包括了可能性的模型就是随机模型，不包括可能性的模型就是确定性模型。经济订货量模型，虽然我们都知道某企业的全年需求量不可能为固定值，但我们在模型中将其假定为固定不变的，因此经济订货量模型也是确定性的模型。

（3）最优化模型与次最优模型。最优化模型，是指那些能从各种方案中挑选出最好方案的模型。通常这样的模型是非常结构化的模型。次最优模型，又被称为满意模型，该类模型在管理人员输入变量的值后，能运算产生一定的结果，此结果满足管理人员部分期望（即管理人员满意），但并不能保证此结果是最好的，寻找最好方案还需由管理人员来完成。经济订货量模型中，在全年需求量是已知的情况下，有一个订货量能使与订货有关的成本达到最低，管理人员利用经济订货量模型，能找到这个最经济的订货量，因此该模型是最优化的模型。

3. 决策模型的实现

数学模型能帮助用户理解问题，也能帮助预测，因此，在企业的库存、销售、财务、营销、人力资源管理和供应链管理等业务中，广泛使用数学模型来分析问题并预测。使用模型的过程就是模拟。由于信息技术能提供更快、更强的处理能力，因此人们经常将数学模型在计算机中实现，帮助管理人员预测，这种模型又被称为计算机模型。实现计算机模型的步骤包括三步：

1）抽象问题，确定变量和参数

将管理决策中的实际问题，通过抽象、简化、假设等步骤，确定涉及的变量和参数。管理决策问题通常非常复杂，包括很多影响因素，通过抽象、简化，设定一些方便解决问题的假设，能够将复杂问题简单化，再从简单化后的问题中识别出与决策有关的变量和参数。

例如，企业在投资生产一种新产品时，总希望预先了解该产品的投产是否能为企业带来盈利，盈利多少，有没有可能亏损，不盈不亏的销售数量是多少等。管理上将这类问题称为盈亏平衡问题。经过分析，管理人员发现盈利和亏损是与收益和总成本相关，收益与销售的价格和销售数量有关，总成本既与厂房等的固定成本有关，也与原材料、劳动力成本等可变成本有关。因此初步确定，该模型需要包括价格、销售数量、固定成本、可变成本等参数和变量。

2）建立数学模型

依据管理人员对问题的分析，搭建出变量之间的关系——数学模型。

前面所介绍的盈亏平衡问题，可建立销量（Q）、销售收益（R）、总成本（C）以及利润（π）之间关系的数学模型：

$$销售收益（R）= 销售单价（p）\times 销量（Q）$$

$$总成本（C）= 固定成本（F）+ 单位变动成本（v）\times 销量（Q）$$

$$利润（\pi）= 销售收益（R）- 总成本（C）$$

上述模型又可以表示为下述数学模型：

$$R = pQ$$
$$C = F + vQ$$
$$\pi = R - C$$

3）建立计算机模型

将搭建的数学模型，利用 IT 技术实现，就是计算机模型。建立计算机模型，可以采用不同的方案。

方案 1，购买现成软件。如果市场上有专门的软件可以使用，企业可以购买该软件，输入企业的数据，运行模型，得到结果。对企业，这是最经济的一种方案。

方案 2，利用程序设计语言编写实现该模型的一段程序或者一个系统。如可以用 PowerBuilder 或者 C 语言，编写程序，开发出一个确定盈亏平衡销量的系统。采用该方案建立计算机模型，通常需要由 IT 人员完成，模型的每一步计算都需要编写程序才能实现，费时、费力。

方案 3，利用决策模型开发平台软件建立模型。在平台上，花费较少的时间和精力就能搭建出模型，Microsoft Excel 和 Quattro Pro 等都是很好的决策模型开发平台。利用开发平台建立决策模型，能够节省时间、提高效率、改善使用效果，这也是很多企业所采用的方案。

最后管理人员根据模型的结果，辅以自己的工作经验、直觉等，做出相应的决策。

5.4　信息输出

信息输出是信息系统的一个很基本的功能。任何信息系统的处理都需要依靠输出的功能把加工处理后的数据信息呈现在使用者的面前，而且不同使用者对信息系统输出的信息有不同的要求，所以信息输出还必须满足多方的需求。输出设备（Output Device）是人与计算机交互的一种部件，用于数据的输出。它把各种计算结果数据或信息以数字、字符、图像、声音等形式表示出来。常见的有显示器、打印机、绘图仪、影像输出系统、语音输出系统、磁记录设备等。

5.4.1　信息输出的形式

在人们的日常生活中，随时随地都会让人感受到信息的存在。实际上，这些信息是以不同方式或形式表示出来的。例如，电视机可以显示活动的图像和发出伴音，它所输出的内容可以让人们感受到犹如置身于千里之外事件发生的现场，同样，电视机也一个信息的输出装置；报纸天天把各地形势、相关的政策、各种实事新闻传递（输出）给广大的读者；广告也是商家在人们灌输（输出）各种商品的信息；等等。在我们的生活中，这种现象不胜枚举。信息输出就是通过各种设备以各种不同的形式向使用者传递使用者所需要的相关信息。

5.4.2 信息输出的作用

信息输出的作用在于实现沟通，而人们获取和掌握了输出的信息，除了进行进一步的沟通以外，还会充分利用这些信息。因此，信息输出最根本的作用就是让使用者及时、快速地掌握信息。

1. 及时、快速地掌握信息

人们对某一事物所掌握的信息量越多，就越有利于全方位地了解它，有助于自己做出正确的判断和决定。前面的章节已经述及，正确性、差异性、传递性、相关性、时效性、可转换性等是信息最主要的特点。也就是说，如果要做出正确的判断，就需要及时地、全方位地了解和掌握信息。而信息的这些特点也要求使用者能及时快速地获取信息，才能做出正确的决策。

在组织机构的管理中，管理层时时刻刻都要掌握本机构的经营运作情况，以便及时地做正确的判断。例如，财务管理信息系统向管理层及时地反馈了本机构资金运作和周转情况。对于生产性的企业来说，销售信息系统快速地输出了本企业产品的销售情况，同时通过处理也向管理层及时地输出了市场信息、客户管理系统向管理层快速地输出了客户的需求信息；管理层能够通过企业的库存信息系统及时地了解库存情况。

在日常生活中，人们也希望能及时了解各种信息。例如，要出门了，希望能及时了解当天的天气情况；要出去旅游了，希望及时掌握交通情况、当地的景点信息等。

所以人们要做正确的决策，需要及时地掌握各种相关的信息。这就要求任何信息系统能够及时、准确地把数据处理的结果通过各种设备快速地输出供使用者使用。

2. 满足各方的需求

信息的输出必须满足各方的需求。组织机构中，不同的管理部门对信息的要求是不一样的，因此要求信息有着灵活地输出形式，以满足不同部门在管理过程中的需要。

实际上，信息系统要满足各方对信息输出的要求，其输出就需要有灵活多样的信息表达形式。例如，报表形式、图表形式等。例如，信息系统提供的报表一般都是预先定义好的，这样管理人员就可以从查询报表开始了解企业的运行情况，随后管理人员可以选择各种不同形式的报表，浏览更为详细的信息。

灵活多样的信息表达，不仅能满足各方对信息要求，而且还有直观、形象的作用。很显然，文字输出所表达的信息直观程度不如报表，而报表的数据不如图表形象。但不同的信息表达形式，各有其用途，不能一概而论。

5.4.3 信息输出的方式

基于计算机处理的数据，都是以二进制的形式存储在计算机内部，如果要将这些处理结果输出，必须借助于某些输出设备，以某一种输出方式才能实现形象、直观的输出，才能满足不同要求的人员使用。

信息系统的处理结果，根据管理的需要可以分成信息的静态输出和信息的动态输出。

对于不同的信息输出方式就可以选择不同的输出设备来完成信息的输出。

相对计算机的输入设备，计算机的输出设备种类或品种就比较少了。

1. 信息的静态输出及常用设备

信息的静态输出可以认为需要输出的信息不是一直在变化的，至少在某个时间段内不会发生变化的，例如，组织机构在经营管理过程中的各种业务报表、数据档案等。

理论上讲，任何的信息输出设备都可以用来输出静态的数据。例如，常用的显示器就可以用来输出各种报表，计算机的外存设备可以用来保存历年的数据档案。但是组织机构经营过程的各种业务报表往往是打印输出后供相关人员浏览和分析的，所以许多组织机构中都大量地配备了打印机。

打印机是把文本和图像从计算机转移到纸张上的输出设备，而且打印机只能输出静态的数据，如图像和文字。在打印输出时是需要消耗材料的，如纸张等。

衡量打印机有两个通用的度量标准：速度和分辨率。打印速度度量打印机打印一页的速度有多快，它的单位是 PPM（Pages Per Minute，每分钟打印页数）。打印分辨率用 DPI（Dots Per Inch，每英寸的点数）度量，表示在一页上填充一平方英寸面积使用的墨点的数量。DPI 越高（点越多），打印的图像质量越好。

目前，常用的打印机主要可以分为击打式打印机和非击打式打印机两类。

1）击打式打印机

击打式打印机又称为针式打印机或行式打印机，简称针打或行打。打印时，打印部件通过打印针击打纸张前的色带将墨点印到纸上。不同的墨点形成字符。具体的打印机又分为宽行打印机和窄行打印机。

针式打印机大多采用点阵方式，即打印输出的每个字符是由点阵组成的。通常的点阵是 24×24、48×48 等。很明显，打印机打印质量取决于每英寸打印的点数，即分辨率。分辨率越高，即每英寸点数越多，打印质量也越好。

针式打印机通常速度较慢，每秒可以打印几百个字符。由于是击打方式，因此打印时噪声比较大，但用它可一次打印多层复写本，因而在需要一次打印多联单据（如企业开具销售发票等）时，只能使用针式打印机。

2）激光打印机

激光打印机属于非击打式打印机，其工作原理与复印机差不多。它是先把计算机内要输出的数据用激光在硒鼓上形成一个带有静电的图像或文字，再把墨粉通过这个形成的图像或文字印到纸上，这样就可以在纸上形成清晰的图像，再通过加热将墨粉熔化渗入到纸的纤维中，从而形成高质量的打印件。

激光打印机在打印时，除了有轻微机械转动的声音外，没有其他的声音，因此很适合作为办公设备使用。目前由于其价格在不断下降，已经走入了平常百姓的家庭中。

3）喷墨打印机

喷墨打印机也是非击打式打印机，而且是现在许多家庭所拥有的打印机，类似于图 5-7 所示。它的打印过程是利用热喷墨或微压电等原理把专用墨水挤压出打印头上的喷嘴，墨汁被喷落到打印介质上形成墨点，大量墨点的组合就构成了文本或图像。从这个过程考虑，喷墨打印头上喷嘴数量的大小和单个喷嘴的喷射频率是喷墨打印质量和速度的决定因素。前者等于是一瞬间有多少个喷嘴可以发射墨滴，后者是单位时间内一个喷嘴喷出墨滴的多少，因此这两个指标越高，打印机的质量会越高，打印的速度也就会越快。

由于喷墨打印机所使用的墨水不是一般的墨水，因此一旦墨水用完就必须购买专用的墨水，最好是原装的墨水。如果使用了其他不兼容的墨水很容易把喷嘴堵塞，甚至损坏喷墨头，从而使整台打印机报废。因为购买专用墨水的价格比较高，因此喷墨打印机只适合那些打印的内容不是很多的场合，如家庭等。如果企业单位使用，它的打印成本会相当的高。

喷墨打印机在使用时应该水平稳固放置，顶端不能放任何物品。在打印时必须关闭打印机前盖，防止灰尘进入机内或其他坚硬的物品阻碍打印头小车的运动，引起不必要的故障。此外，打印机长期不用时，应把机内的墨盒拿出置于室温下，避免日光直射。喷墨的墨水具有导电性，若漏洒在电路板上，应使用无水酒精擦净、晾干后再通电。否则将损坏电路元件。不要带电拆卸喷头，不要将喷头置于易产生静电的地方。拿取喷头时应拿其金属部位，以免因静电造成喷头内部电路损坏。不可用嘴向喷头内或其他墨水管路内吹气，以防唾液或吹入其他微小的杂质玷污管路的内部而影响墨水的畅通。

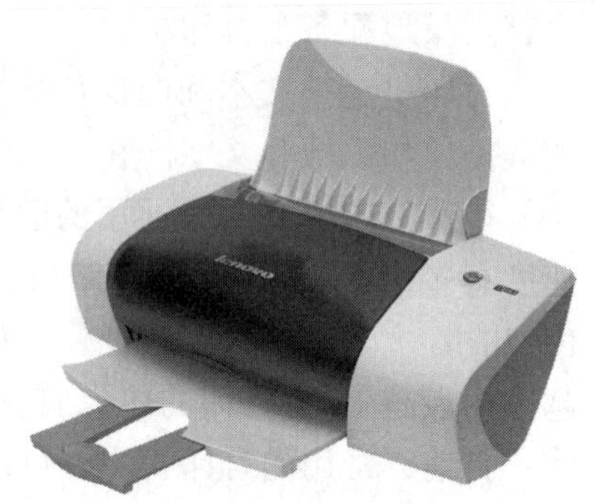

图 5-7　喷墨打印机

表 5-2 是以上三类打印机的各项指标比较。

表 5-2　打印机比较

项　目	针式打印机	喷墨打印机	激光打印机
输出清晰度	低	较高	高
初始投入	低	较低	较高
使用成本	很低	高	一般
打印噪声	大	很低	很低
输出幅面	大	小	大
打印速度	慢	较快	快
一式多张打印	可以	不能	不能

除以上三种打印机之外还有热蜡式、热升华式、染料扩散式打印机。因为现实环境中用得不多，这里不再赘述。

2. 信息的动态输出及常用设备

信息的动态输出，就是指那些输出的信息经常在变化，而且变化的周期比较短。另外，在某些场合，输出不需要保存的信息，如某个查询结果等。在这种情况下，所采用的信息输出设备最好是采用显示器来完成相关的信息输出。

用作动态信息输出的常用设备主要是显示器。显示器是计算机必备的输出设备，如果计算机通电以后自检过程没有查找到显示器，计算机将不能正常启动。

显示器在工作时，出现在显示屏幕上的一幅图像是由许许多多的微小发光点组成的。

这些发光点就称为像素。像素数量称为屏幕分辨率，也是衡量显示器清晰度的一个指标。像素之间的距离称为点间距，单位为毫米。很明显，屏幕上图像的质量取决于显示器的像素数量和它们之间的距离。当屏幕尺寸一定以后，像素数越多，屏幕显示图像的质量就越高，清晰度也就越高。计算机显示器的最小屏幕分辨率是 640×480 像素。也就是说，屏幕水平方向上有 640 个像素，垂直方向上有 480 个像素。我国规定，数字高清电视的像素为 1 920×1 080。在计算机上使用的显示都有比较高的分辨率，不少显示器比数字高清电视的分辨率还要高，有的甚至高达 2 048×1 536。

常用的显示器主要有两大类，它们是阴极射线管显示器和液晶显示器。不论什么种类的显示器，像素始终是一个衡量其清晰度的指标。

1）阴极射线管显示器

阴极射线管（Cathode-Ray Tube，CRT）显示器的工作原理与电视机显像管的显示原理是一样的，如图 5-8 所示。它是由阴极射产生的电子束，在电场的作用下加速、聚焦，并以高速轰击屏幕里层覆盖的荧光粉从而产生一个光点，屏幕上不同位置的光点就构成了一幅画面。CRT 显示器大小是指屏幕对角线的尺寸。以英寸为单位，一般有 15 英寸、17 英寸、21 英寸等。由于电子束从发射点到高速轰击屏幕的荧光涂层中间需要有一个加速、聚焦、偏转等过程，因此这也就促使了阴极射线管显示器体积比较大而且重量比较重。但是 CRT 显示器所显示的图像亮度高，对比度强，色彩鲜艳，图像的清晰度也非常高，不论是低分辨率还是高分辨率，其显示图像的几何失真也比较小，而且价格也比液晶显示器便宜。

2）液晶显示器

液晶显示器（Liquid Crystal Display，LCD）的衡量指标与 CRT 的衡量指标大同小异，但它的成像原理与 CRT 却完全不同，如图 5-9 所示。它是通过液晶并利用偏振光的原理在平面的面板上形成图像。

图 5-8　CRT 显示器

图 5-9　液晶显示器

液晶显示器的最大特点就是重量轻，占用空间小、低功耗、低辐射、无闪烁及环保等。但是不同尺寸的液晶显示器都有其自身的最佳显示分辨率。如果液晶显示器被调节在其非最佳显示分辨率的状况下，它所显示的图像几何失真就比较大。另外，液晶显示器在显示快速变化（如电影、游戏等）的画面时其响应速度也远远不如 CRT 快，从而形成图像的“拖尾”现象。

液晶显示器在使用时还应注意其使用的环境，如温度、湿度等。一般环境湿度保持在

30%～80%之间时，液晶显示器都能正常工作。而一旦室内湿度高于90%，液晶显示器内部就可能会产生结露现象；电源变压器和其他线圈受潮后也易漏电，甚至有可能短路，同时机内元器件容易生锈、腐蚀。因此，使用液晶显示器必须注意防潮。对于长时间不用的液晶显示器，可以定期通电一段时间，让显示器工作时产生的热量将机内的潮气赶出去。

在使用时，不要让任何具有湿气性质的东西进入液晶显示器。一旦发现有雾气，要用软布将其轻轻擦去，然后才能打开电源。如果湿气已经进入了液晶显示器，就必须将其放到较温暖的地方，以便让其中的水分和有机化合物蒸发掉。对含有湿气的液晶显示器加电，可能导致液晶电极腐蚀，进而造成永久性损坏。

液晶显示器十分脆弱，含有很多玻璃的和灵敏的电气元件，要避免强烈的冲击和振动。还要注意，不要对液晶显示器表面施加压力。

表5-3是CRT与液晶显示器的对比。

表5-3　CRT显示器与液晶显示器的比较

项　　目	LCD	CRT
重量	轻	重
同样显示尺寸的体积	较小	较大
能耗	低	高
辐射	低	一般
画面闪烁	无	有
显示质量	一般	高
响应速度	较慢	极快
价格	较高	较低

5.4.4　信息输出的其他形式及设备

在学校、会议室、展览会等场合，为了能在幕布上投射大面积、清晰的图像，往往需要使用投影仪。投影仪一般能够投射出60~200英寸的大画面图像。目前投影仪的成像技术有LCD、DLP（Digtal Light Procession，数字光处理）、LCoS（Liquid Crystal on Silicon，硅基液晶）等几种。在这几种显示技术中，LCD的技术最成熟，价格也最低，但是后期投资较大，主要是投影仪的灯泡价格比较贵。投影效果是LCoS最好，不过价格昂贵，而且目前可供选择的产品比较少。衡量投影仪的指标有许多，常用的有亮度、对比度、色彩度、分辨率等几个。

绘图仪适用于输出高质量的图形和大型的字符、地图、图画、工程设计图纸等。它是在计算机的控制下用彩笔绘出来的，其工作过程就是模仿了人的手在二维平面上的绘图过程。

声音输出也是比较常用的一种输出设备。它可以输出已有的声音，如地铁站台报站名系统、电话市场系统、声音邮件系统等，这种声音输出通常是由计算机控制的数字和存储录音带中的单字或单词录音自动合成的。还有就是利用计算机技术合成的声音，如电子琴输出的声音等。在信息系统中，利用声音输出来警示相关的管理人员，并引起他们的注意。

有些输出设备可以把计算机中的内容输出转移到缩微胶片上，这种设备叫作计算机输出缩微胶片记录机，可以把许多记录压缩，以一种相对便宜的、尺寸更小的形式存储。

5.4.5 信息输出的原则

任何的处理，最后都要输出结果。只是在输出时形式不同，所用的输出设备不同罢了。可以这么说，如果信息系统不能输出或没有输出，那么其处理也就没有意义了，所以处理以后必须要把结果输出。在信息系统中，对输出是有一定要求和原则的，而且这些要求的原则主要是由信息的特性所决定的。

1. 信息输出的及时性

前面的相关章节都已经叙述了信息的及时性和实时性。应该看到，所有的信息都有它的时效性，过了时效就毫无价值。例如，连锁零售的地区经理，需要了解某地区上月的销售额，那么信息系统就要及时地把他所需要的信息输出，因为对他而言本月，能及早得到上月的销售数据就是及时的。所以及时性是指在需要的时候得到所需要的信息，即信息系统输出的数据信息必须反映现在的情况。例如，在股票交易中，任何的操盘手都要根据盘口的交易数据以最快的速度完成买卖委托，而股票的行情系统也以最简洁的折线图形——分时走势向操盘手输出该股票从开盘到目前的成交走势。可以想象如果得到的数据是在股票价格已发生变化之后，比如十秒以后，这时再输出的信息就已经失去了它的时效，对任何股票操盘手而言都没有决策的意义了，因而也就失去了它的价值。所以在股票交易中，非常强调快速行情和快速委托。实际上这就是强调信息输出的及时性。

2. 信息输出的完整性

信息的完整性就包括了工作需要的所有的事实和相关的数据。特别是在分析研究时，不完整的数据信息不但没有价值，而且可能有害。因此在利用输出的信息进行分析决策时，就需要信息系统能够输出完整的信息，包括与这个信息相关的数据信息。例如，某企业要去投资一个项目，它对信息的完整性至少体现在两个方面：一是本企业经营过程中的现金流；二是投资项目的相关情况。

如果要全面了解企业的经营状况，就需要阅览相关的财务报表。如果从形式上看，完整的报表都需要有报表头、报表体、报表尾等几项。图5-10就是财务报表中常用的一种——资产负债表。除了形式上要完整以外，更重要的是内容上的完整。例如，对企业经营状况进行分析时，除了需要资产负债表以外，常用的还要利润表（损益表）和现金流量表，如果要更详细的了解，还需要企业经营的成本计算表、销售情况汇总表、库存核算报表等。这些财务报表都可以由会计信息系统输出。这样完整地信息输出才能比较好地反映企业在一个会计核算周期中的经营状况。所以，信息输出的完整性不仅要做到形式的完整，更重要的是内容的完整性。

不过，要注意的是，往往在追求信息输出的完整性时，就会降低信息输出的及时性和有效性，因为信息的完整性和及时性就是一对矛盾。例如，对股票投资者方面而言，行情系统只能及时地反映某个个股在交易中的涨跌情况，仅此而已，但投资者还无法知道涨跌的原因。换言之，这个投资者在行情系统中只能得到信息的及时性，而不能从中得到信息的完整性。

资 产 负 债 表

单位名称(盖章)　　2008年11月30日　　单位：元

资　　产	行次	年 初 数	年 末 数	负 债 及 股 东 权 益	行次	年 初 数	年 末 数
流动资产：				流动负债：			
货币资金	1	55,012,650.09	30,702,746.30	短期借款	61	97,500,000.00	
短期投资	2			应付票据	62		
应收票据	3			应付帐款	63	48,385,527.10	28,910,142.70
应收股利	4			预收帐款	64	13,118,492.55	11,699,067.91
应收利息	5			应付工资	65		
应收帐款	6	100,063.16	68,357.18	应付福利费	66	1,006,385.41	669,578.83
其他应收款	7	27,053,409.09	655,721.57	应付股利	67		
预付货款	8	233,041.01		应交税金	69	5,871,075.14	2,844,218.18
应收补贴款	9			其他应交款	69	217,293.36	159,069.79
存货	10	9,429,914.77	78,882.29	其他应付款	70	14,669,684.11	82,948,182.19
待摊费用	11	131,371.25	88,841.45	预提费用	71		
				预计负债	72		
一年内到期的长期股权投资	21						
其他流动资产	24			一年内到期的长期负债	78		
流动资产合计	30	91,960,449.37	31,594,548.79	其他流动负债	79		
				流动负债合计	80	180,768,457.67	127,230,259.60
长期投资：				长期负债：			
长期股权投资	31			长期借款	81		
长期债权投资	32			应付债券	82		
长期投资合计	33			长期应付款	83		
其中：合并价差(贷差以“-”号表示，合并报表填列)	34			专项应付款	84		
				其他长期负债	85		
固定资产：				长期负债合计	87		
固定资产原价	39	183,679,642.41	190,960,392.61	递延税款：			
减：累计折旧	40	37,771,845.31	38,968,685.69	递延税款贷项	89		
固定资产净值	41	145,907,797.10	151,991,706.92	负债合计	90	180,768,457.67	127,230,259.60
减：固定资产减值准备	42						
固定资产净额	43	145,907,797.10	151,991,706.92	少数股东权益(合并报表填列)	91		
工程物资	44						
在建工程	45	78,000.00		股东权益：			
固定资产清理	46			股　　本	92	56,900,000.00	56,900,000.00
固定资产合计	50	145,985,797.10	151,991,706.92	资本公积	93	435,041.83	435,041.83
无形资产及其他资产：				盈余公积	94		
无形资产	51	60,002.00	113,339.30	其中：法定公益金	95		
长期待摊费用	52	2,401,631.90		减：未确认的投资损失(合并报表填列)	96		
其他长期资产	53			未分配利润	97	2,304,380.87	-865,706.42
无形资产及其他资产合计	54	2,461,633.90	113,339.30				
递延税项：				外币报表折算差额(合并报表填列)	98		
递延税款借项	55			股 东 权 益 合 计	99	59,639,422.70	56,469,335.41
资 产 总 计	60	240,407,880.37	183,699,595.01	负 债 及 股 东 权 益 总 计	10	240,407,880.37	183,699,595.01

财务总监：　　财务主管：　　填制人：

图 5-10　会计报表资产负债表

3. 信息输出的多样性

信息输出可以有各种不同的形式。例如，采用报表形式输出，在组织机构的管理中就有详细报表、定期报表、汇总报表、需求报表、异常报表等几种。信息系统在输出详细报表时，就是以某一情况为管理者提供相当详尽数据的报表，如企业和某个客户所签订的所有订货信息的报表。定期报表是组织机构根据固定的时间间隔由信息系统输出的报表，如会计报表就分为月报表、季报表、年报表等多种具有固定周期的报表。实际上，会计报表也是一种定期的汇总报表，因为这些报表是汇总了一个固定周期内的组织机构的资金运作情况。需求报表一般情况下是由于管理机构需要了解某些情况而向管理层提供管理需求报表，如管理层需要了解固定资产的使用状况，那么所输出的就是需求报表。需求报表可以是明细的，也可心是汇总的。异常报表往往是出现了异常情况或是需要管理者引起重视的系统输出的报表，如原材料库存的监视发现某个材料低于安全库存量时就要及时、快速地输出库存的异常报表，提醒管理人员及时补充原材料的库存，以免影响正常的生产秩序。异常报表的产生可能是不定期的，主要取决于触发异常报表生成的“阀值点”。如果阀值点设置得过于“敏感”，那么经常出现的异常报表会让管理人员熟视无睹，相反若设置得过高，可能产生一些意想不到的结果，如对生产过程带来影响，或是可能贻误战机。

采用表格形式输出信息，就是以数据说话。但是，如果把相关的数据绘制成图表的形式输出就显得比较直观了，而且以图表形式输出的信息比较醒目。常用的图表形式是直方图、折线图、扇形图。

在信息输出时，还可以用各种图形符号来表达要输出的内容。例如，“©”就是版权所有的符号，“®”则表明这是一个已经被注册了的内容。实际上，汉字中就能用标点符号来表达某些特殊的含意，如引号、省略号等。

在信息输出时，还可以用多媒体的形式。不过，利用多媒体输出信息一般需要添加某些计算机的资源，如硬件设备、软件程序等。用多媒体输出，可以是图像视频，也可以是音频信号。如果利用图像视频输出，如动画之类的则只能在显示器上输出。其特点是，比较醒目、形象。一般在现场监控的场合用得比较多。由于计算机的图像视频一般数据量都比较大，因此也会比较多地消耗计算机的处理资源。相对于图像视频，计算机在处理音频信号时，可能会占用比较少的系统资源。现在的计算机配置一般都能满足系统音频输出的要求。音频输出一般在报警、出现危险的场合用得比较多，目的就是利用声音来引起相关人员的注意和警惕。

4. 信息输出的简洁性

信息是经过加工以后某个事物的特征或特性的一种表示。因此信息系统的输出就应把要表达的事物，它的特性向使用人员展示出来，让使用者一目了然，在最短的时间内，以最快的速度来了解和掌握某个事物发展过程中的目前状况。

为了使信息输出达到简洁性的目的，图文并茂就是一种比较好的形式，如果再加上多媒体，可能效果会更好。特别是在某些信息要引起人们高度注意时，除了文字图表给人以视觉的感受之外，多媒体则可能给人以其他感官的感受，如听觉等。

不过，信息输出的简洁性，不能以牺牲信息的完整性、及时性、价值性为代价，应该在这几个方面找到一个比较折中的方案，即在不破坏信息的完整性、及时性、价值性等前提下使输出的信息尽量简洁，以争取人们能够不失时机地采取措施和行动。

5. 信息输出的安全性

信息系统的加工处理必须输出。但是，信息的安全输出在信息系统中却是非常重要的。

首先，信息系统的信息输出不是针对所有人的，信息的服务是有范围的，而且是有密级的。换句话说，任何人在信息系统中都能享受信息提供的服务，但不同的人享受的服务不同，这和他的工作岗位及环境密切相关。一般情况下，工作岗位的级别越高，所能享受信息服务的程度也就越高，所能得到的信息也会越多，当然他所能得到信息密级也可能会随之提高。因此，信息系统的输出往往需要验证信息需要者的密码和身份，以此来决定为信息需要的人员提供相关的服务。而且通过身份验证，信息系统也避免了向一些非法用户提供信息的情况。

其次，信息系统的输出需要严格保管。这不仅体现在向相关人员输出信息的过程中，而且还体现在系统本身的档案输出方面。因为信息系统输出的档案是一个固定时期内信息系统处理的全部结果，对任何一个组织机构来讲都是非常重要的档案资料。这些电子档案在某种程度上是系统数据的备份，而且还具有重要的历史价值。当组织机构需要制定中长期规划或是发展战略时，这些历史的电子档案具有相当重要的参考价值。有了这些历史档案数据，组织机构还可以利用各种先进的技术和理论来进一步加工这些数据，使这些历史数据发挥出更大的使用价值。为了能够真实、完整地反映历史情况，这些电子档案数据就必须认真、安全地加以保管，防止相关的数据信息被篡改和失窃。

第三，需要加强系统的备份文件。不同人工系统的处理，为了使计算机信息系统能够安全有效地运行，需要对信息系统中的各种数据和信息进行输出备份。进行信息系统的备份周期可长可短，但所有的备份数据必须由专人严加保管。在进行系统输出备份时可以进行技术加密。已经输出的备份文件，不可在未经批准的情况下擅自把备份数据进行技术解密。同时任何人在未获得授权时，都不得接触、处理或是浏览这些备份数据。

此外，还有一种信息输出的安全也要注意，就是数据在网上传输时。因为把数据信息发送到传输网上，实际上就是信息系统的一种输出形式。因此对于要传输的数据信息，尤其是比较重要的数据都需要采取一定的加密技术进行加密处理后再送到网上传输。

实际上，为了保证信息系统输出的安全性，既要采用技术的手段，还需要有相关的规章制度与之配套并得到有效地执行，更主要地还是要靠广大信息使用者思想觉悟的提高来消除信息输出的不安全因素。特别是各组织机构中的信息系统管理部门人员更要提高思想觉悟和安全意识来提高信息输出的安全性。

6．信息输出的灵活性

信息输出的灵活性是指相关的工作人员在对所输出的信息进行分析时，由于实际工作的需要，有能力并花费很少的代价就能够改变信息输出的形式，以满足分析的要求。

信息系统的输出应该具备一定的灵活性。信息输出灵活性的表现在于：一是不以牺牲信息的及时性为前提，同时兼顾完整性，将要输出的信息向相关的工作人员灵活表达，以便让信息的信息者尽量地把未来可能发生的问题考虑周全，当机立断采取措施；二是工作人员在改变信息输出的形式时所花的成本应该尽量少，做到简单操作、快速实现。

在企业的信息系统中，经理信息系统 EIS 就采用了灵活的数据表达形式，因为经理信息系统能够提供相当灵活的报表格式，甚至 EIS 能够允许管理人员改变浏览信息的角度。

例如，Excel 中数据透视表，就能在极短的时间内把大量的数据分门别类地整理完毕，并以表格的形式呈现在使用者面前。

实际上，在股票行情软件中，就充分体现了信息输出的灵活性、多样性。该软件不仅在交易中提供实时的盘中交易信息，而且对投资者进行盘后个股分析也提供了灵活的信息输出形式，帮助投资者作进一步的分析和操作决策，如图 5-11 所示。图中的“日线”部分可以看到某股票最近一段时期的价格走势，在“VOL”部分用柱形图表示了每日交易量的多少，其下面各个以折线形式表示的是经过某些技术指标分析的结果；而在右边，既有交易时委托数据，也有完成交易的情况汇总，同时还可以看到该公司的一些基本面信息，如财务数据等。

以上仅仅讨论的是对输出形式灵活性的问题，对于输出内容的灵活性，则需要仔细考虑，认真对待。如对组织机构制定并输出的发展计划进行“灵活”调整，可能会使计划在执行过程中遇到困难，甚至可能实现不了既定的目标。

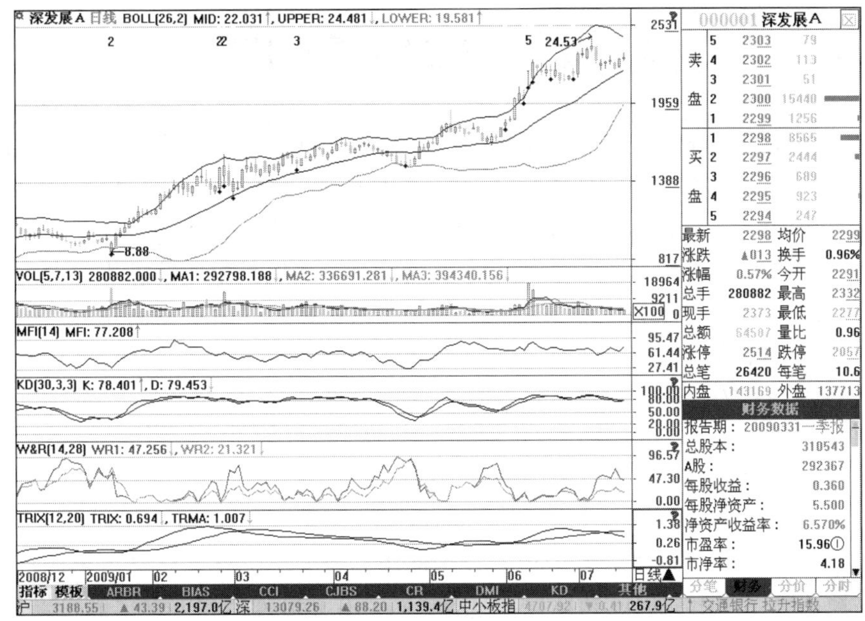

图 5-11　股票数据的分析界面

5.4.6　信息输出的设计

当数据信息处理完以后，信息系统就要进行输出。例如，用户在信息系统中进行查询时，需要显示或打印输出；当用户需要把信息系统的处理结果作为档案资料进行保存时，需要打印输出；为了系统的安全，要经常性对系统中的程序和数据进行备份，需要系统的备份输出，等等。

在进行信息输出设计时，往往需要经历几个步骤。信息输出的要求主要来自于具体的信息应用部门，不同的部门要求并不一样。例如，有些工作部门要求信息及时，要求是通过各种途径能够很方便地从信息系统中得到及时、准确的信息；而有些部门要求的信息是汇总的、完整的信息；还有些部门要求输出的信息是归档保存的。因此在输出信息时就要根据不同的要求来设计，以满足不同的要求。

一旦信息输出的要求明确后，就比较容易确定需要输出信息的内容。一般情况下，查询的数据比较简单，而要作为报表归档的数据就比较详细和完整。在设计时要解决通过什么样的途径和方法来得到满足要求的输出信息。

在明确要求、知晓内容的前提下来决定信息输出的形式，例如，以文字形式输出、以表格形式输出、以图表的形式输出、以多媒体的形式输出等。同时根据需要，采用不同的信息输出界面。不论以怎样的形式输出，目的就是达到鲜明、直观，让人一目了然。

最后就是要决定用什么样的输出设备来完成信息的输出，以满足信息使用者的要求。在使用具体设备输出时，需要考虑设备的特点，做到多快好省。

5.5 计算机在经济管理应用

在当前计算机技术飞速发展的新形势下，要做好企业的经济管理工作，最大限度地降低企业的物资管理成本，就必须实现计算机技术在企业经济管理中的应用。完善的企业信息化平台意味着功能更加强劲的服务器和工作站的搭建，这样才能综合企业提出的频繁运算、图形处理、操作完善和大规模的数据库集成等要求。但是企业信息化平台的升级势必会给企业造成更高的成本压力。更高端的服务器和工作站意味着更高的投入和运维的复杂化研究，计算机技术在经济管理中的应用具有非常重要的意义，随着社会经济的发展，计算机在企业管理中有着无限美好的发展前景。

5.5.1 计算机在经济管理应用的问题

企业管理者没有及时地将新兴的科学技术使用到企业中去，在评估市场信息和得出决策时，更多地是靠主观上的经验和意识来进行，而没有充分地运用好数据和市场信息统计，使得由计算机技术所组成的现代化的经济管理信息系统和模式得不到重视，使管理者在由经验和意识得出了结果之后，其决策带来的结果出现了问题。

数据信息搜集不够导致他们所得到的信息源十分的狭窄，在经济管理信息系统中常常把信息输入、处理和输出的方面进行简化，最终使得到的分析结果和实际相差甚远，没有使企业信息的准确和详实性完全地反映出来。没有对信息收集进行充足的工作，使企业的经济管理信息系统不能正常地进行运转，最终使计算机技术应用在企业经济管理中缺乏客观条件的支撑。

虽然近年来计算机信息化的应用在逐步增加，但由于企业相关方面的配制较为老化和陈旧，缺乏配套的系统软件，使其不能够顺应系统需要强大且复杂的数据分析作为基础的要求，企业也不能对管理系统的相关配置进行快速更新，这样给企业带来市场竞争和内部管理方面的压力。

5.5.2 计算机在经济管理应用实践

计算机在经济管理中的应用并不是一蹴而就的，它有良好的发展前景，也面临着不可避免的问题，这就必须在不断的实践过程中加以解决和改进。

下面两个方面的内容是必须引起企业相关人员重视的。

第一，必须转变观念，企业全体职工都应该认识到计算机技术在企业经济管理中的应用的重要意义。

第二，解决由于制度的改变而带来的冲突，在新的环境下，实现了计算机技术在企业经济管理中的应用之后，企业原有的内部控制制度显得落后了，原有的业务流程和业务习惯由计算机技术进行整合后，不可避免的一个问题就是会发生矛盾和冲突，必须采取积极有效地措施进行解决。

5.5.3　计算机应用于企业经济管理方式变化

第一，企业经济管理组织结构模式的变化。在传统的企业经济管理模式中，其管理组织形式呈“金字塔”形,信息传递、决策及控制活动是严格按层次进行的，随着企业规模的不断扩大，管理层次越来越深，组织结构越来越臃肿，结果造成管理流程复杂，管理效率低下，并且增加了管理成本，减弱了企业的竞争优势。计算机在企业经济管理中的应用使得传统的等级管理向全员参与、模块组织、水平组织等新型组织模式转变。

第二，企业经济管理内部协调方式的变化。计算机技术改善了企业经济管理方法，下放了决策权，加强了工作的计划性，培育了高素质的下属，因而可以大幅度地扩大管理辖幅,增强决策的透明度，缓解时间的压力，减少事故发生与发现之间的延误。方便的运营状况查询，形成了下属的约束激励和评价激励，提高了员工工作的积极性。

第三，企业经济管理中营销方式的变化。计算机已经成为现代企业经营管理重要的营销工具，网络营销是企业整体营销战略中一个有机的组成部分，是以互联为基本手段营造网上经营环境,而不仅仅是通过互联网来销售产品。计算机的加入使企业经营管理更加方便快捷。

第四，企业经济管理中顾客服务方式的变化。传统的顾客服务方式主要为电话咨询、上门服务、开设服务网点等，但毕竟受到服务时间和地理位置等因素的影响，顾客服务难以做到十分完美，或者要花很大代价。计算机的应用为企业提供了更加快捷、更加方便的顾客服务手段，比如电子邮件咨询、自助式的在线服务等，使整个企业经济管理方式更加方便快捷。

5.5.4　企业经济管理中问题解决方法

第一，企业管理职责的不明确。目前我国的企业进入高速发展的时期，企业领导者和管理者还深受传统企业经济和管理观念的影响，忽略了企业各项工作的系统性和全面性，导致企业各部门间和各工作人员间存在着沟通和交流上的隔阂问题，特别是出现管理责任的划分和问题责任的认定时，常会因为管理缺乏主体意识而导致责任不明确。一些企业没能将现代企业经济管理的实质落实到位，管理措施和体系如同摆设，这样的经济管理既不利于激发企业员工的积极性，又不利于企业管理职能和效率的发挥，还不利于企业的长远发展，成为企业成长的障碍，难于真正发挥现代企业经济管理的优势和长处。企业管理职责的不明确，影响企业经济管理制度的建立，最终并将严重制约着企业的发展方向。一个企业的发展最主要的是追寻经济效益的增长和提高。进入 21 世纪后，现在大多数企业都提倡经济的绿色发展，不是以消耗能源那种粗放的方式来进行经济的发展。因此，对于企业的管理者来说，在企业的管理中，应该明确企业管理的职责，企业在目前阶段怎么做才合适，企业在当前阶段的主要目标，并且企业最后的发展模式是什么样的，企业管理职责应该相当的明确。

第二，不健全的人才管理制度阻碍了企业的发展。我国大多数的企业，规模并不是多大，因此，对其人力资源管理比较难以做到系统化的管理，企业在这方面的投入往往投出大而产出小，让企业管理者力不从心。企业规模的制约，使得企业在制定人力资源部管理制度的时候，很多时候出自企业管理者的主观意见，人才招聘与考核成为了一纸空文。这种管理制度的缺失，使得企业在未来发展中很难达到较大规模。甚至，管理者的肆意决策，管理制度的不健全将会将企业推向毁灭的深渊。因此，企业在经济管理的过程中，健全人力资源管理制度，为企业经济快速发展培养合格而且优秀的人才。

第三，现代企业经济管理体系的落后。我国企业的经济管理过程都是随着改革开放和经济体制的改革而逐步兴起的，且经济管理体系都是采用国外的管理理念，并且因为我国企业发展规模的缓慢，经济管理体系得不到很好的创新，使得我国现在的经济管理体系落后于国外很多。现代企业经济管理体系的价值在经营活动中起承上启下的作用。因此，企业应该根据企业的发展目标针对企业经济管理的实际情况，展开对现代企业经济管理体系的优化工作。对企业现代经济管理体系进行评审和优化时，应该具有超前意识和长远观点，充分考虑企业自身的长处和劣势，结合企业经济管理体系存在诸多特点的同时，采用分解评审和分层次优化的方法，然后将各个方面评审的结果进行综合，以辩证的手段使经济管理体系得到系统性优化。

第6章 信息处理综合案例

6.1 数据的获取

大数据时代，数据是一个企业或单位的核心资源之一。Excel 2019 工作簿中的数据，可以直接输入，也可以从其他数据库（如 Access 数据库）中导入，或者从文本文档导入，或者从网上获取需要的数据。

6.1.1 从 Access 数据库导入数据

从 Access 数据库中获取数据，可以方便地对数据进行图形化处理、数据分析等。单击“数据”→“获取外部数据”→“自 Access”命令，打开“选取数据源”对话框。选择目标数据库，单击“打开”按钮，弹出“选择表格”对话框，选择需要的表格，导入数据，如图 6-1~图 6-4 所示。

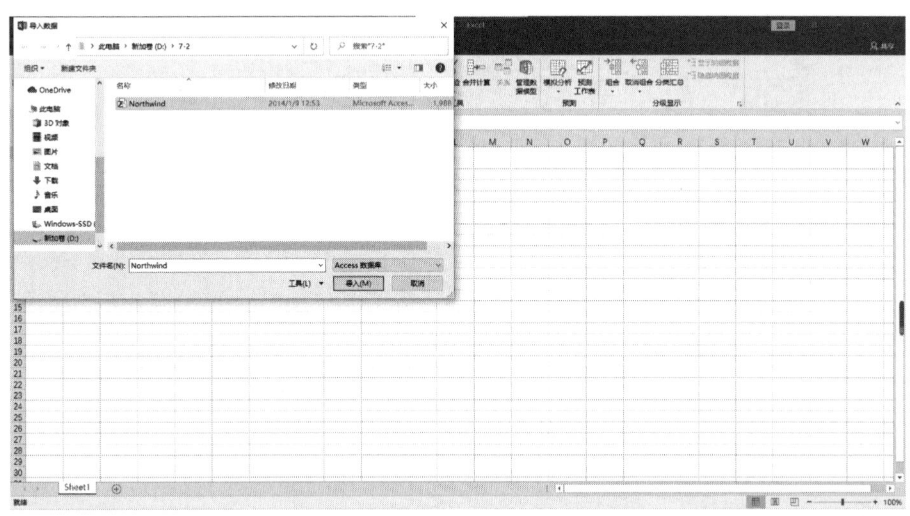

图 6-1 选择数据文件

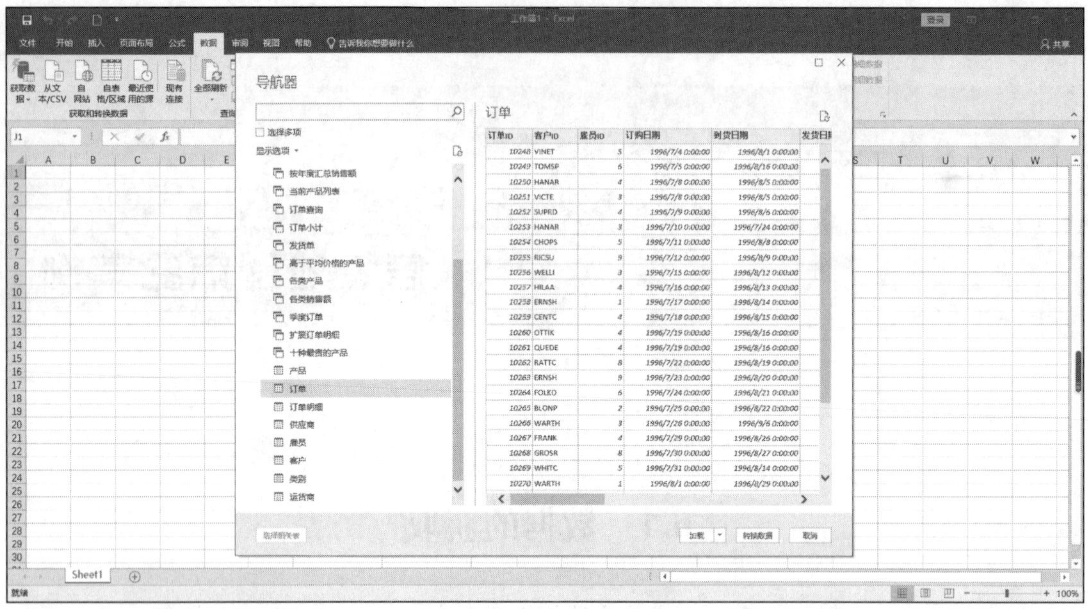

图 6-2　选择数据表

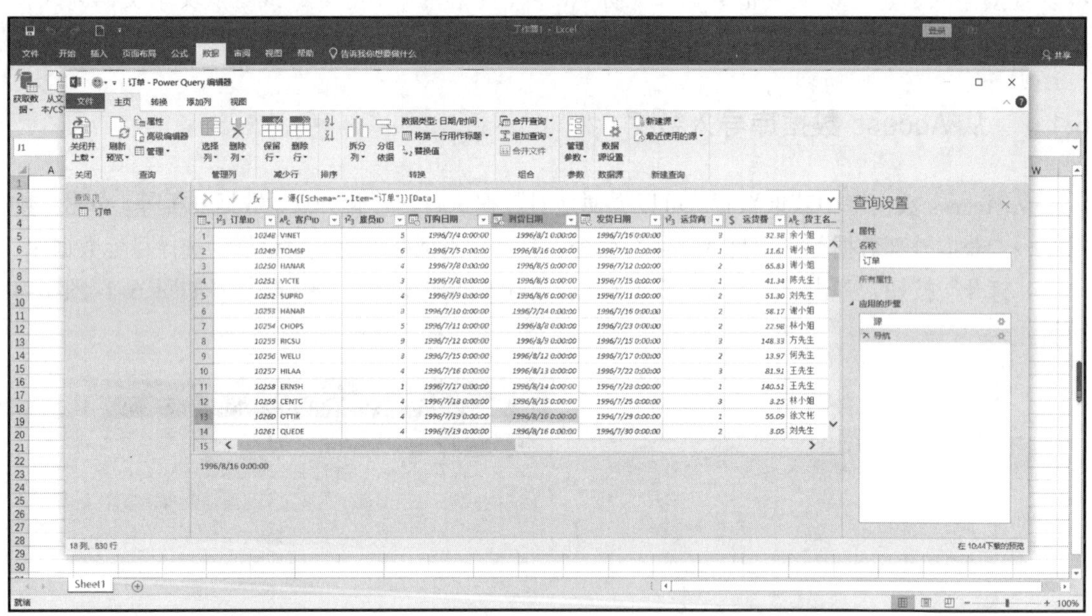

图 6-3　导入数据

图 6-4　Excel 数据

6.1.2　从文本文档导入数据

Excel 2019 还可以从文本文档中导入数据。一般来说，从文本文档里导入的数据是有排列规律的。单击“数据”→“获取外部数据”→“自文本”按钮，通过“文本导入向导”按需要的方式导入数据，如图 6-5 和图 6-6 所示。

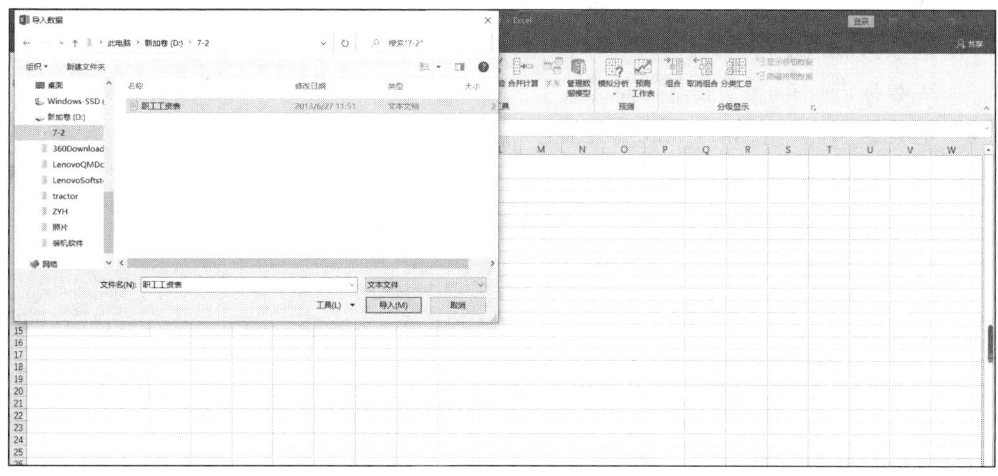

图 6-5　文本文件

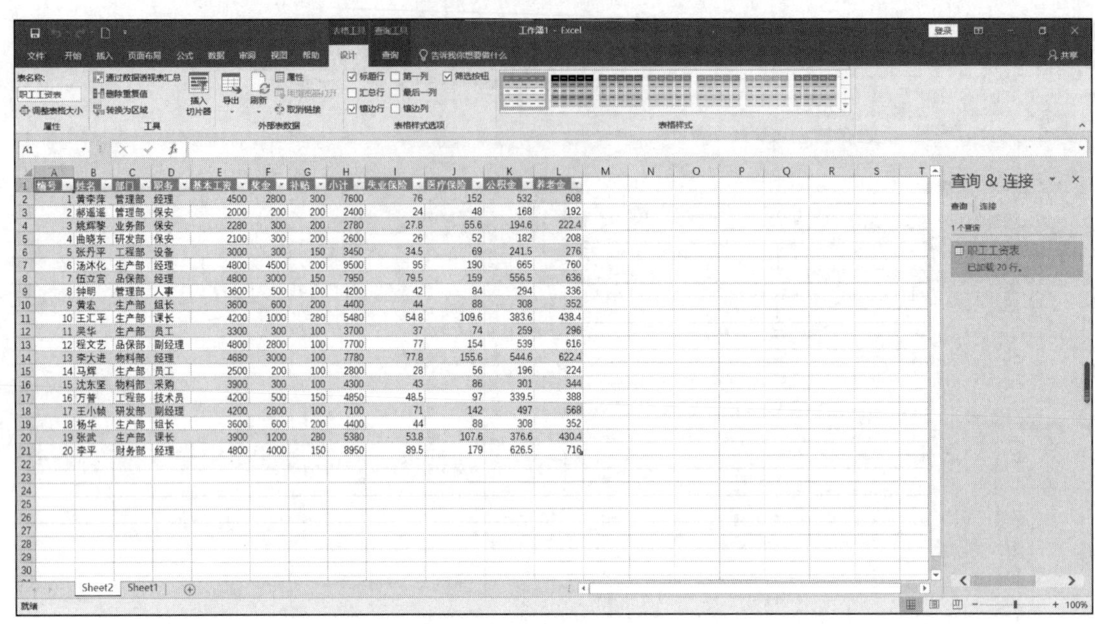

图 6-6　Excel 数据

6.1.3　获取网上数据

很多时候为了获取更多的数据，往往需要通过网络查找，并从相关网页中获取数据，如统计信息、网上书店信息等。

从网上获取数据的步骤包括：

（1）使用搜索引擎搜索相关的数据；

（2）把数据放入 Excel 表；

（3）对数据进行排版、去重等整理；

（4）把数据用图、表等方式展示处理。

6.2　案 例 操 作

6.2.1　获取网上数据

实践题：试从我国国家统计局页面中获取 2003 年至 2020 年“全国食品类居民消费价格指数”的统计数据。

步骤 1：在 IE 浏览器中打开百度搜索引擎（www.baidu.com），进入百度的主页。然后在页面搜索栏中输入要搜索的内容“国家统计局”，如图 6-7 所示，并单击“百度一下”按钮，就会出现搜索结果页面，如图 6-8 所示。

图 6-7　搜索引擎“百度”

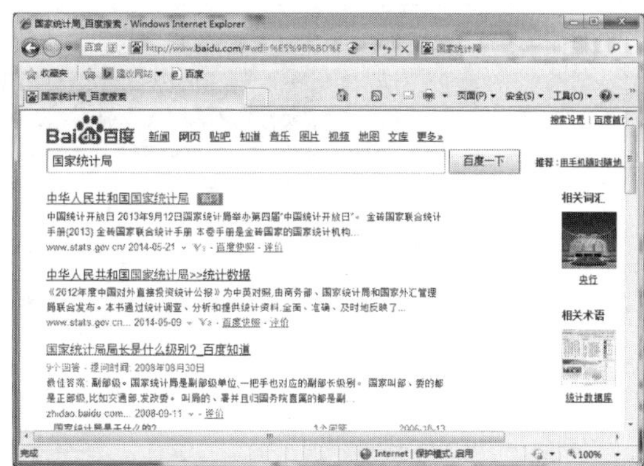

图 6-8　搜索结果页面

步骤 2：单击搜索结果页中的第一项“中华人民共和国国家统计局”超级链接，可以进入“国家统计局”主页，如图 6-9 所示。然后单击主页上的“统计数据”按钮，进入“统计数据”页面，如图 6-10 所示。接着单击“年度数据”按钮，可以进入“年度数据”页面，在该页面可以查看到我国针对各个指标的年度数据，如图 6-11 所示。

图 6-9　国家统计局主页

图 6-10　统计数据页面

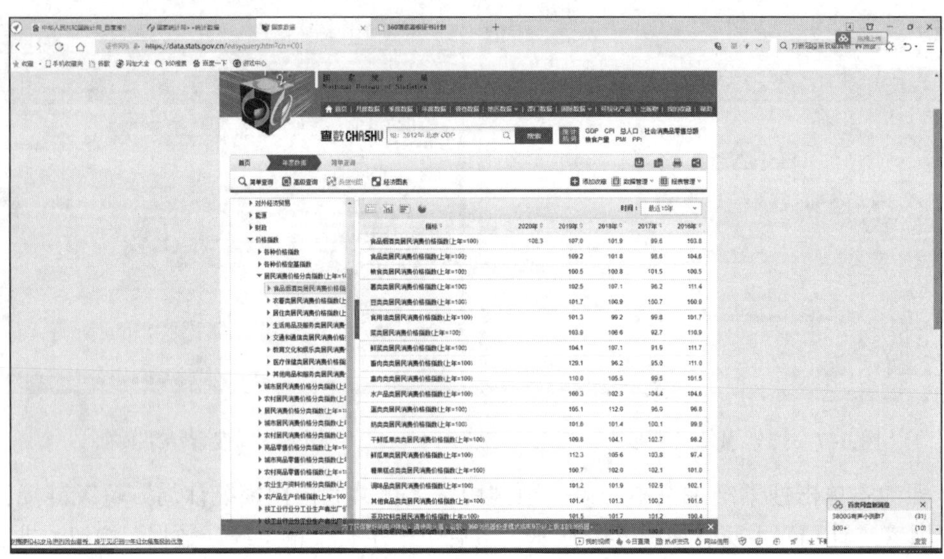

图 6-11　我国年度统计数据页面

步骤 3：在年度统计数据页面，在左边的栏目中选择“价格指数” - “居民消费价格分类指数” - “食品类居民消费价格指数”，并在右边栏目的地区选择“全国”，查询时间选择“2003 年” - “至今”，如图 6-12 所示。

图 6-12　全国食品类居民消费价格指数 2003 年至今的统计数据页面

步骤 4：单击“下载”按钮，选择 Excel 格式，并输入验证码，如图 6-13 和图 6-14 所示），将统计数据的 Excel 文件保存在计算机桌面上，输入文件名“全国食品类居民消费价格指数”。至此，从国家统计局的网站中获取有关全国食品类居民消费价格指数的统计数据。

图 6-13　食品类居民消费价格指数的统计数据

图 6-14　选择 Excel 格式，输入验证码

6.2.2　处理数据

外部数据文件、数据库和网上数据资源在经过数据导入、数据查询和网上数据获取以后，可保存在 Excel 文件中，接下来就可以利用 Excel 软件进行格式设置、数据编辑和处理，具体包括单元格边框和底纹的设置，数据的复制、粘贴、插入、修改和删除，数据分列和

合并，利用公式与函数进行数据的计算等。

从外部数据文件或 Internet 上获取的数据通常需要经过一定的处理才能使用。

实践题：对图 6-15 所示的从互联网上获得的数据进行必要的处理，以便得到图 6-16 所示的数据表格。

商品零售价格分类指数(2013年6月)

项目名称	上年同月=100			上年同期=100		
	全国	城市	农村	全国	城市	农村
商品零售价格指数	101.4	101.3	101.8	101.2	101	101.6
一、食　　品	105	104.9	105	104	103.9	104.3
二、饮料、烟酒	100.5	100.2	101.2	101.2	101	101.7
三、服装、鞋帽	102.2	102	102.6	102.3	102.3	102.5
四、纺 织 品	101.2	101.1	101.2	101	101	101.1
五、家用电器及音像器材	98.2	97.9	98.9	98.1	97.9	98.7
六、文化办公用品	98.7	98.4	99.9	98.4	98.1	99.6
七、日用品	100.7	100.6	101.2	101.1	101	101.3
八、体育娱乐用品	100.6	100.5	100.8	100.9	100.9	101
九、交通、通信用品	97.1	96.9	98	96.9	96.6	97.8
十、家具	101.1	101.2	100.7	101.1	101.1	100.8
十一、化妆品	101.5	101.5	101.6	102	102	102
十二、金银珠宝	93.1	93.1	93.5	97.2	97.2	97.2
十三、中西药品及医疗保健用品	101.2	101.3	100.8	100.9	101	100.7
十四、书报杂志及电子出版物	101.4	101.3	101.9	101.5	101.3	102.1
十五、燃料	99.4	99.5	99.2	99.2	99.2	99.2
十六、建筑材料及五金电料	100.3	100.3	100.3	100.1	100.1	100.1

打印本页　关闭窗口

图 6-15　数据处理前原始数据

商品零售价格分类指数(2013年6月)

项目编号	项目名称	上年同月=100			上年同期=100		
		全国	城市	农村	全国	城市	农村
一	食品	105	104.9	105	104	103.9	104.3
二	饮料、烟酒	100.5	100.2	101.2	101.2	101	101.7
三	服装、鞋帽	102.2	102	102.6	102.3	102.3	102.5
四	纺 织 品	101.2	101.1	101.2	101	101	101.1
五	家用电器及音像器材	98.2	97.9	98.9	98.1	97.9	98.7
六	文化办公用品	98.7	98.4	99.9	98.4	98.1	99.6
七	日用品	100.7	100.6	101.2	101.1	101	101.3
八	体育娱乐用品	100.6	100.5	100.8	100.9	100.9	101
九	交通、通信用品	97.1	96.9	98	96.9	96.6	97.8
十	家具	101.1	101.2	100.7	101.1	101.1	100.8
十一	化妆品	101.5	101.5	101.6	102	102	102
十二	金银珠宝	93.1	93.1	93.5	97.2	97.2	97.2
十三	中西药品及医疗保健用品	101.2	101.3	100.8	100.9	101	100.7
十四	书报杂志及电子出版物	101.4	101.3	101.9	101.5	101.3	102.1
十五	燃料	99.4	99.5	99.2	99.2	99.2	99.2
十六	建筑材料及五金电料	100.3	100.3	100.3	100.1	100.1	100.1

图 6-16　数据处理后结果

步骤 1：行的删除。这里删除原始数据表格中不需要的行。为了得到如图 6－16 所示的数据表格，需要删除原始表格中的第一行、第 3~4 行、第 8 行、第 25~30 行。必须先选择行，然后才能删除行。在选择不连续的行时，需要按住【Ctrl】键。这里，先单击第 1 行的行标将其选中，在按住【Ctrl】键的同时分别选中要删除的行，然后右击，在弹出的快捷菜单中单击“删除”命令即可删除这些行，结果如图 6–17 所示。

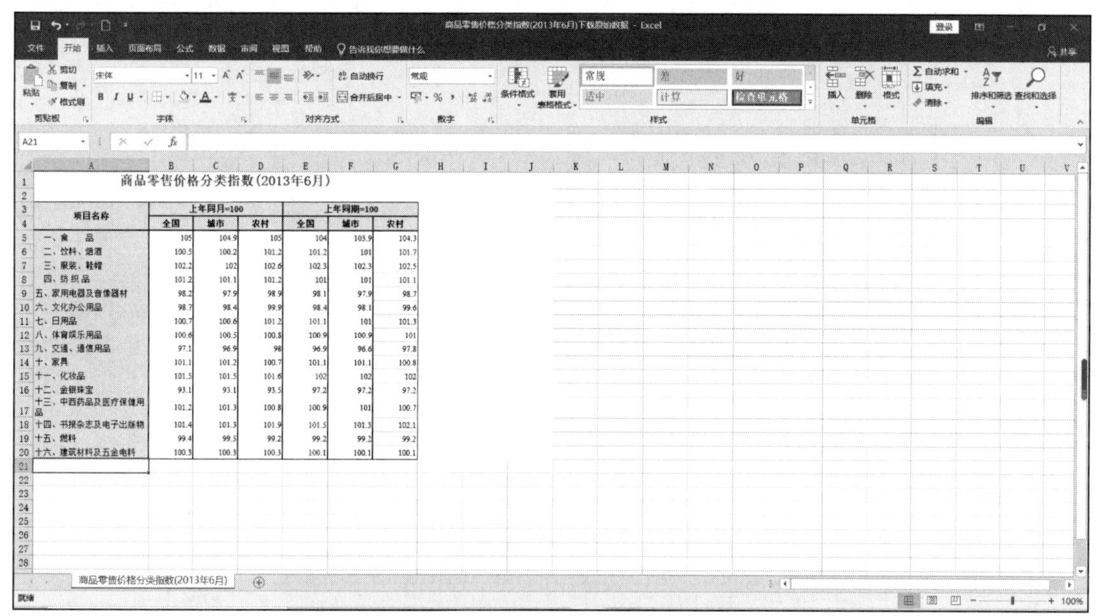

图 6–17　删除行后的数据

步骤 2：数据的删除和插入。

① 删除列标题中的空格。分别双击相应的行标题单元格，并用【Delete】键删除其中的空格。

② 在表格第 1 列的后面插入一个空列。右击当前工作表的第 2 列的列标，在弹出的快捷菜单中单击“插入”命令。

步骤 3：分列操作。将第 1 列的项目名称分成两列：第 1 列为编号，第 2 列为名称。

① 预处理。先将 A6、A7、A13 单元格中的第 2 个“、”改为斜为斜杠“／”。

② 选中 A5:A20 数据区域，单击“数据”选项卡“数据工具”组的“分列”按钮，在弹出的“文本分列向导–第 1 步，共 3 步”对话框（见图 6–18）中选择最合适的文件类型，这里选择“分隔符号”单选按钮，然后单击“下一步”按钮。

③ 在“文本分列向导–第 2 步，共 3 步”对话框（见图 6–19）中选择分隔符号“其他”复选框并输入“、”，然后单击“下一步”按钮。

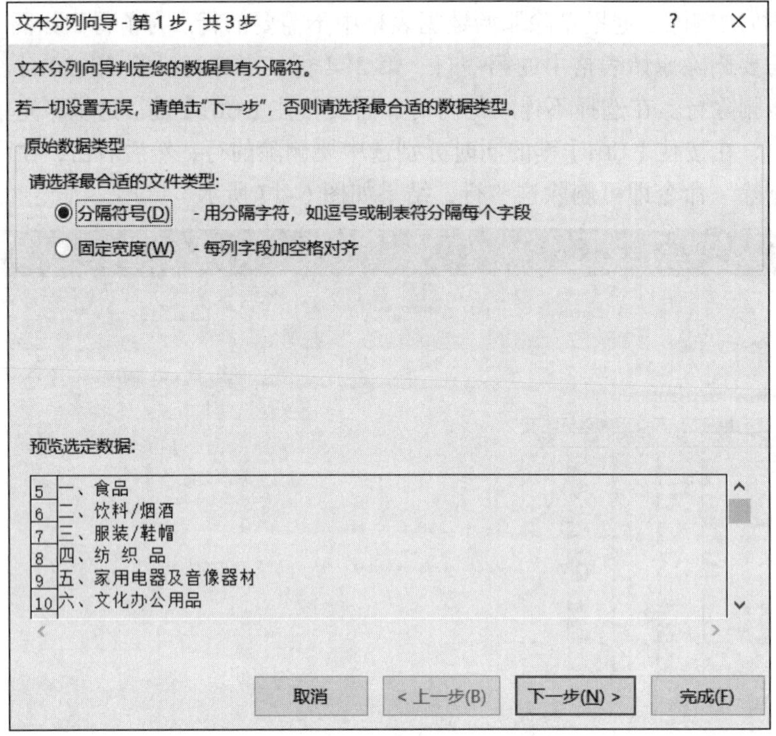

图 6-18　文本分列向导对话框 1

文本分列向导 - 第 2 步，共 3 步

请设置分列数据所包含的分隔符号。在预览窗口内可看到分列的效果。

分隔符号

Tab 键(T)

分号(M)

逗号(C)

空格(S)

其他(O): 、

连续分隔符号视为单个处理(R)

文本识别符号(Q): "

数据预览(P)

一	食品
二	饮料/烟酒
三	服装/鞋帽
四	纺 织 品
五	家用电器及音像器材
六	文化办公用品

取消　< 上一步(B)　下一步(N) >　完成(F)

图 6-19　文本分列向导对话框 2

④ 在“文本分列向导–第 3 步，共 3 步”对话框中选择数据的放置位置，这里选择当前工作表的单元格 A5，单击“完成”按钮，如图 6-20 所示。

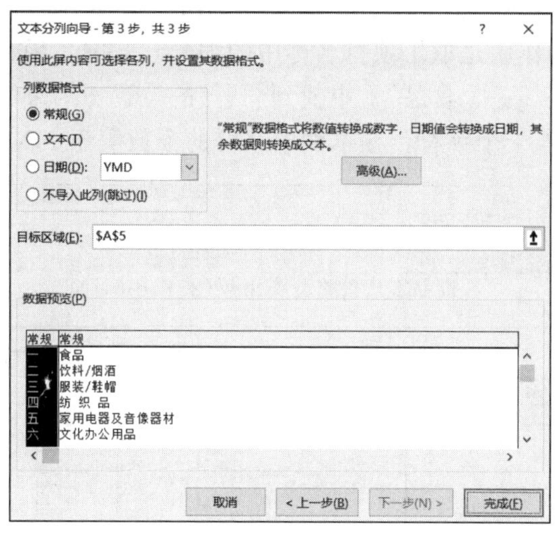

图 6-20　文本分列向导对话框 3

⑤ 在弹出的如图 6-21 所示的提示对话框中单击“确定”按钮，即可看到分列后的数据，如图 6-22 所示。

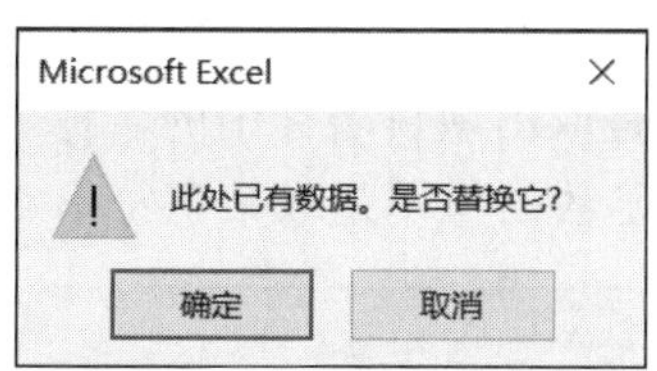

图 6-21　提示对话框

商品零售价格分类指数(2013年6月)							
项目名称		上年同月=100			上年同期=100		
		全国	城市	农村	全国	城市	农村
一	食品	105	104.9	105	104	103.9	104.3
二	饮料/烟酒	100.5	100.2	101.2	101.2	101	101.7
三	服装/鞋帽	102.2	102	102.6	102.3	102.3	102.5
四	纺 织 品	101.2	101.1	101.2	101	101	101.1
五	家用电器及音像器材	98.2	97.9	98.9	98.1	97.9	98.7
六	文化办公用品	98.7	98.4	99.9	98.4	98.1	99.6
七	日用品	100.7	100.6	101.2	101.1	101	101.3
八	体育娱乐用品	100.6	100.5	100.8	100.9	100.9	101
九	交通/通信用品	97.1	96.9	98	96.9	96.6	97.8
十	家具	101.1	101.2	100.7	101.1	101.1	100.8
十一	化妆品	101.5	101.5	101.6	102	102	102
十二	金银珠宝	93.1	93.1	93.5	97.2	97.2	97.2
十三	中西药品及医疗保健用品	101.2	101.3	100.8	100.9	101	100.7
十四	书报杂志及电子出版物	101.4	101.3	101.9	101.5	101.3	102.1
十五	燃料	99.4	99.5	99.2	99.2	99.2	99.2
十六	建筑材料及五金电料	100.3	100.3	100.3	100.1	100.1	100.1

图 6-22　分列后的数据

步骤 4：使用函数。下面利用函数重做步骤 3 中的分列操作。

① 在表格第 1 列后面再插入 1 个空列。

② 在单元格 B5 中输入公式 “ = LEFT(A5,FIND("、", A5) -1)” 并按【Enter】键，如图 6-23 所示，该公式的作用是取出项目名称中的编号。其中，函数 FIND("、", A5)的作用是从单元格 A5（内容是“一、食品”）中找到“、”的位置（结果为 2）。而 LEFT()函数的作用是取某字符左边的若干个字符，在本例中字符的个数等于 FIND()函数的返回值减 1。

B5 =LEFT(A5,FIND("、 ",A5,1))

	A	B	C	D	E	F	G	H	I
1	商品零售价格分类指数(2013年6月)								
2									
3	项目名称			上年同月=100			上年同期=100		
4				全国	城市	农村	全国	城市	农村
5	一、食品	一、	食品	105	104.9	105	104	103.9	104.3
6	二、饮料/烟酒			100.5	100.2	101.2	101.2	101	101.7
7	三、服装/鞋帽			102.2	102	102.6	102.3	102.3	102.5
8	四、纺 织 品			101.2	101.1	101.2	101	101	101.1
9	五、家用电器及音像器材			98.2	97.9	98.9	98.1	97.9	98.7
10	六、文化办公用品			98.7	98.4	99.9	98.4	98.1	99.6
11	七、日用品			100.7	100.6	101.2	101.1	101	101.3
12	八、体育娱乐用品			100.6	100.5	100.8	100.9	100.9	101
13	九、交通/通信用品			97.1	96.9	98	96.9	96.6	97.8
14	十、家具			101.1	101.2	100.7	101.1	101.1	100.8

图 6-23 函数的输入 1

③ 在单元格 C5 中输入公式 “ = RIGHT(A5,LEN(A5) -FIND("、", A5)” 并按【Enter】键，如图 6-24 所示，该公式的作用是取出项目名称中的名称。其中，LEN()函数的作用是返回其中字符串的长度，而 RIGHT()函数的作用是取某字符串右边的若干个字符。

C5 =RIGHT(A5,LEN(A5)-FIND("、 ",A5))

	A	B	C	D	E	F	G	H	I
1	商品零售价格分类指数(2013年6月)								
2									
3	项目名称			上年同月=100			上年同期=100		
4				全国	城市	农村	全国	城市	农村
5	一、食品	一、	食品	105	104.9	105	104	103.9	104.3
6	二、饮料/烟酒			100.5	100.2	101.2	101.2	101	101.7
7	三、服装/鞋帽			102.2	102	102.6	102.3	102.3	102.5
8	四、纺 织 品			101.2	101.1	101.2	101	101	101.1
9	五、家用电器及音像器材			98.2	97.9	98.9	98.1	97.9	98.7
10	六、文化办公用品			98.7	98.4	99.9	98.4	98.1	99.6
11	七、日用品			100.7	100.6	101.2	101.1	101	101.3
12	八、体育娱乐用品			100.6	100.5	100.8	100.9	100.9	101
13	九、交通/通信用品			97.1	96.9	98	96.9	96.6	97.8
14	十、家具			101.1	101.2	100.7	101.1	101.1	100.8
15	十一、化妆品			101.5	101.5	101.6	102	102	102

图 6-24 函数的输入 2

④ 选中 B5:C5 数据区域，双击右下角的填充柄，复制公式，如图 6-25 所示。

商品零售价格分类指数（2013年6月）								
项目名称			上年同月=100			上年同期=100		
			全国	城市	农村	全国	城市	农村
一、食品	一、	食品	105	104.9	105	104	103.9	104.3
二、饮料/烟酒	二、	饮料/烟酒	100.5	100.2	101.2	101.2	101	101.7
三、服装/鞋帽	三、	服装/鞋帽	102.2	102	102.6	102.3	102.3	102.5
四、纺 织 品	四、	纺 织 品	101.2	101.1	101.2	101	101	101.1
五、家用电器及音像器材	五、	家用电器及音像器材	98.2	97.9	98.9	98.1	97.9	98.7
六、文化办公用品	六、	文化办公用品	98.7	98.4	99.9	98.4	98.1	99.6
七、日用品	七、	日用品	100.7	100.6	101.2	101.1	101	101.3
八、体育娱乐用品	八、	体育娱乐用品	100.6	100.5	100.8	100.9	100.9	101
九、交通/通信用品	九、	交通/通信用品	97.1	96.9	98	96.9	96.6	97.8
十、家具	十、	家具	101.1	101.2	100.7	101.1	101.1	100.8
十一、化妆品	十一、	化妆品	101.5	101.5	101.6	102	102	102
十二、金银珠宝	十二、	金银珠宝	93.1	93.1	93.5	97.2	97.2	97.2
十三、中西药品及医疗保健用品	十三、	中西药品及医疗保健用品	101.2	101.3	100.8	100.9	101	100.7
十四、书报杂志及电子出版物	十四、	书报杂志及电子出版物	101.4	101.3	101.9	101.5	101.3	102.1
十五、燃料	十五、	燃料	99.4	99.5	99.2	99.2	99.2	99.2
十六、建筑材料及五金电料	十六、	建筑材料及五金电料	100.3	100.3	100.3	100.1	100.1	100.1

图 6-25　用函数进行分列操作

步骤 5：复制单元格、选择性粘贴和单元格的删除。

① 复制单元格。选中 B5:C20 数据区域，单击“开始”选项卡“剪贴板”组中的“复制”按钮，或按【Ctrl+C】组合键，复制数据到剪贴板。

② 选择性粘贴。单击“开始”选项卡“剪贴板”组的“粘贴”→“选择性粘贴”按钮，或按【Ctrl+Alt+V】组合键，出现“选择性粘贴”对话框，如图 6-26 所示。单击“数值”单选按钮，再单击“确定”按钮。

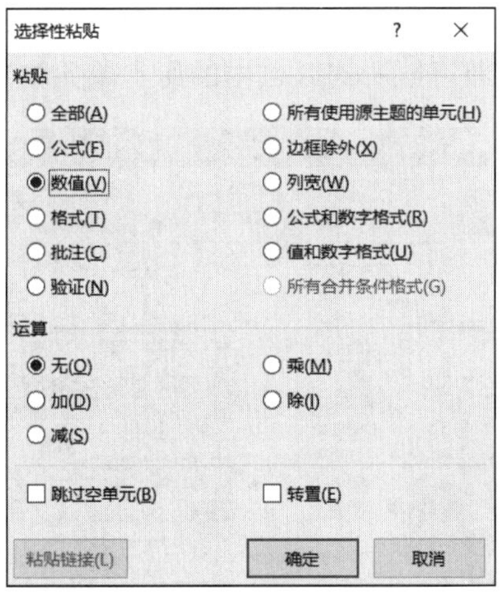

图 6-26　“选择性粘贴”对话框

③ 删除 A3:A20 数据区域。选中 A3:A20 数据区域，右击，在快捷菜单中单击“删除”命令，在随后出现的对话框中选择“右侧单元格左移”选项，再单击“确定”按钮。操作后的表格如图 6-27 所示。

商品零售价格分类指数(2013年6月)							
		上年同月=100			上年同期=100		
		全国	城市	农村	全国	城市	农村
一、	食品	105	104.9	105	104	103.9	104.3
二、	饮料/烟酒	100.5	100.2	101.2	101.2	101	101.7
三、	服装/鞋帽	102.2	102	102.6	102.3	102.3	102.5
四、	纺 织 品	101.2	101.1	101.2	101	101	101.1
五、	家用电器及音像器材	98.2	97.9	98.9	98.1	97.9	98.7
六、	文化办公用品	98.7	98.4	99.9	98.4	98.1	99.6
七、	日用品	100.7	100.6	101.2	101.1	101	101.3
八、	体育娱乐用品	100.6	100.5	100.8	100.9	100.9	101
九、	交通/通信用品	97.1	96.9	98	96.9	96.6	97.8
十、	家具	101.1	101.2	100.7	101.1	101.1	100.8
十一、	化妆品	101.5	101.5	101.6	102	102	102
十二、	金银珠宝	93.1	93.1	93.5	97.2	97.2	97.2
十三、	中西药品及医疗保健用品	101.2	101.3	100.8	100.9	101	100.7
十四、	书报杂志及电子出版物	101.4	101.3	101.9	101.5	101.3	102.1
十五、	燃料	99.4	99.5	99.2	99.2	99.2	99.2
十六、	建筑材料及五金电料	100.3	100.3	100.3	100.1	100.1	100.1

图 6-27　数据表格

步骤 6：输入列标题，合并单元格。

① 在 A4、B4 单元格中分别输入标题“项目编号”和“项目名称”。

② 单元格合并。选中 A3:A4 单元格，单击“开始”选项卡“对齐方式”组中的“合并后居中”按钮；选中 B3 单元格，单击“开始”选项卡“对齐方式”组中的“合并后居中”按钮。

步骤 7：设置格式。

① 设置列的宽度：直接用鼠标拖动列标间的竖线就可以设置列的宽度，也可以双击列标间的竖线，以便让 Excel 自动调节列宽；或使用“开始”选项卡“单元格”组中“格式”下拉菜单的“列宽”命令，然后在“列宽”对话框中输入列宽。这里先选中第 A~H 列的列标，然后双击列与列之间的竖线，自动调整列的宽度。

② 设置边框：选中 A3:H20 数据区域，单击“开始”选项卡“字体”组中的“所有框线”命令，如图 6-28 所示，即可给所选区域内的所有单元格加上边框。

图 6-28　设置边框

③ 设置底纹：选中 C5:H20 数据区域，单击“开始”选项卡中的“填充颜色”按钮，选择一种自己喜欢的颜色（如橙色），如图 6-29 所示，即可给所选区域内的所有单元格加上橙色底纹。

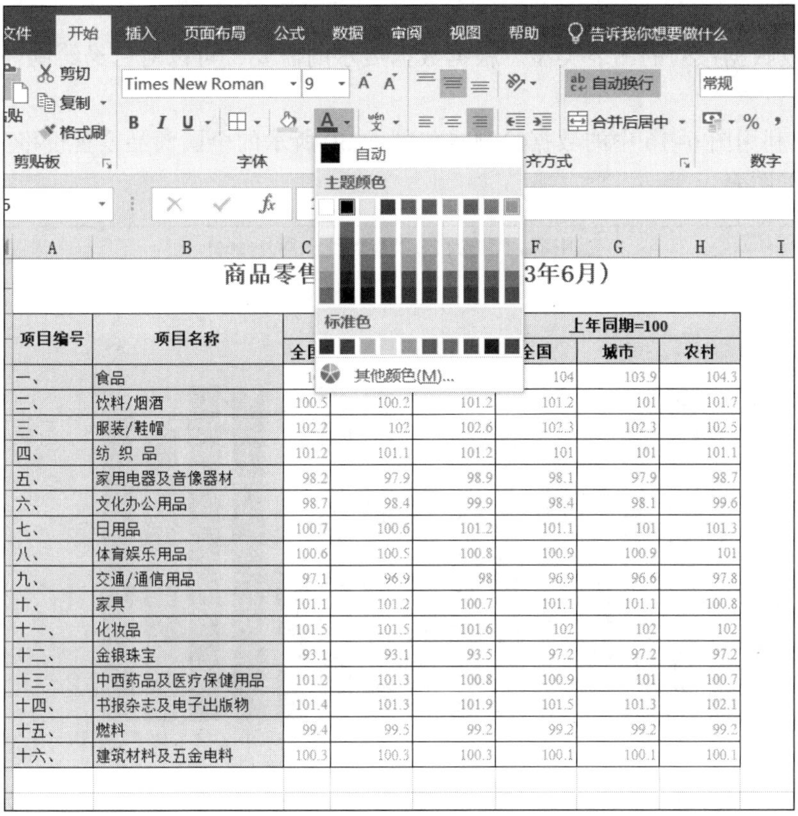

图 6-29　设置底纹

④ 设置字号和水平居中：选中 A3: H20 数据区域，分别单击“开始”选项卡中的“垂直居中”和“水平居中”按钮将单元格的内容居中。

6.2.3　数据展示

经过处理的数据需要用图表等比较直观的方式展示出来，Excel 提供了强大的图表绘制功能。读者可以根据数据的特点，选择合适的图形显示分析结果。可以选择的图表包括柱形图、条形图、折线图、饼图、XY 散点图、面积图等，也可以根据数据的复杂程度，绘制可选式图表。

1. 基本图表的绘制

一般来说，绘制图表的基本方法有：

（1）准备图表数据。对数据做必要的处理，以满足图表绘制的需要。

（2）插入图表。先选择图表数据，然后插入适合数据的图表，如柱形图、折线图、饼图等。

（3）设置图表布局。给绘制好的图表设置图表标题、图例和网格线等。

（4）设置图表样式。Excel 预先设计好了很多图表样式供用户选择。

（5）设置图表格式。在已经绘制的基本图表的基础上，设置图表格式，以便绘制出比较美观的图表。

（6）修改数据系列的图表类型。根据数据展示的需要，可以对已经绘制好的图表修改图表类型。

实践题:利用图 6-16 中的数据绘制成如图 6-30 所示的全国商品零售价格分类指数(上年同月=100）图表。

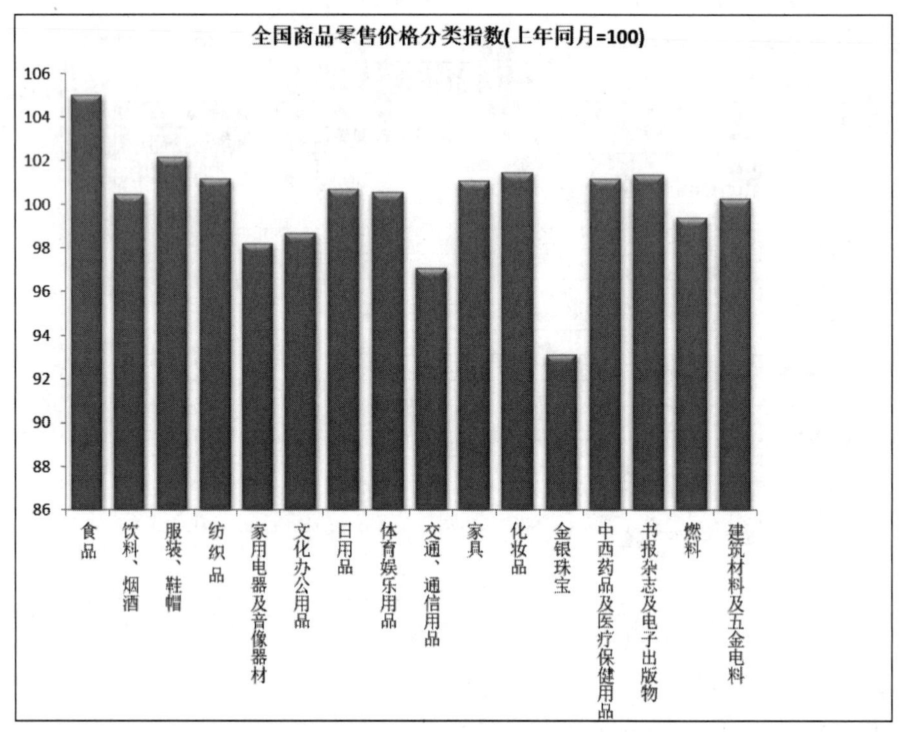

图 6-30　全国商品零售价格分类指数（上年同月=100）图表

步骤 1：图表数据的准备。

（1）横坐标（X 坐标）数据。本例图表的横坐标是各个项目的名称，即 B5:B20 数据区域的内容。需要将该区域的内容复制到由单元格 J5 开始的区域。

（2）纵坐标（Y 坐标）数据。本例图表的纵坐标是全国商品零售价格分类指数（上年同月=100），即 C5:C20 数据区域。现只要将该区域的内容复制到由单元格 K5 可，如图 6-31 所示。

步骤 2：插入图表。

选择图表区域，插入图表：选中图表的 J5:K20 数据区域，选择“插入”选项卡“图表”组中的“插入柱形图”按钮，如图 6-32 所示，即可插入一个柱形图。

J	K
项目名称	全国
食品	105
饮料、烟酒	100.5
服装、鞋帽	102.2
纺 织 品	101.2
家用电器及音像器材	98.2
文化办公用品	98.7
日用品	100.7
体育娱乐用品	100.6
交通、通信用品	97.1
家具	101.1
化妆品	101.5
金银珠宝	93.1
中西药品及医疗保健用品	101.2
书报杂志及电子出版物	101.4
燃料	99.4
建筑材料及五金电料	100.3

图 6-31　图表的横坐标和纵坐标数据

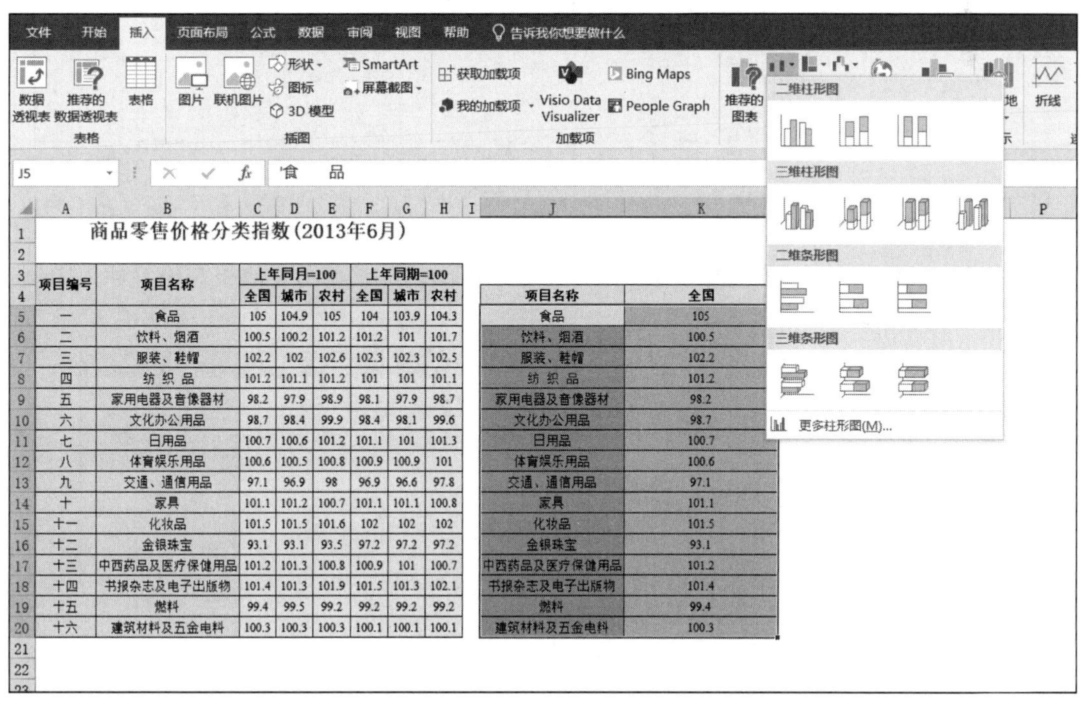

图 6-32　插入柱形图

步骤 3：设置图表布局。

① 设置图表标题。选中图表，选择“图表工具-设计”选项卡中“添加图表元素”的“图表标题”→“图表上方”命令，如图 6-33 所示，以便在图表绘图区的上方插入一个图表标题，输入“全国商品零售价格分类指数（上年同月=100）”。

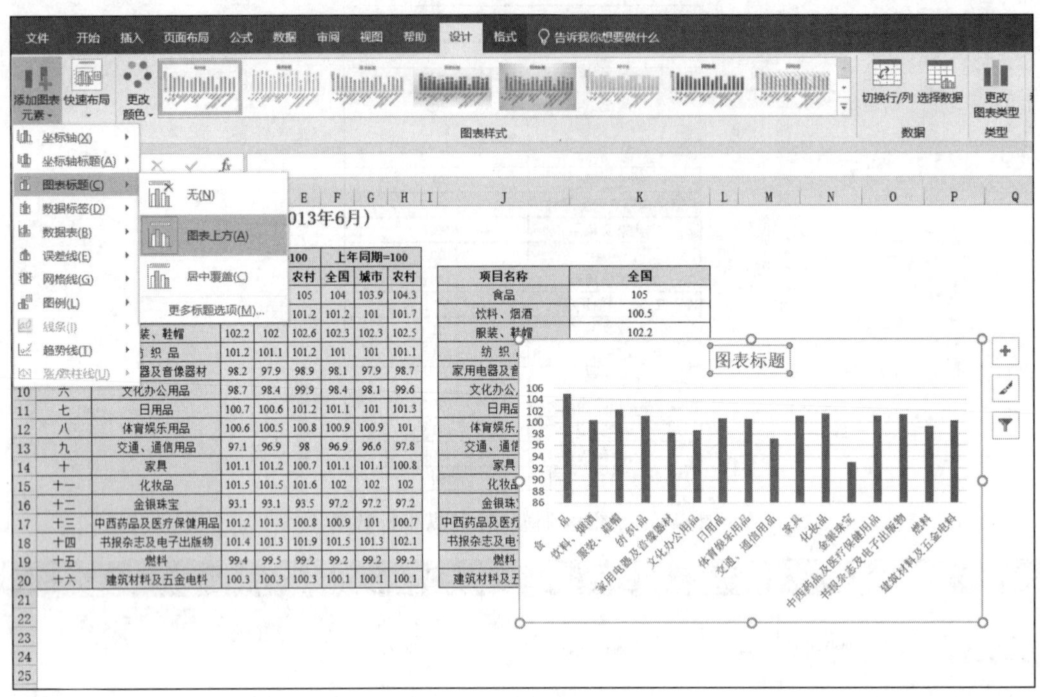

图 6-33 设置图表标题

② 图例的显示或取消。选中图表，利用“图表工具-设计”选项卡中“添加图表元素”的“图例”→“无”命令，如图 6-34 所示，以便取消图例，或在图表的相应位置插入图例。本例不需要图例。

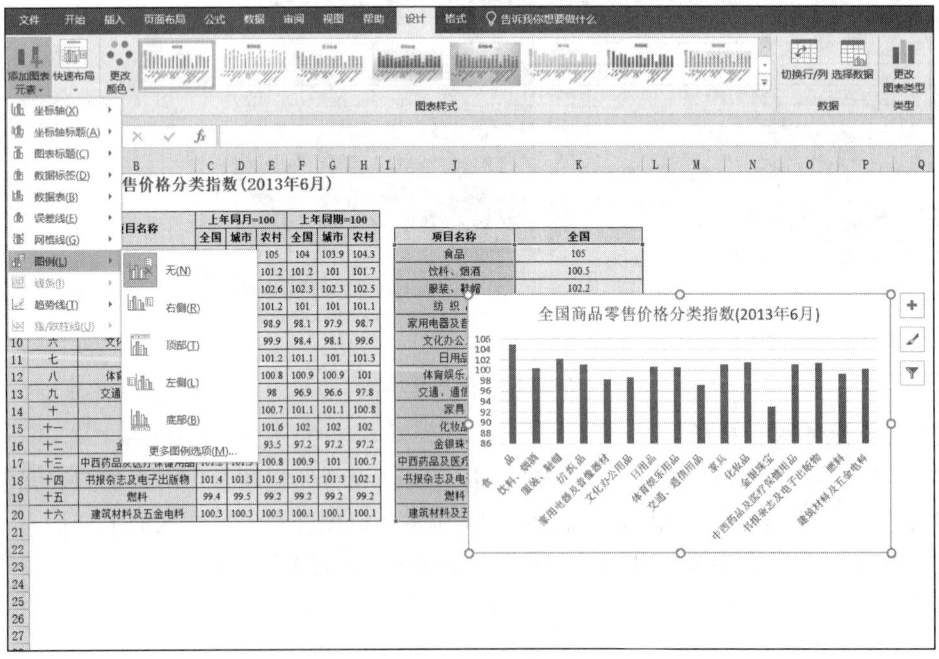

图 6-34 图例的显示或取消

③ 网格线的显示或取消。选中图表，利用“图表工具–设计”选项卡中“添加图表元素”的“网格线”命令，即可显示或取消网格线。选中图表中已有的网格线，直接按【Delete】键也可将其删除。

步骤 4：设置图表样式。

选中图表，利用“图表工具–设计”选项卡中的“图表样式”组，即可设置图表样式。

步骤 5：设置图表格式。

图表绘制好以后，一般需要进行格式的设置，以得到较美观的图表。具体方法如下：

① 设置图表的大小。单击图表内部任意的空白处，以便将图表选中，这时可以看到在图表的边框上出现 8 个黑色的控点，用鼠标拖动相应的控点就可以改变图表的大小。

② 修改图表中文字的字体、大小和字体颜色。先将图表整个选中，然后利用“开始”选项卡上的“字体”、“字号”和“字体颜色”按钮设置图表中文字的字体、大小和字体颜色。

③ 图表中各对象的格式设置。在需要修改格式的对象处右击，在弹出的快捷菜单中选择相应的格式设置命令，该命令一般出现在快捷菜单的最后。

本例将对图表中的对象做如下的格式设置：

① 修改横坐标下的文字对齐方式。右击横坐标下的文字，在快捷菜单中选择“设置坐标轴格式”命令，弹出“设置坐标轴格式”对话框，在“对齐方式”选项卡中，将文字方向设为“竖排”，单击“关闭”按钮后，图表如图 6–35 和图 6–36 所示。

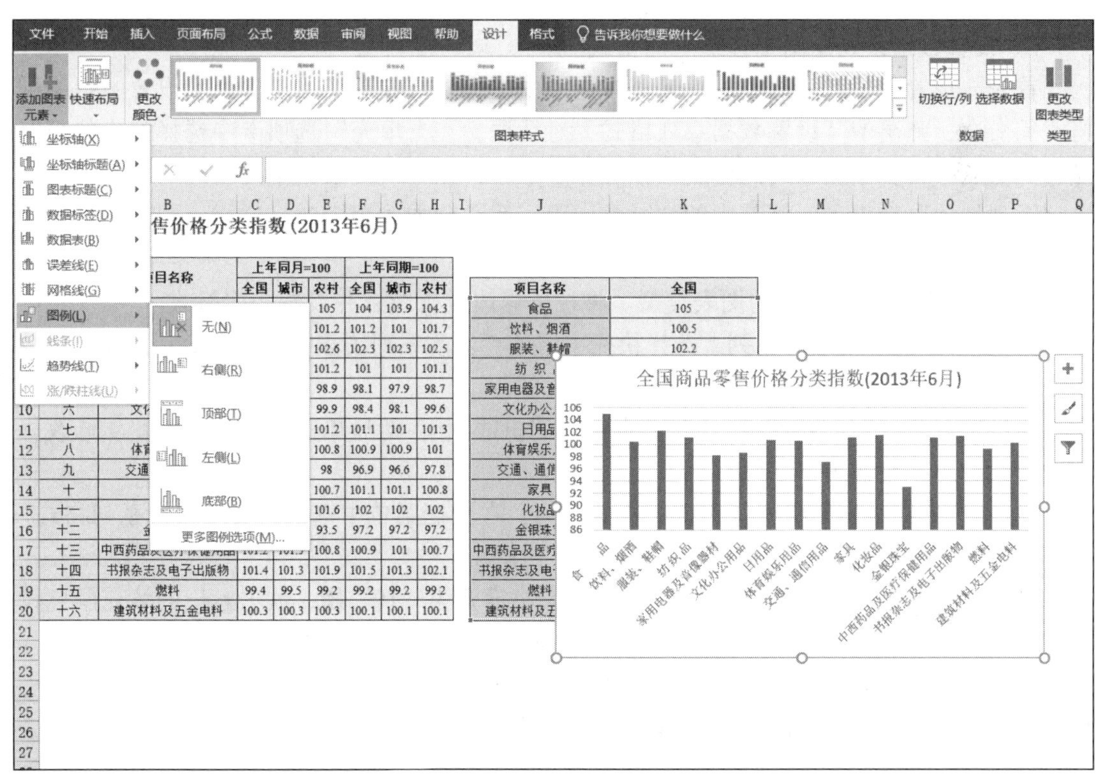

图 6–35　设置坐标轴格式对话框

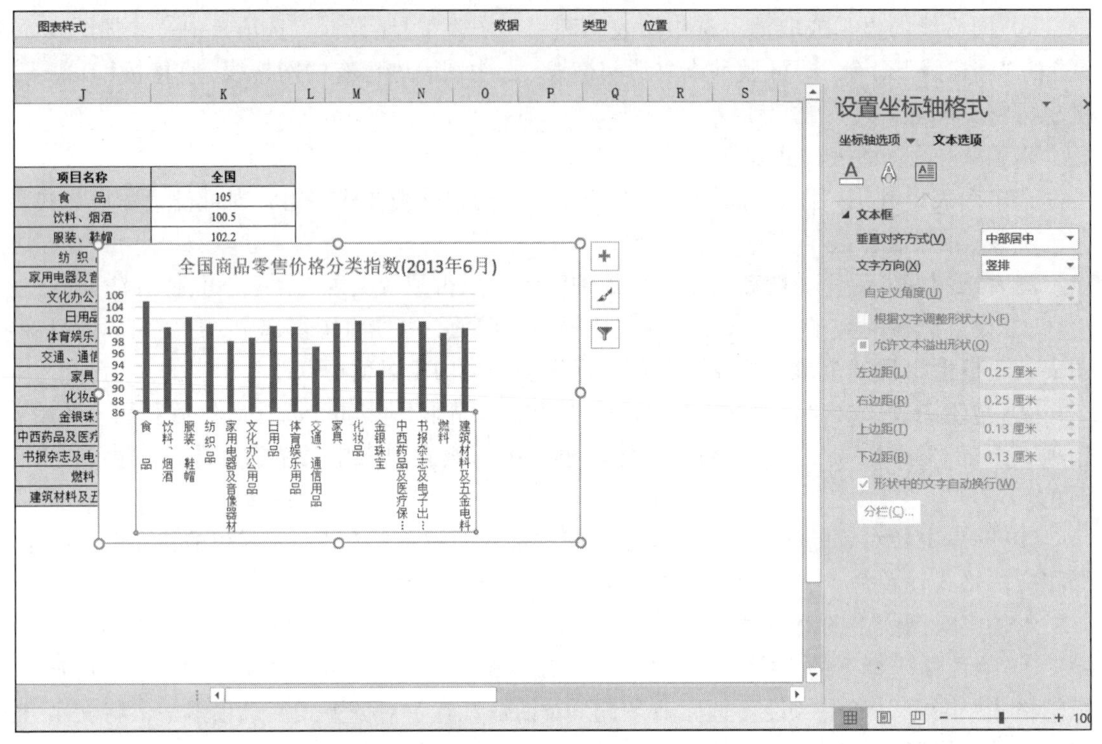

图 6-36 设置坐标轴文字对齐方式

② 设置数据系列（图中柱形）的格式。

首先，设置数据系列的填充效果。右击图中柱形，在快捷菜单中选择“设置数据系列格式”命令，弹出的“设置数据系列格式”对话框，在“填充”选项卡中选择相应的填充颜色。然后，设置数据系列的分类间距。方法如下：在“设置数据系列格式”对话框中单击“系列选项”选项卡，将其中的“分类间距”改小，如改为 40%，这样，图表中柱形之间的间距就变小了。

步骤 6：修改数据系列的图表类型。将柱形修改成折线，并设置相应格式。

① 右击图表中的柱形系列，选择快捷菜单的“更改系列图表类型”命令，出现“更改图表类型”对话框，用户可以选择自己所需的图表。

这里选择第 4 个“折线图”（带数据标记的折线图），然后单击“确定”按钮。修改好图表类型后的图表如图 6-37 所示。

② 修改折线系列的格式。只要右击该系列，在快捷菜单中选择“设置数据系列格式”命令，并在随后出现的对话框中设置相应的格式即可。

这里，将数据标记的类型设置为“口”，大小设置为“10”磅，数据标记的填充颜色设置为“白色”。将标记线颜色和线条颜色设置为“紫色”，线型宽度设置为“3.5”磅。

③ 修改坐标轴格式。右击图表的纵坐标，快捷菜单中选择“设置坐标轴格式”命令，将坐标轴的最小值、最大值和主要刻度单位分别设置为 90、110、5。

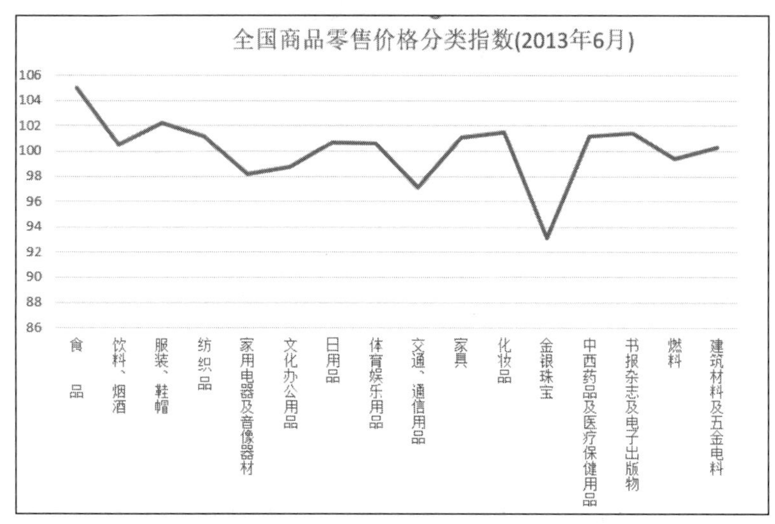

图 6-37　更改图表类型后的例题

2. 可选式图表的绘制

如果图表中需要展示非固定区域中的数据，可以在图表上添加适当的控件，以便制作可选式图表。例如，可以在上个实践题的图表中添加一个对价格指数的范围（全国、城市、农村）进行选择的列表框。当用户在该列表框选中“城市”时，图表中就显示城市商品零售价格分类指数（上年同月）=100；而当“农村”被选中时，就应该显示农村商品零售价格分类指数(上年同月=100)。

在图表上添加的控件可以是列表框，也可以是组合框、数值调节钮、滚动条和选项按钮等，这些控件的命令包含在“开发工具”选项卡“控件”组的“插入”→“表单控件”命令，如图 6-38 所示。

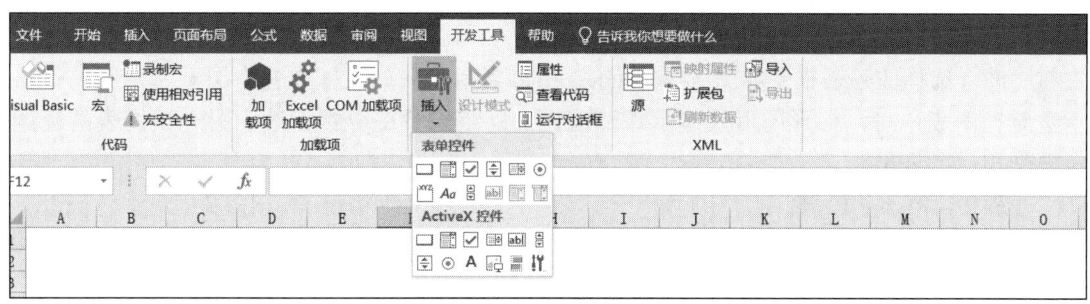

图 6-38　“表单控件”命令

在刚安装好的 Excel 2019 中是看不到“开发工具”选项卡的。添加该选项卡的方法如下：单击“文件”→“选项”命令，出现“Excel 选项”对话框，单击“自定义功能区”选项卡最右边列表中的“开发工具”复选框，使其处于选中状态，然后单击“确定”按钮即可，如图 6-39 所示。

图 6-39 “Excel 选项”对话框

绘制可选式图表的具体方法如下：

① 绘制控件。首先，准备绘制控件用的数据；其次，绘制控件；最后，设置控件格式。

② 建立控件和图表数据区之间的关联。在控件和图表数据区之间建立相应的关联，使图表数据区的内容可以受控件操作的控制。

③ 控件和图表的组合。将绘制好的控件拖至图表中，并组合起来成为一个整体。

实践题：在上面制作图表的基础上，添加一个可以对价格指数的范围（全国、城市、农村）进行选择的列表框，如图 6-40 所示，使得当用户在列表框中选中了某种范围的价格指数时，图表中将以柱形的形式显示该范围内商品零售价格分类指数。另外，图表的标题也要做相应的调整。

步骤 1：控件的绘制。

① 准备绘制控件的数据。在单元格 M4 中输入“类别选择”字样，并将 C4:E4 数据区域中的内容（全国、城市、农村）复制到 M6:M8 数据区域中。

② 绘制控件。绘制空列表框。单击“开发工具”选项卡的“插入”→“表单控件”中的“列表框”图标，然在工作表中拖动鼠标绘制一个空的列表框，如图 6-41 所示。

设置列表框格式：在空列表框上右击，然后在快捷菜单中选择“设置控件格式”命令，在随后出现的“设置对象格式”对话框中做如图 6-42 所示的设置。将前面准备好的包含单位名称的单元格$M$6：$M$8 选为“数据源区域”，将预先留出的空单元格$M$5 选为“单元格链接”。单击“确定”按钮后，列表框如图 6-43 所示。

观察列表框和单元格链接之间的关系：选中列表框的第 1 个选项“全国”，可以看到作为“单元格链接”的单元格 M5 的值变成了“1”；选中列表框的第 3 个选项“农村”，可以看到被链接的单元格 M5 的值变成了“3”。由此可见，当用户在列表框中选择了第“n”个选项时，被链接的单元格的值就变成了“n”。

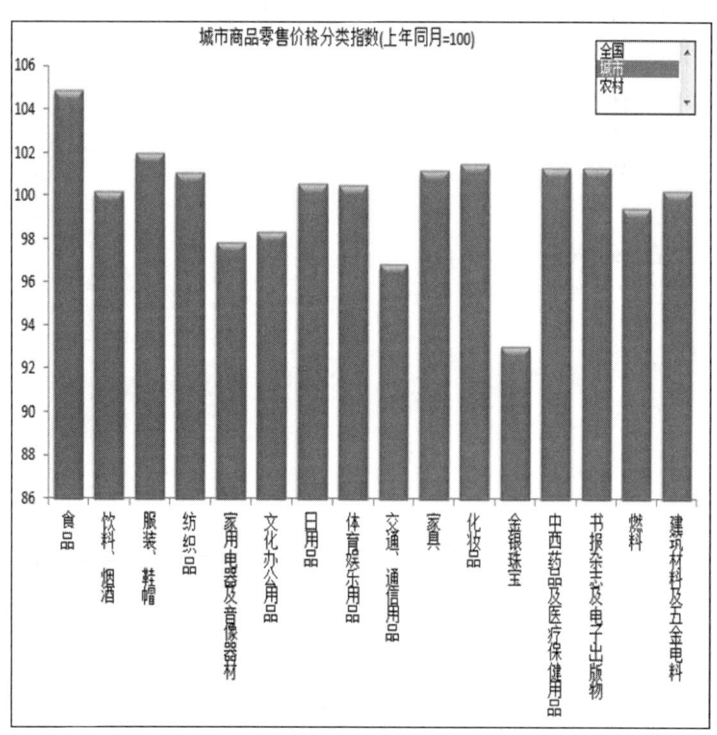

图 6-40　商品零售价格分类指数（上年同月=100）图表

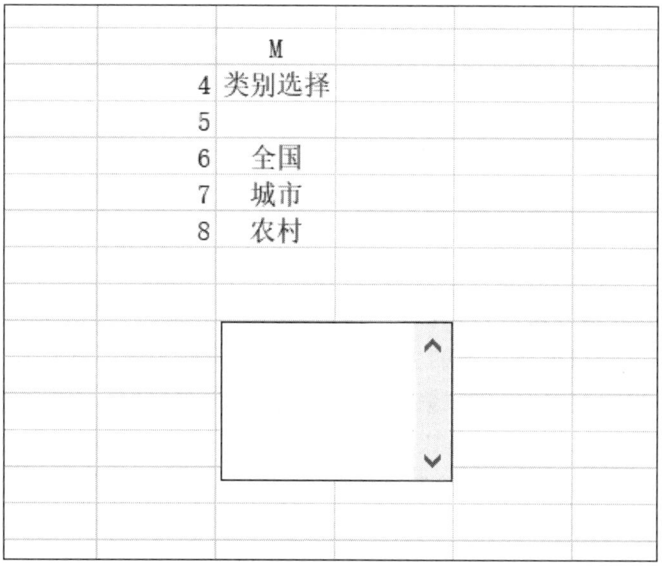

	M
4	类别选择
5	
6	全国
7	城市
8	农村

图 6-41　绘制列表框控件用的数据

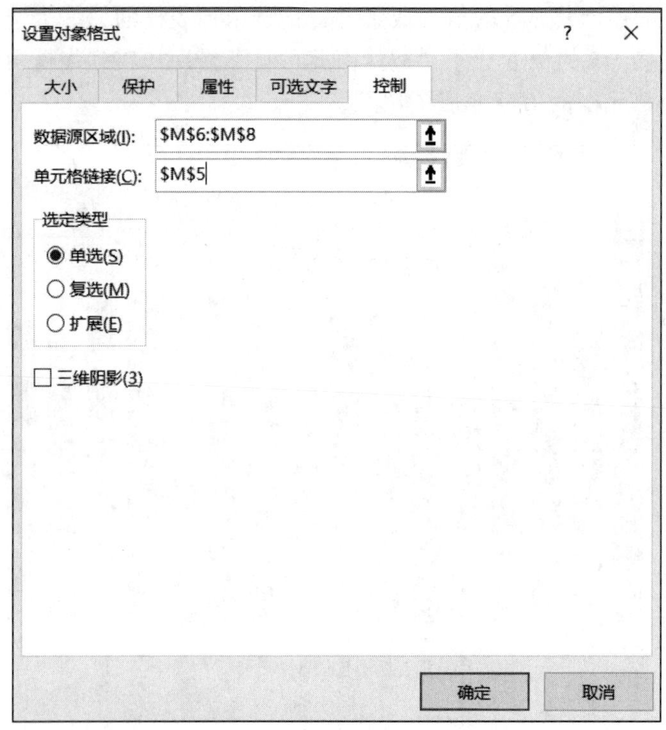

图 6-42 “设置对象格式”对话框

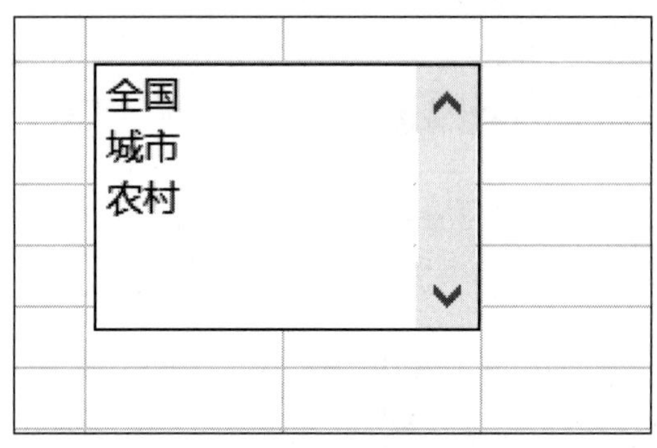

图 6-43 设置好格式的列表框

步骤 2：建立列表框和图表数据区之间的关联。为了绘制一个能与列表框互动的图表，需要建立列表框和图表数据区之间的关联。用户在列表框中选择的选项决定了单元格 M5 的内容；单元格 M5 的值决定了图表数据区中单元格 K4 的内容，该单元格显示的商品零售价格分类指数到底是全国、城市还是农村；单元格 M5 的值决定了图表数据区单元格 K5:K20 数据区域中的值，该数据区域用于绘制柱形的 Y 轴值；为此，图表数据区单元格 K4 以及 K5:K20 数据区域应该输入如图 6-44 所示的公式。

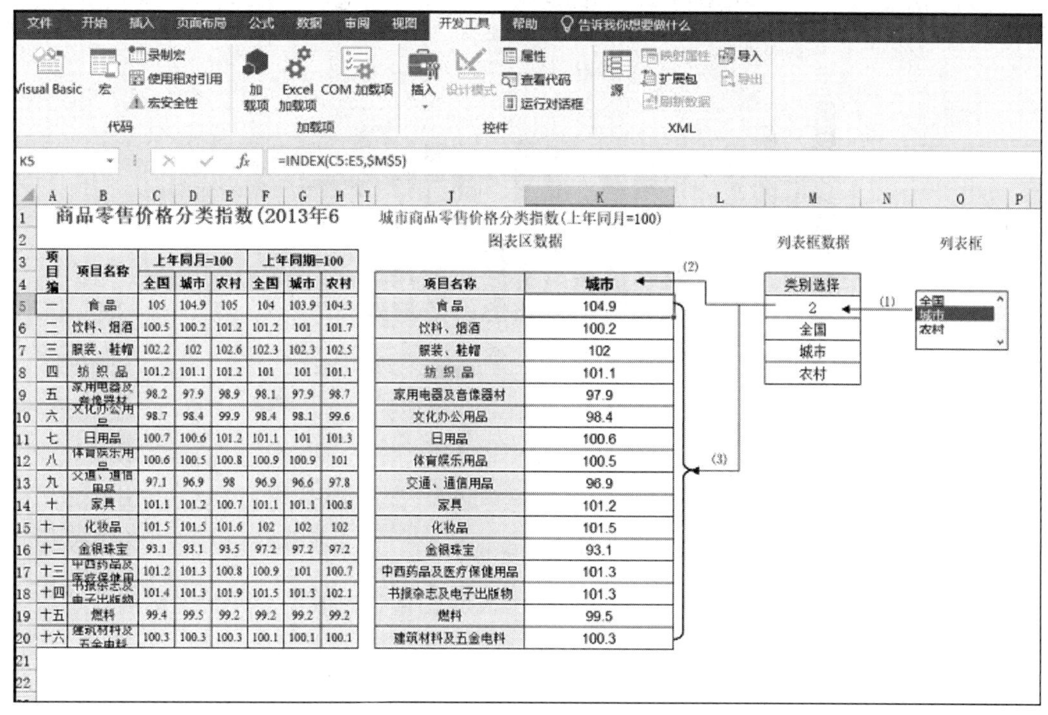

图 6-44　输入公式

公式输入完毕，当用户在列表框中改变所选单位的类型时，就可以看到图表中柱形系列会随之发生变化，即显示相应的商品零售价格分类指数（上年同月=100）图表。

步骤 3：修改图表标题。将原图表标题删除，为图表添加一个随列表框所选内容变化的文本框标题，具体方法如下：

① 在工作表的某个单元格（比如 J1）内输入公式：=INDEX(M6:M8,M5)&“商品零售价格分类指数（上年同月=100）”。

② 单击“插入”选项卡的“文本框”按钮，拖动鼠标绘制一个文本框，然后在编辑栏中输入公式“=J1”，按【Enter】键后可以看到文本框内显示出单元格 J1 的内容。

③ 利用绘图工具“格式”选项卡的“形状样式”组中的“形状填充”按钮和“形状轮廓”按钮，将文本框的填充颜色和线条颜色设为“无填充颜色”和“无轮廓”。

步骤 4：控件、标题文本框和图表的组合。

① 用鼠标将文本框标题及列表框移至图表内适当的位置。

② 在图表内空白处右击，在快捷菜单中选择“置于底层”命令或“叠放次序 / 置于底层”命令，以便使文本框标题及列表框叠放在图表的上面。

③ 利用“开始”选项卡“编辑”组的“查找和选择”→“选择对象”命令，将图表、标题和列表框同时选中，然后右击，在快捷菜单中选择“组合(G)”→“组合(G)”命令，如图 6-45 所示，就可以将三者组合成为一个整体。

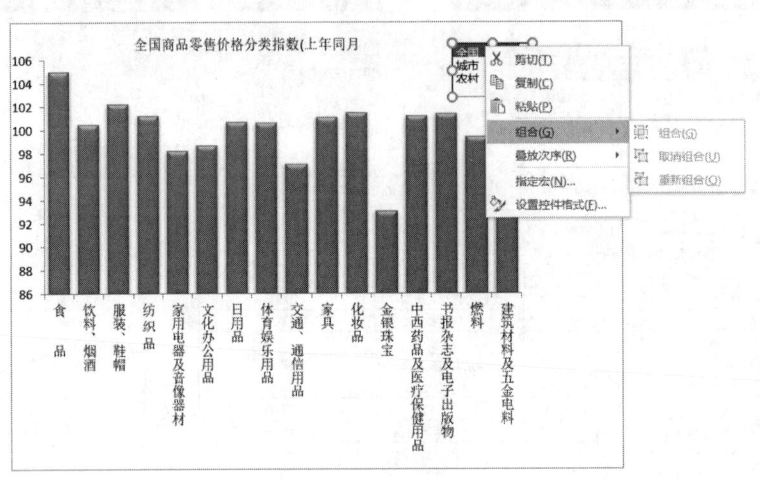

图 6-45　对象的组合

步骤 5：在列表框中选择不同的项，观察图表的变化。先取消“开始”选项卡“编辑”组的“查找和选择”→“选择对象”命令，然后在列表框中选择不同的项，可以看到图表标题和柱形系列都会随列表框内容的变化而变化。

第7章 MS Office 二级高级应用模拟题

7.1 Word 操作模拟题一

7.1.1 题目要求

文档“Word 素材.docx”是一篇从互联网上获取的文字资料，打开该文档并按下列要求进行排版及保存操作：

（1）在考生文件夹下，将“Word 素材.docx”文件另存为“Word.docx”（“.docx”为扩展名），后续操作均基于此文档，否则不得分。

（2）将文档中的西文空格全部删除。

（3）将纸张大小设为 16 开，页面上边距设为 3.2 cm、下边距设为 3 cm，左右页边距均设为 2.5 cm。

（4）利用文档的前三行文字内容制作一个封面，将其放置在文档的最前端，并独占一页（封面样式可参考“封面样例.png”文件）。

（5）将文档中以“一、”、“二、”……开头的段落设为“标题 1”样式；以“(一)”、“(二)”……开头的段落设为“标题 2”样式；以“1、”、“2、”……开头的段落设为“标题 3”样式。

（6）将标题“(三)咨询情况”下用蓝色标出的段落部分转换为表格，为表格套用一种表格样式使其更加美观。基于该表格数据，在表格下方插入一个饼图，用于反映各种咨询形式所占比例，要求在饼图中仅显示百分比。

（7）为正文第 2 段中用红色标出的文字“统计局队政府网站”添加超链接，链接地址为“http://www.bjstats.gov.cn/”。同时在“统计局队政府网站”后添加脚注，内容为“http://www.bjstats.gov.cn”。

（8）除封面页外的所有内容分为两栏布局显示，但是前述表格及相关图表仍需跨栏居中显示，无须分栏。

（9）封面页与正文之间插入文档目录，目录中要求包含标题 1、标题 2、标题 3 样式标题及对应的页号。文档目录独占一页，且无须分栏。

（10）除封面页和目录页外，在正文页中添加页眉，页眉内容包含文档标题“北京市政府信息公开工作年度报告”和页码，要求页码编号从正文第 1 页开始，其中奇数页页眉文字右对齐，页码放置在标题文字右侧；偶数页页眉文字左对齐，页码放置在标题文字左侧。

（11）保存“Word.docx”文件，并根据文档内容另行生成一份同名的 PDF 文档。

7.1.2 操作过程

（1）步骤：打开考生文件夹下的“Word 素材.docx”，单击“文件”选项卡，选择“另存为”命令，单击“浏览”按钮，在弹出的对话框中选择考生文件夹所在位置并打开，并输入文件名“Word.docx”，单击“保存”按钮，如图 7-1 所示。

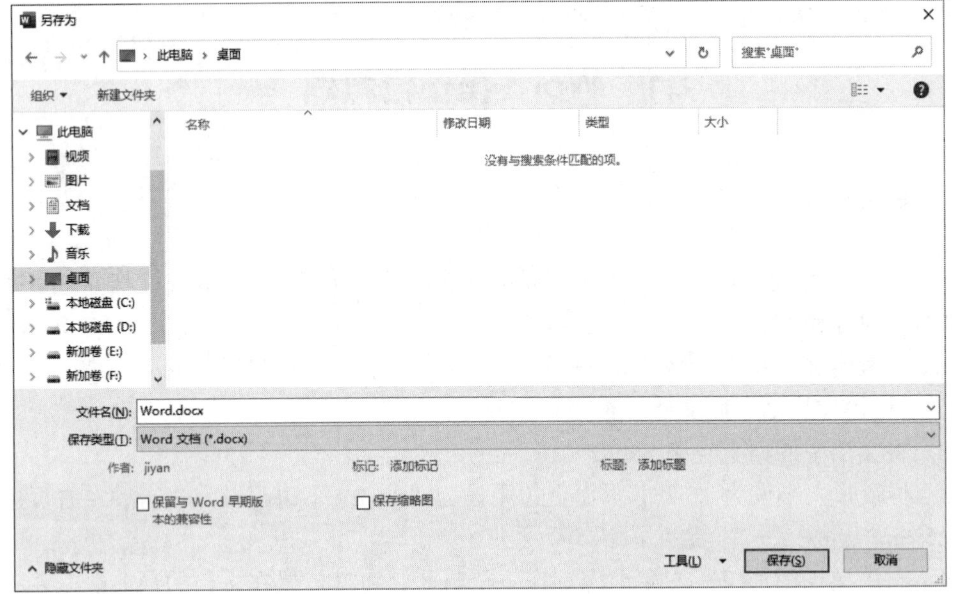

图 7-1 “另存为”对话框

（2）步骤：单击“开始”选项卡下“编辑”组中的“替换”按钮，弹出“查找和替换”对话框，在“查找内容”文本框中输入西文空格（英文状态下按空格键），“替换为”文本框内不输入，单击“全部替换”按钮，再单击“确定”按钮，完成后关闭对话框，如图 7-2 所示。

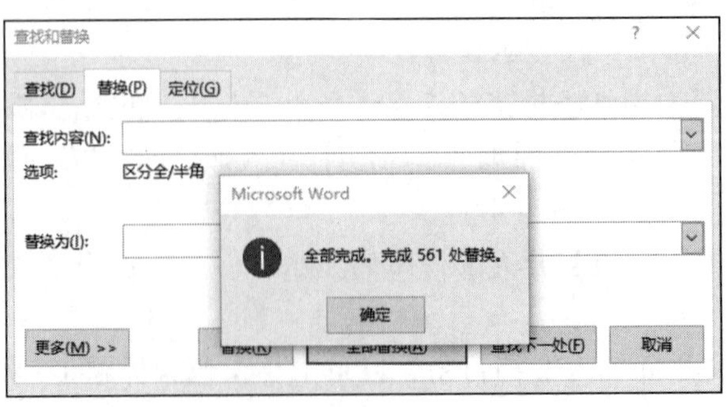

图 7-2 “查找和替换”对话框

（3）步骤 1：单击“布局”选项卡下“页面设置”组中的“纸张大小”下拉按钮，选择“16 开”命令。

步骤 2：单击“页边距”下拉按钮，选择“自定义页边距”命令，弹出“页面设置”对话框，如图 7-3 所示，在“页边距”选项卡下，设置上边距为 3.2 厘米，下边距为 3 厘米，左右边距均为 2.5 厘米，单击“确定”按钮。

图 7-3　“页面设置”对话框

（4）步骤 1：将光标定位在文档开头，单击“插入”选项卡下“页面”组的“封面”下拉按钮，如图 7-4 所示，选择“运动型”命令。

图 7-4　“封面”按钮

步骤 2：单击“设计”选项卡下“主题”组中的“主题”下拉按钮，选择“大都市”命令。

步骤 3：选中封面中的“[年]”字样并右击，选择“删除内容控件”命令，按照同样地方法删除其余控件。将素材前三行文字剪切并粘贴到适当的位置，粘贴时选择“只保留文本”命令。

步骤 4：参考“封面样例.png”中文字的位置，调整文本框的位置，适当设置文本框内文字的字体、字号、颜色、对齐方式，最终效果如图 7-5 所示。

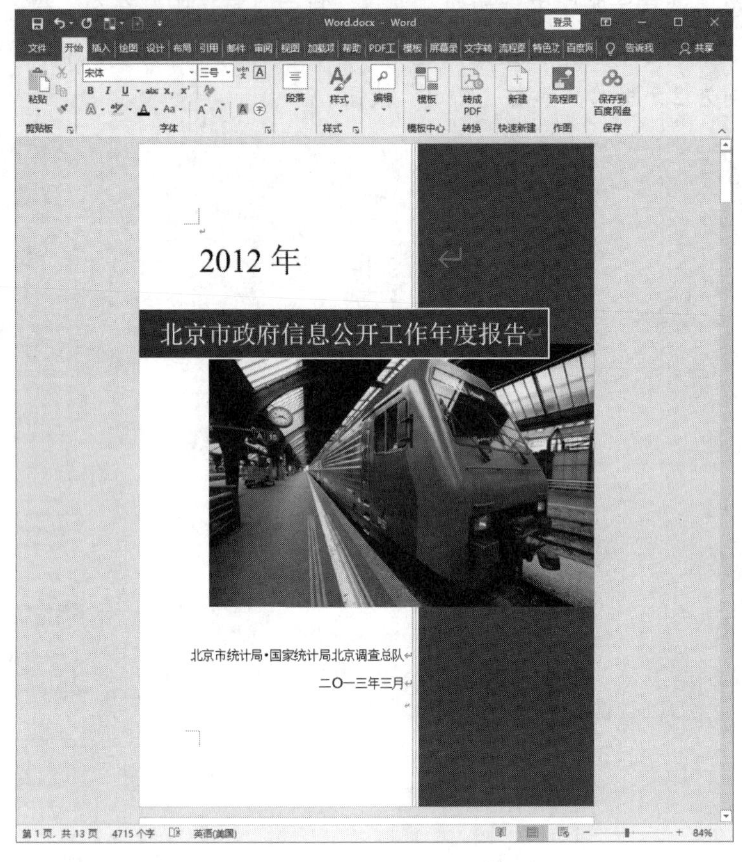

图 7-5　封面效果

（5）步骤 1：按住【Ctrl】键，同时选中文档中以“一、”、“二、”……开头的段落，单击“开始”选项卡下“样式”组中的“标题 1”，如图 7-6 所示。

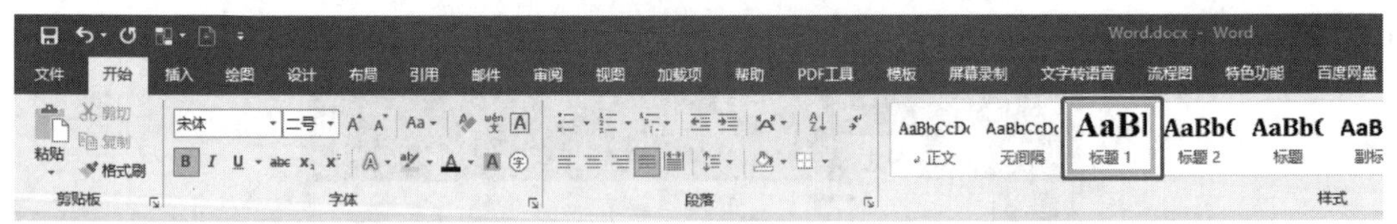

图 7-6　样式-标题 1

步骤 2：按住【Ctrl】键，同时选中文档中以“(一)”、“(二)”……开头的段落，单击“开始”选项卡下“样式”组中的“标题 2”，如图 7-7 所示。

图 7-7　样式-标题 2

步骤 3：按住【Ctrl】键，同时选中文档中以“1、”、“2、”……开头的段落，单击“开始”选项卡下“样式”组中的“标题 3”，如图 7-8 所示。

图 7-8 样式-标题 3

（6）步骤 1：选中标题“（三）咨询情况”下用蓝色标出的段落部分，在“插入”选项卡下的“表格”组中，单击“表格”下拉按钮，选择“文本转换成表格”命令，弹出“将文字转换成表格”对话框，如图 7-9 所示，单击“确定”按钮。

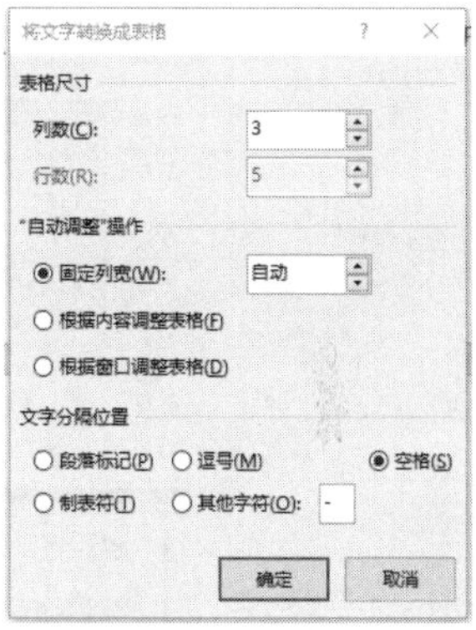

步骤 2：选中表格前 4 行，按住【Ctrl+C】组合键进行复制。在表格下方空出一段，将光标定位在该处，单击“样式”组中的“其他”下拉按钮，选择“清除格式”命令。

图 7-9 “将文字转换成表格”对话框

步骤 3：单击“插入”选项卡下“插图”组中的“图表”按钮，在弹出的“插入图表”对话框中选择“饼图”，如图 7-10 所示，单击“确定”按钮。在 Excel 文件中选中 A1 单元格，并右击，在“粘贴选项”中选择“保留源格式”命令，调整数据区域为 A1:C4，如图 7-11 所示，关闭 Excel 文件。

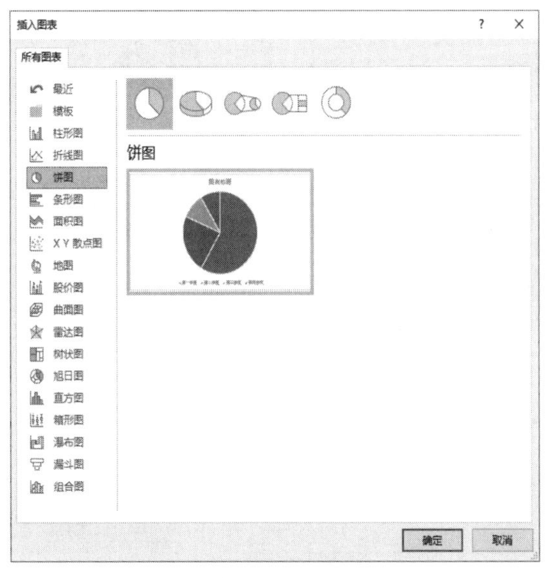

图 7-10 “插入图表”对话框

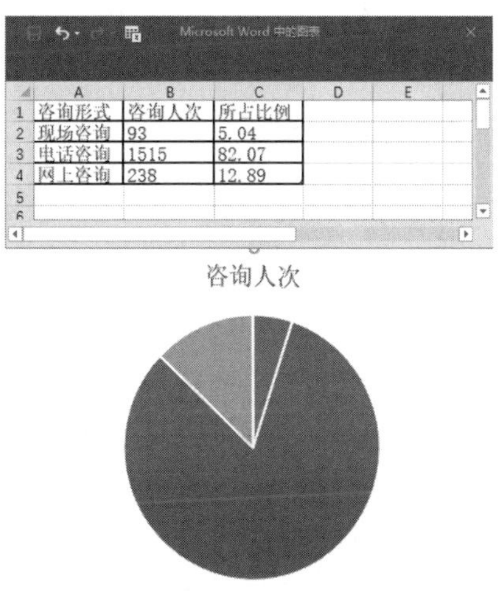

	A	B	C
1	咨询形式	咨询人次	所占比例
2	现场咨询	93	5.04
3	电话咨询	1515	82.07
4	网上咨询	238	12.89

图 7-11 饼图数据选择及显示

步骤 4：选中图表，单击“图表工具-设计”选项卡下“图表布局”组中的“添加图表元素”下拉按钮，如图 7–12 所示，单击“图表标题”→“无”命令，单击“图例”→“无”命令，单击“数据标签”→“其他数据标签选项”命令，弹出“设置数据标签格式”任务窗格，如图 7–13 所示，在“标签选项”中，选中“百分比”复选框，取消选中“值”和“显示引导线”复选框，并关闭任务窗格，完成数据标签的设置。

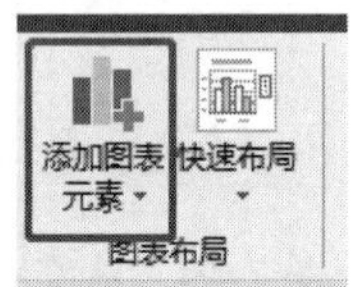

图 7–12 “添加图标元素”按钮

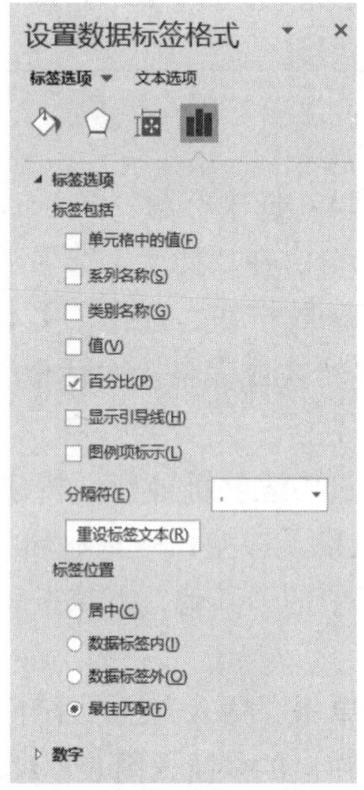

图 7–13 “设置数据标签格式”任务窗格

步骤 5：选中整个表格，单击“表格工具–设计”选项卡，在“表格样式”组中选择“浅色底纹–强调文字颜色 2”样式。

（7）步骤 1：选中正文第 3 段中用红色标出的文字“统计局队政府网站”，单击“插入”选项卡下“链接”组中的“链接”按钮，如图 7–14 所示，弹出“插入超链接”对话框，如图 7–15 所示，在“地址”文本框中输入“http://www.bjstats.gov.cn/”，单击“确定”按钮。

图 7–14 “链接”按钮

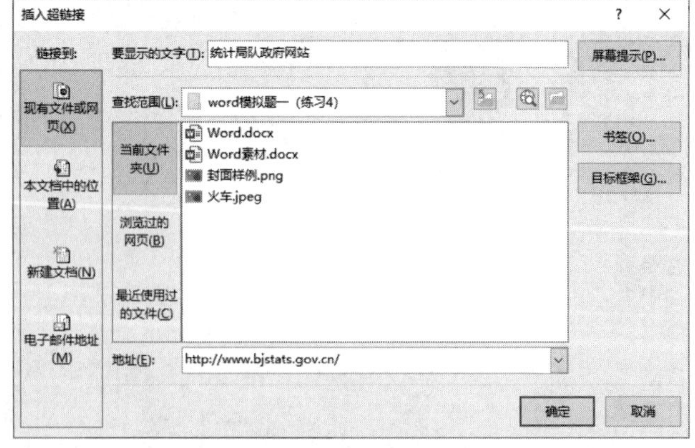

图 7–15 “插入超链接”对话框

步骤 2：选中“统计局队政府网站”，单击“引用”选项卡下“脚注”组中的“插入脚注”按钮，如图 7-16 所示，在脚注处输入“http://www.bjstats.gov.cn”。

（8）步骤 1：选中正文中表格及图表上方所有内容，单击“布局”选项卡下“页面设置”组中的“栏”下拉按钮，选择“两栏”命令，如图 7-17 所示。以同样的方法设置表格和图标下方的内容。

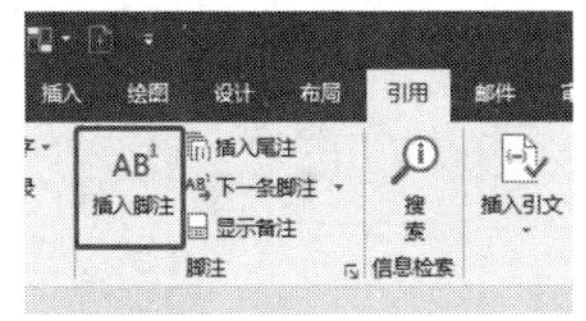

图 7-16　“插入脚注”按钮

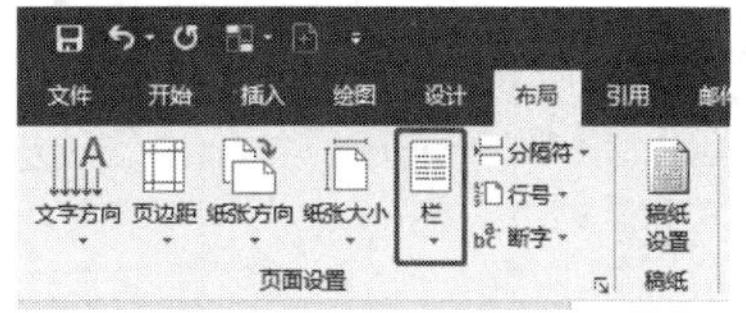

图 7-17　分栏操作按钮

步骤 2：选中表格，单击“开始”选项卡下“段落”组中的“居中”按钮，按照同样的方法对饼图进行操作。即可将表格和相关图表跨栏居中显示。

（9）步骤 1：将光标定位在正文第 1 页的开始，单击“引用”选项卡下“目录”组中的“目录”下拉按钮，选择“自动目录 1”命令。

步骤 2：单击“布局”选项卡下“页面设置”组中的“分隔符”下拉按钮，选择“分节符”组中的“下一页”命令。

步骤 3：选中目录区域，单击“页面设置”组中的“分栏”下拉按钮，选择“一栏”命令。

步骤 4：单击“引用”选项卡下“目录”组中的“更新目录”按钮，在弹出的对话框中选择“更新整个目录”单选按钮，如图 7-18 所示，单击“确定”按钮。

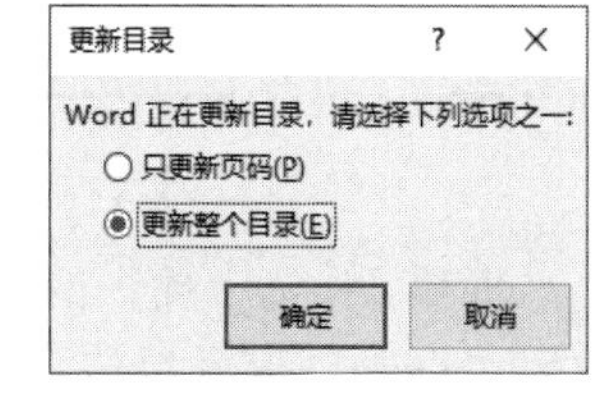

图 7-18　“更新目录”对话框

（10）步骤 1：将光标定位在正文的开始，在“插入”选项卡下单击“页眉和页脚”组中的“页眉”下拉按钮，选择“编辑页眉”命令。

步骤 2：在“导航”组中取消选中“链接到前一节”按钮，在“选项”组中选中“奇偶页不同”复选框，如图 7-19 所示。

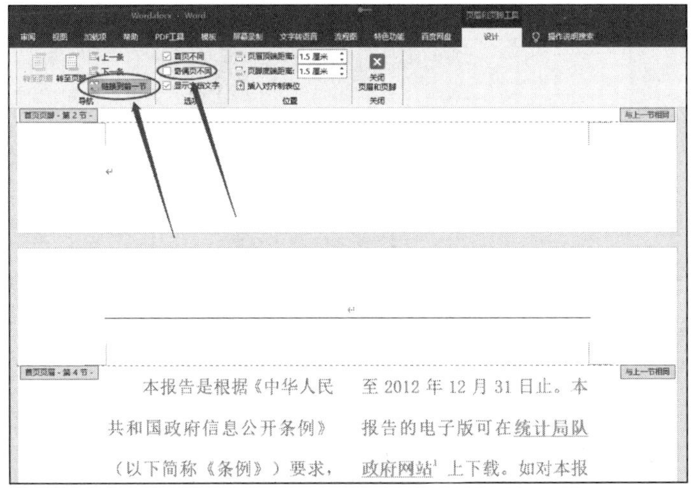

图 7-19　“链接到前一节”按钮

步骤 3：将光标定位在正文第 1 页的页眉处，输入：“北京市政府信息公开工作年度报告。”单击“页码”下拉按钮，在“当前位置”中选择“普通数字”命令，如图 7-20 所示。

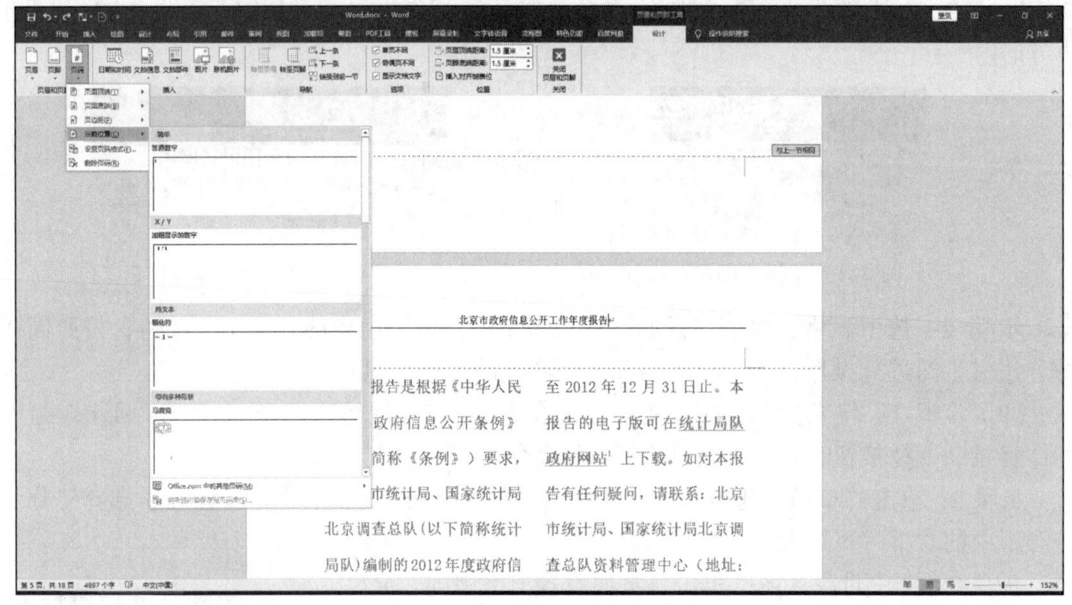

图 7-20　设置页码

步骤 4：选中插入的页码，单击“页眉和页脚工具-设计”选项卡下“页眉和页脚”组中的“页码”下拉按钮，选择“设置页码格式”命令。在弹出的“页码格式”对话框中，调整“起始页码”为 1，如图 7-21 所示，单击“确定”按钮。

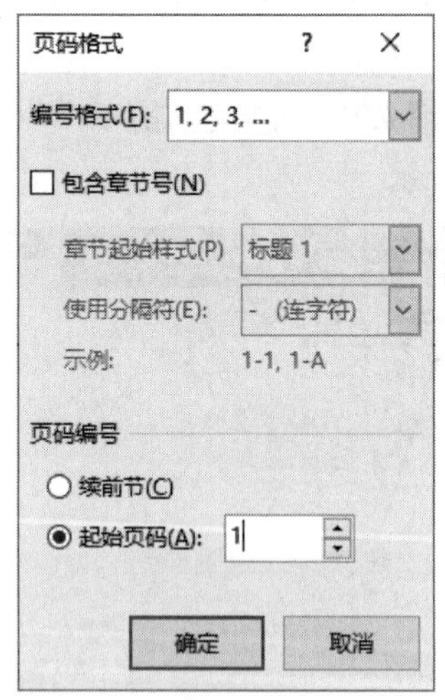

图 7-21　“页码格式”对话框

步骤 5：选中正文第 1 页的整个页眉，单击“开始”选项卡，在“段落”组中单击“文本右对齐”按钮，如图 7-22 所示。

步骤 6：将光标定位在正文第 2 页的页眉处，取消选中“链接到前一条页眉”按钮，用同样地方法，按照题目要求，设置偶数页页眉。

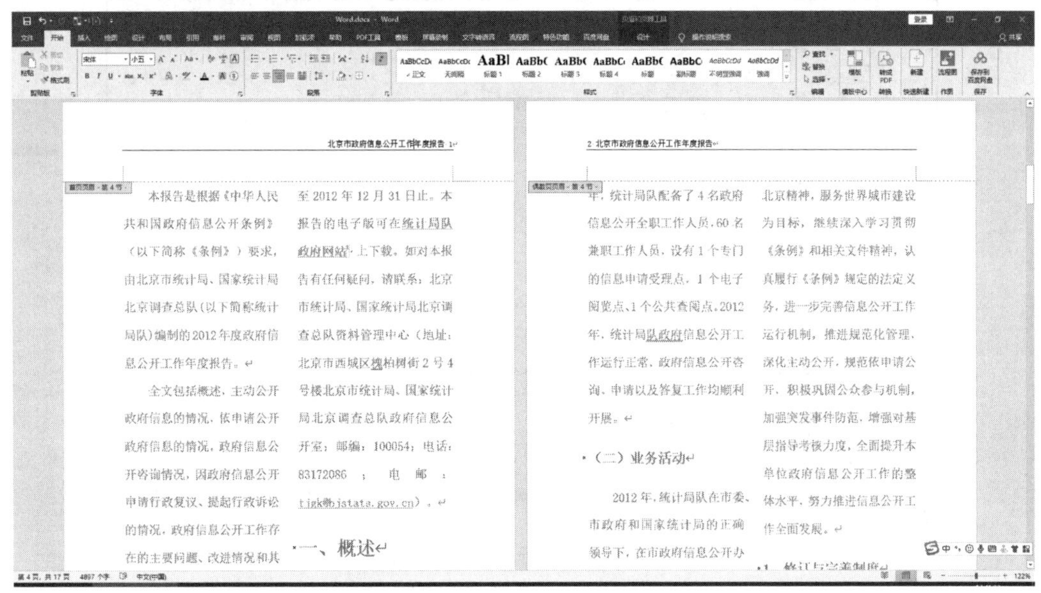

图 7-22 第 1 页页眉“右对齐”设置

步骤 7：以同样的方法设置第 3 页的页眉，向下依次检查每一页的页眉设置正确。

步骤 8：选中第 11 页页眉处的页码，单击“页码”下拉按钮，选择“设置页码格式”命令，在弹出的“页码格式”对话框中设置起始页码为 11，如图 7-23 所示，单击“确定”按钮。所有页眉设置完成后，单击“关闭页眉和页脚”按钮。

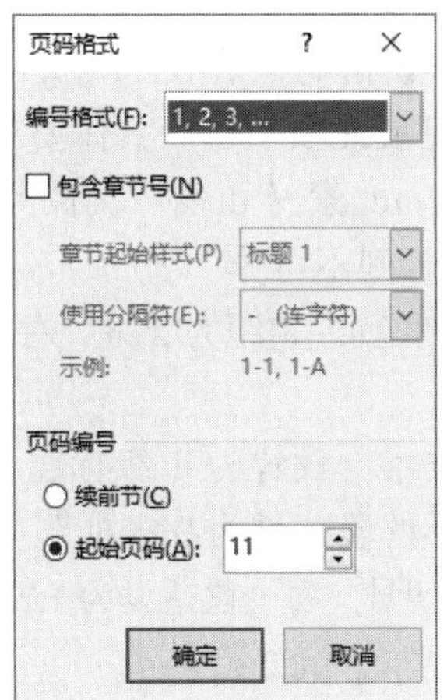

图 7-23 “页码格式”对话框

步骤 9：将光标定位到目录页，在“引用”选项卡下单击“目录”组中的“更新目录”按钮，在弹出的对话框中选中“只更新页码”单选按钮，单击“确定”按钮。

（11）步骤 1：单击“文件”选项卡，选择“另存为”命令，弹出“另存为”对话框，设置“保存类型”为“PDF”，输入文件名“Word”，单击“保存”按钮，如图 7-24 所示。

步骤 2：保存并关闭“Word.docx”。

图 7-24　另存为 PDF 操作

7.2　Word 操作模拟题二

7.2.1　题目要求

小李准备在校园科技周向同学讲解与黑客技术相关的知识，请根据考生文件下“Word 素材.docx”中的内容，帮助小李完成此项工作。具体要求如下：

（1）在考生文件夹下，将“Word 素材.docx”文件另存为“Word.docx”（“.docx”为扩展名），后续操作均基于此文件，否则不得分。

（2）调整纸张大小为 B5 幅面，页面左边距为 2 cm，右边距为 2 cm，装订线距页边距 1 cm，并设置对称页边距。

（3）将文档中第一行“黑客技术”设置为 1 级标题，文档中所有“黑体”字体的段落设为 2 级标题，所有“斜体”字形的段落设为 3 级标题。

（4）将正文部分内容字号设为四号，每个段落设为 1.2 倍行距，且段落首行缩进 2 字符。

（5）正文第一段落的首字“很”下沉 2 行。

（6）文档第一页开始位置插入只显示 2 级和 3 级标题的目录，并用分节方式令其独占一页。

（7）文档除目录页外均显示页码，正文开始为第 1 页，奇数页码显示在文档的底部右侧，偶数页码显示在文档的底部左侧。文档偶数页加入页眉，页眉中显示文档标题“黑客技术”，奇数页页眉没有内容。

（8）将文档最后 5 行转换为 2 列 5 行的表格，倒数第 6 行的文字“中英文对照”作为该表格的标题，将表格及标题居中。

（9）为文档应用一种合适的主题。

7.2.2　操作过程

（1）打开考生文件夹下的“Word 素材.docx”，单击“文件”选项卡，选择“另存为”命令，单击“浏览”按钮，在弹出的对话框中选择考生文件夹所在位置并打开，并输入文件名“Word.docx”，单击“保存”按钮。

（2）步骤 1：打开考生文件夹下的 Word.docx。

步骤 2：单击“布局”选项卡下“页面设置”组中的对话框启动器按钮，弹出“页面设置”对话框，如图 7-25 所示。在“页边距”选项卡下设置左右边距均为 2 厘米，装订线为 1 厘米，在“多页”下拉列表中选择“对称页边距”选项。

步骤 3：切换至“纸张”选项卡，选择“纸张大小”下拉列表中的“B5”选项，如图 7-26 所示，单击“确定”按钮。

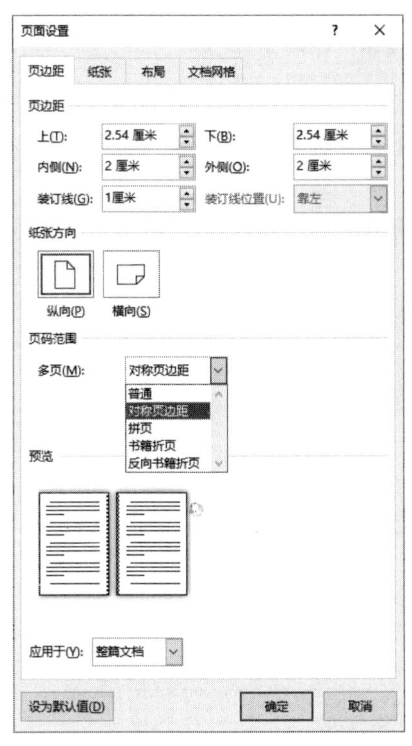

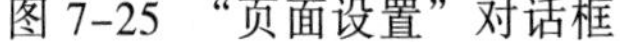
图 7-25　“页面设置”对话框

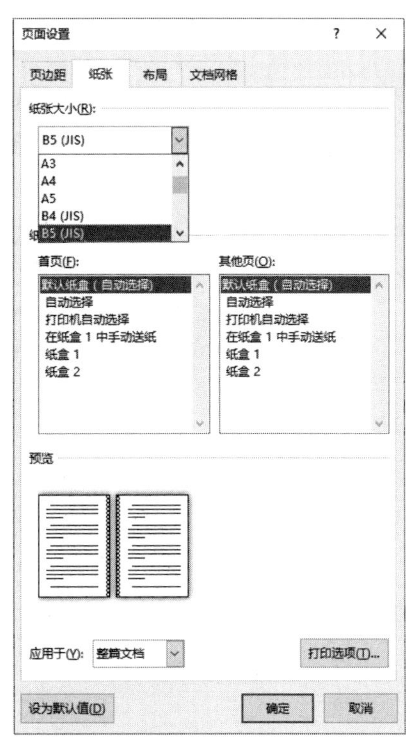

图 7-26　“纸张”设置

（3）步骤 1：选中第一行“黑客技术”文字，单击“开始”选项卡“样式”组中的“标题 1”样式。

步骤 2：选中文档中的黑体字，单击“开始”选项卡下“编辑”组中的“选择”下拉按钮，选择“选择格式相似的文本”命令，如图 7-27 所示，单击“开始”选项卡下“样式”组中的“标题 2”样式。

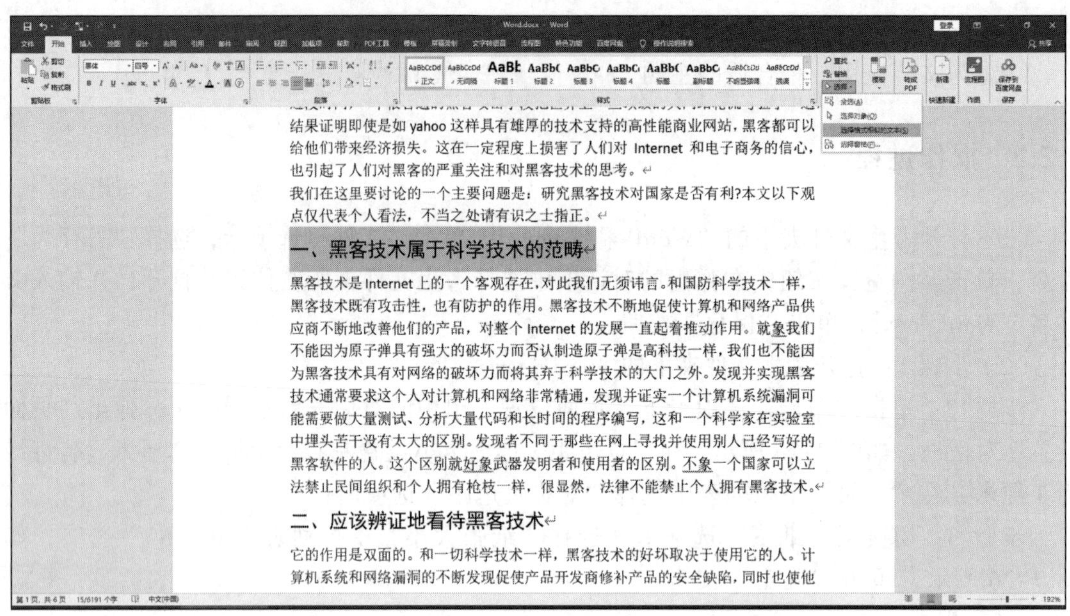

图 7-27 “选择格式相似的文本”操作

步骤 3：选中文档中的斜体字，单击“开始”选项卡下“编辑”组中的“选择”下拉按钮，选择“选择格式相似的文本”命令，单击“开始”选项卡下“样式”组中的“标题 3”样式。

（4）步骤 1：将光标定位在正文处，右击“开始”选项卡“样式”组中的“正文”样式，选择“修改”命令，如图 7-28 所示。

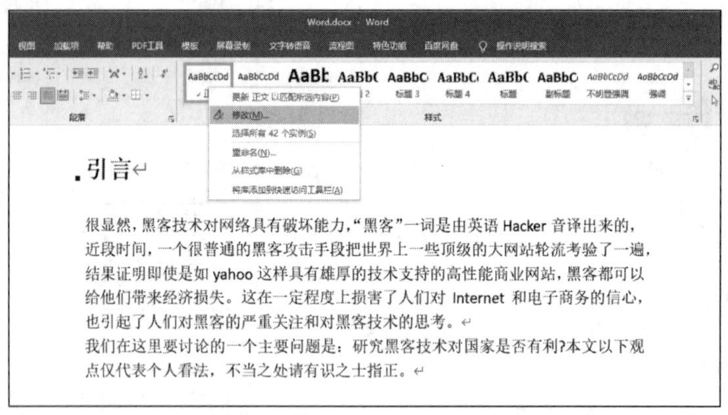

图 7-28 “正文”样式修改

步骤 2：在弹出的“修改样式”对话框中，单击字号下拉按钮，选择“四号”选项，如图 7-29 所示。

步骤 3：单击“格式”下拉按钮，选择“段落”选项。在弹出的“段落”对话框中，单击“特殊”格式下拉按钮，选择“首行缩进”，磅值为“2 字符”。单击“行距”下拉按钮，选择“多倍行距”，设置值为“1.2”，如图 7-30 所示，单击“确定”按钮，再单击“确定”按钮完成修改。

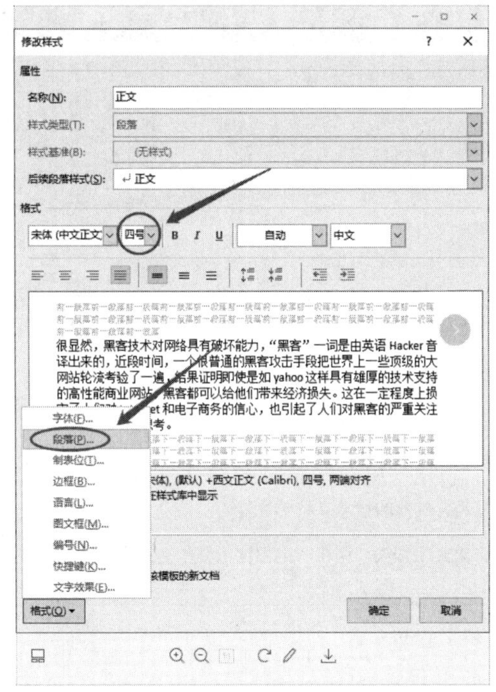

图 7-29　“修改样式”对话框内容设置

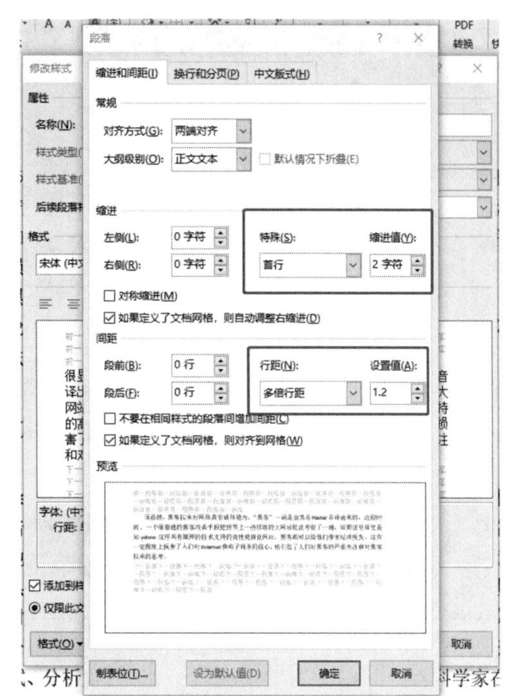

图 7-30　“样式-格式-段落”设置

（5）步骤 1：选中正文第一段，在“插入”选项卡下，单击“文本”组的“首字下沉”下拉按钮，如图 7-31 所示，选择“首字下沉”选项。

步骤 2：在弹出的“首字下沉”对话框中，在“位置”组中选择“下沉”选项，将“下沉行数”设置为“2”，如图 7-32 所示。

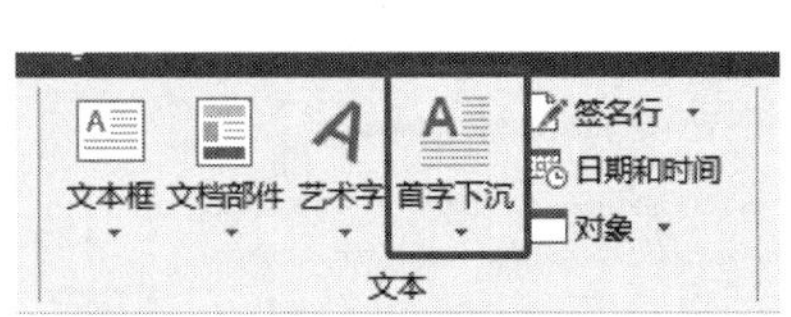

图 7-31　“首字下沉”按钮

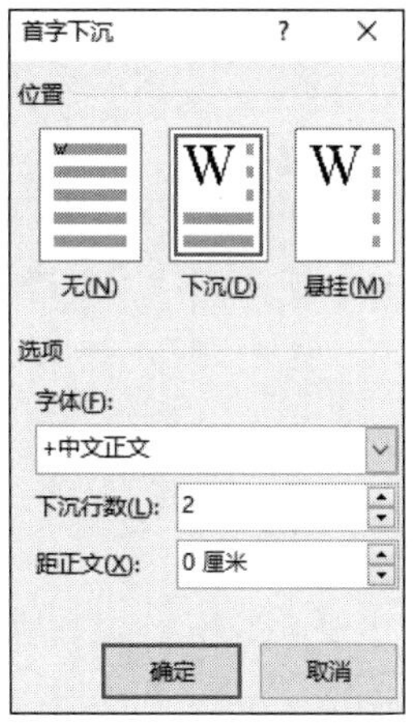

图 7-32　“首字下沉”对话框设置

（6）步骤 1：将光标定位在“黑客技术”最左侧，在“布局”选项卡下“页面设置”组中选择“分隔符”下拉按钮，选择“下一页”分节符，如图 7-33 所示。

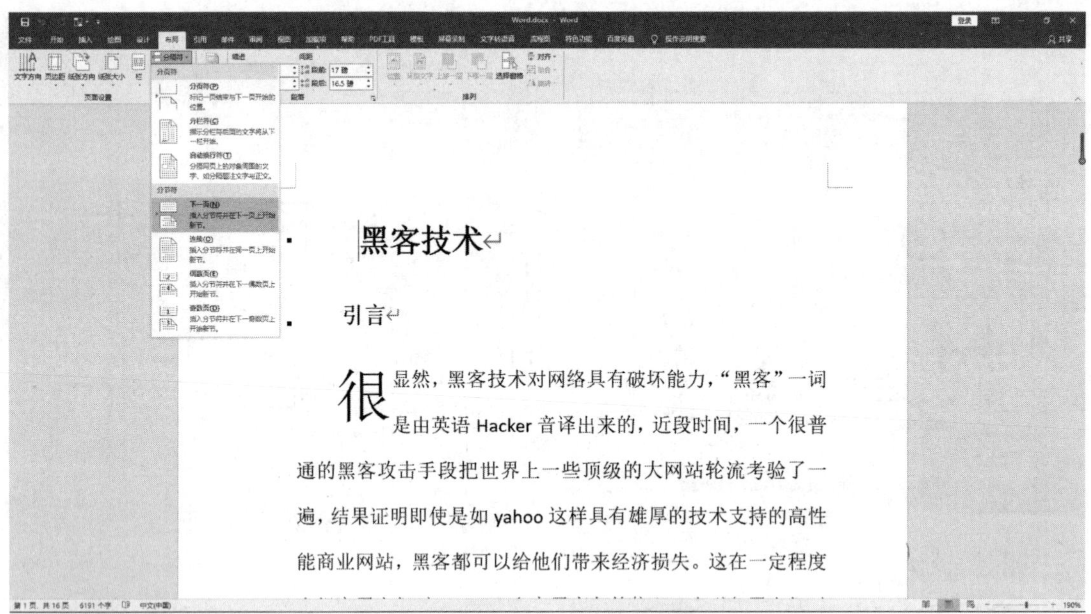

图 7-33 “分节符”设置

步骤 2：将光标定位在第 1 页的开头，单击“开始”选项卡下“样式”组中的“其他”下拉按钮，如图 7-34 所示，选择“清除格式”命令，如图 7-35 所示。

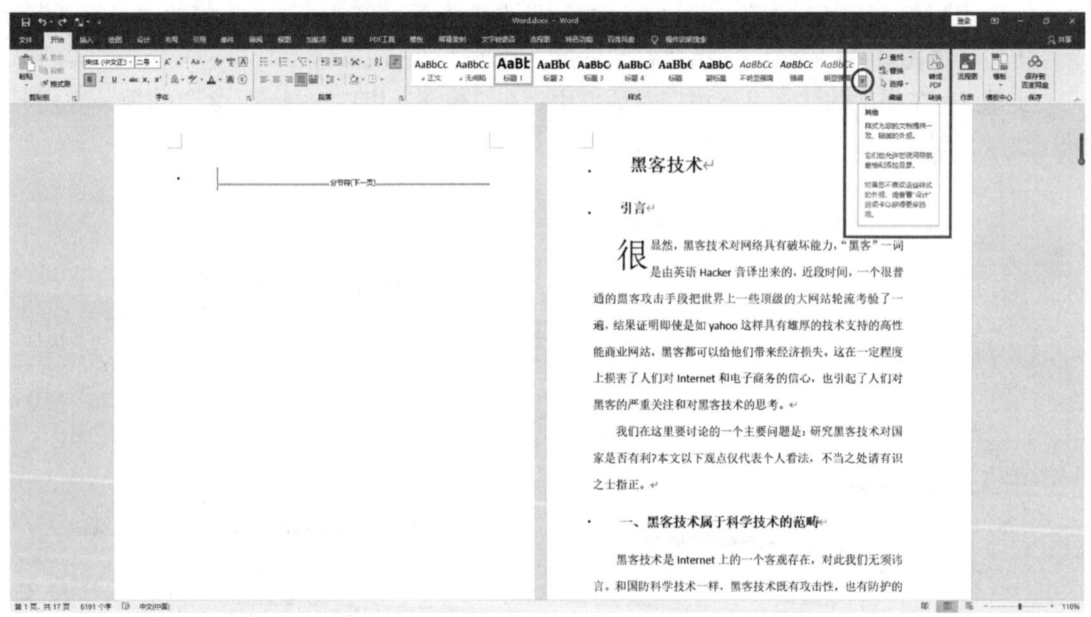

图 7-34 “其他”下拉按钮

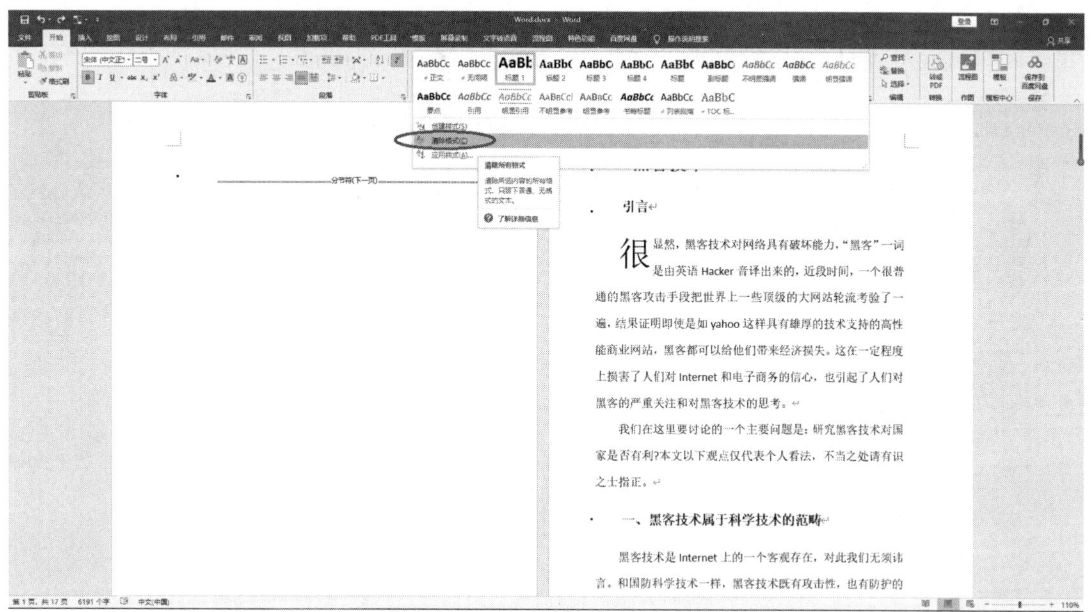

图 7-35　清除样式

步骤 3：单击“引用”选项卡下“目录”组中的“目录”下拉按钮，选择“自定义目录”命令，如图 7-36 所示。

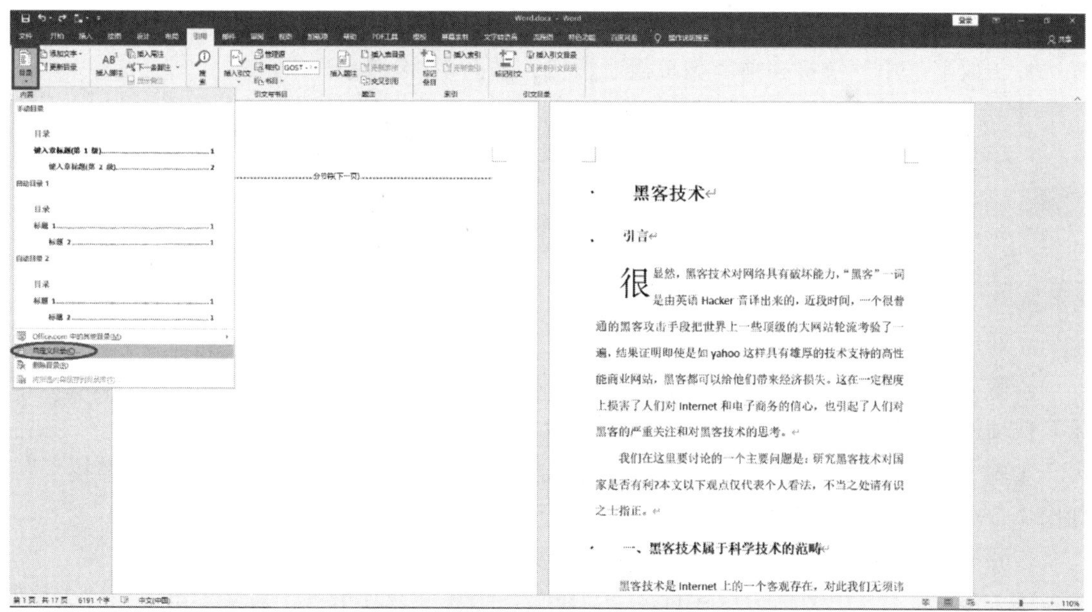

图 7-36　“自定义目录”命令

步骤 4：在弹出的“目录”对话框中，单击“选项”按钮，在弹出的“目录选项”对话框中删除目录级别“1”，如图 7-37 所示，单击“确定”按钮，再单击“确定”按钮完成设置。

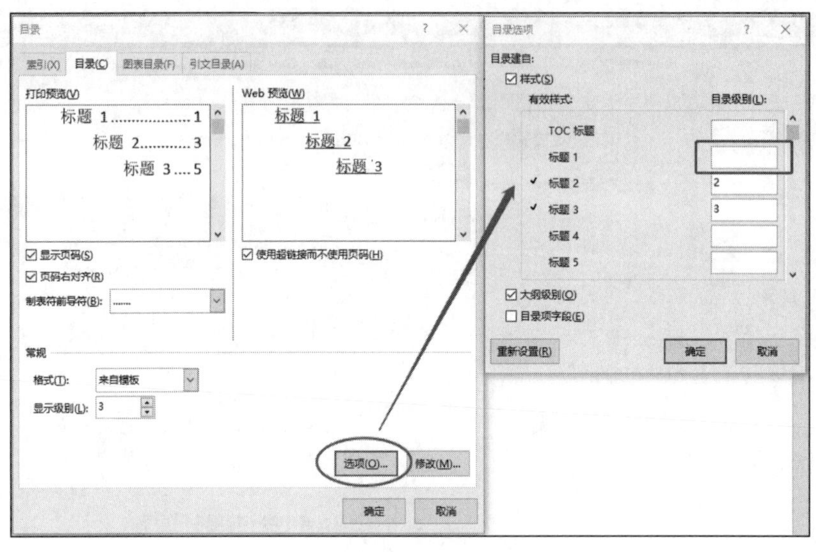

图 7-37 “目录选项”对话框

（7）步骤 1：将光标定位在正文第一页，单击“插入”选项卡下“页眉和页脚”组中的“页脚”下拉按钮，选择“编辑页脚”命令。

步骤 2：单击“页眉和页脚工具-设计”选项卡下的“上一条”按钮，将光标定位到第一页页脚处，单击“页脚”下拉按钮，选择“删除页脚”命令。

步骤 3：单击“下一条”按钮，在“页眉和页脚工具-设计”选项下勾选“奇偶页不同”复选框，取消选中“链接到前一条页眉”按钮，如图 7-38 所示。

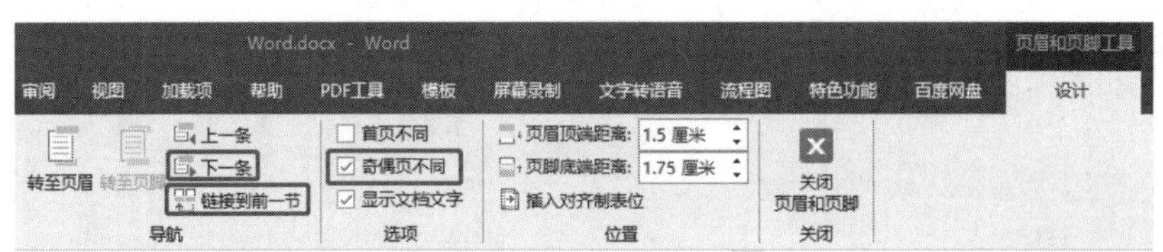

图 7-38 页眉设置

步骤 4：单击“页码”下拉按钮，在“当前位置”中选择“普通数字”命令。单击“开始”选项卡，在“段落”组中单击“文本右对齐”按钮。

步骤 5：在正文第 2 页页眉处取消选中“链接到前一条页眉”按钮，输入“黑客技术”，如图 7-39 所示。在页脚处按照同样的方法设置页码为“2”，左对齐。

步骤 6：设置完成后，单击“关闭页眉和页脚”按钮。

（8）步骤 1：选中文档最后 5 行文字，单击“插入”选项卡下“表格”组中的“表格”下拉按钮，选择“文本转换成表格”命令，如图 7-40 所示。

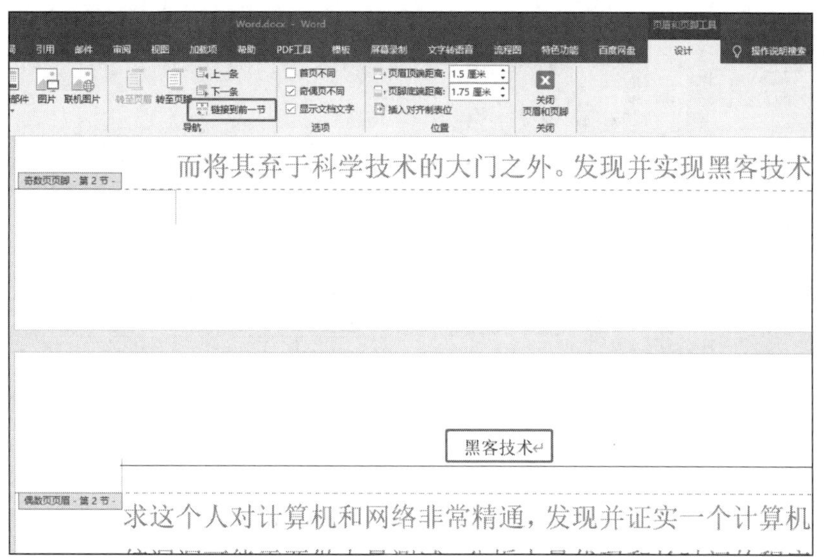

图 7-39　页眉设计

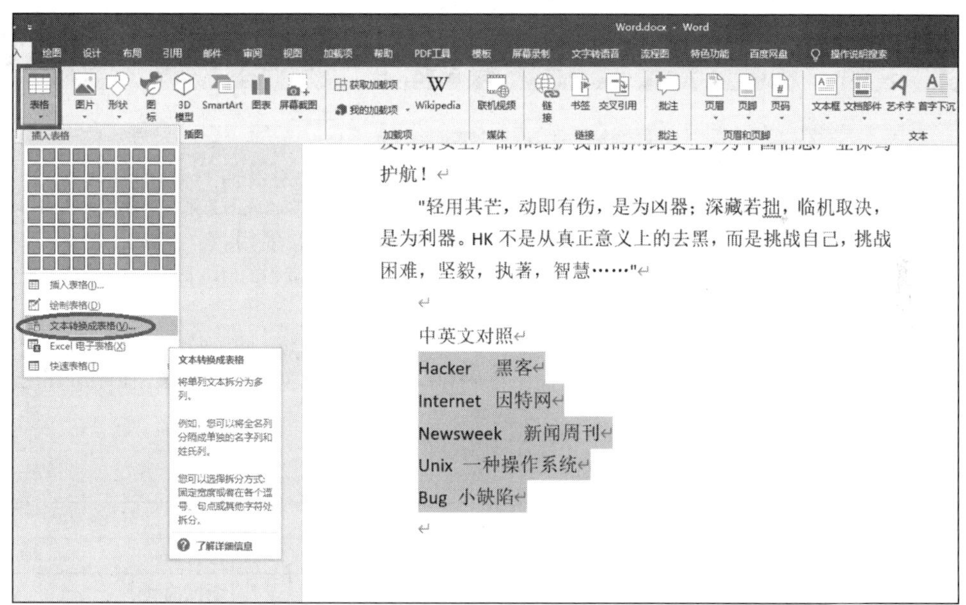

图 7-40　“文本转换成表格”操作

步骤 2：在弹出的“将文字转化成表格”对话框中，选中“文字分隔位置”中的“空格”单选按钮。设置列数为“2”，设置好后单击“确定”按钮，并按照需要对表格中的文字进行适当调整，如图 7-41 所示。

步骤 3：选中表格，单击“开始”选项卡下“段落”组中“居中”按钮。

步骤 4：选中表格标题，单击“开始”选项卡下“段落”组中“居中”按钮，如图 7-42 所示。

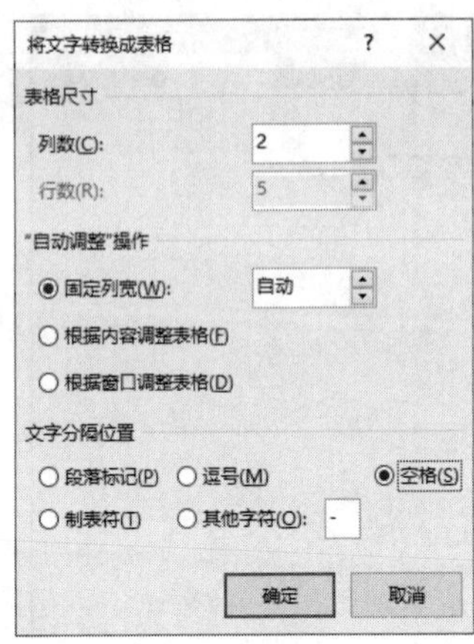

图 7-41 “将文字转换成表格”对话框

中英文对照

Hacker	黑客
Internet	因特网
Newsweek	新闻周刊
Unix	一种操作系统
Bug	小缺陷

图 7-42 文本转换成表格效果图

（9）步骤 1：单击“设计”选项卡下“文档格式”组中“主题”按钮，在弹出的下拉列表中选择一个合适的主题，如图 7-43 所示。

步骤 2：单击“保存”按钮，保存文档。

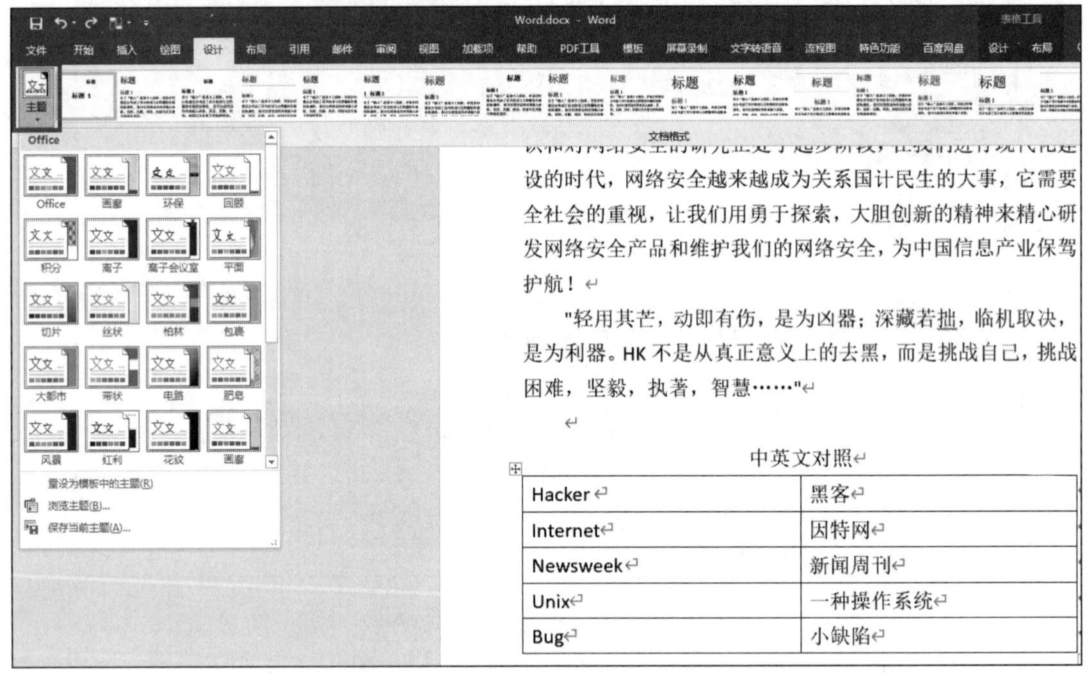

图 7-43 “主题”选择

7.3　Excel 操作模拟题一

7.3.1　题目要求

小李今年毕业后，在一家计算机图书销售公司担任市场部助理，主要的工作职责是为部门经理提供销售信息的分析和汇总。根据要求完成销售数据的统计和分析工作：

（1）在考生文件夹下，将“Excel 素材.xlsx”文件另存为“Excel.xlsx”（“.xlsx”为扩展名），后续操作均为基于此文件，否则不得分。

（2）对“订单明细表”工作表进行格式调整，通过套用表格格式方法将所有的销售记录调整为一致的外观格式，并将“单价”列和“小计”列所包含的单元格调整为“会计专用”（人民币）数字格式。

（3）根据图书编号，请在“订单明细表”工作表的“图书名称”列中，使用 VLOOKUP 函数完成图书名称的自动填充。“图书名称”和“图书编号”的对应关系在“编号对照”工作表中。

（4）根据图书编号，请在“订单明细表”工作表的“单价”列中，使用 VLOOKUP 函数完成图书单价的自动填充。“单价”和“图书编号”的对应关系在“编号对照”工作表中。

（5）“订单明细表”工作表的“小计”列中，计算每笔订单的销售额。

（6）根据“订单明细表”工作表中的销售数据，统计所有订单的总销售金额，并将其填写在“统计报告”工作表的 B3 单元格中。

（7）根据“订单明细表”工作表中的销售数据，统计《MS Office 高级应用》图书在 2012 年的总销售额，并将其填写在“统计报告”工作表的 B4 单元格中。

（8）根据“订单明细表”工作表中的销售数据，统计隆华书店在 2011 年第 3 季度的总销售额，并将其填写在“统计报告”工作表的 B5 单元格中。

（9）根据“订单明细表”工作表中的销售数据，统计隆华书店在 2011 年的每月平均销售额（保留 2 位小数），并将其填写在“统计报告”工作表的 B6 单元格中。

7.3.2　操作过程

（1）步骤：打开考生文件夹下的“Excel 素材.xlsx”，单击“文件”选项卡，选择“另存为”命令。在弹出的对话框里输入文件名“Excel.xlsx”，单击“保存”按钮。

（2）步骤 1：选中工作表中的 A2:H636 数据区域，单击“开始”选项卡下“样式”组中的“套用表格格式”按钮，在弹出的下拉列表中选择一种表样式，如图 7-44 所示，此处我们选择“蓝色，表样式浅色 9”。弹出“套用表格式”对话框，如图 7-45 所示，保留默认设置后单击“确定”按钮即可。

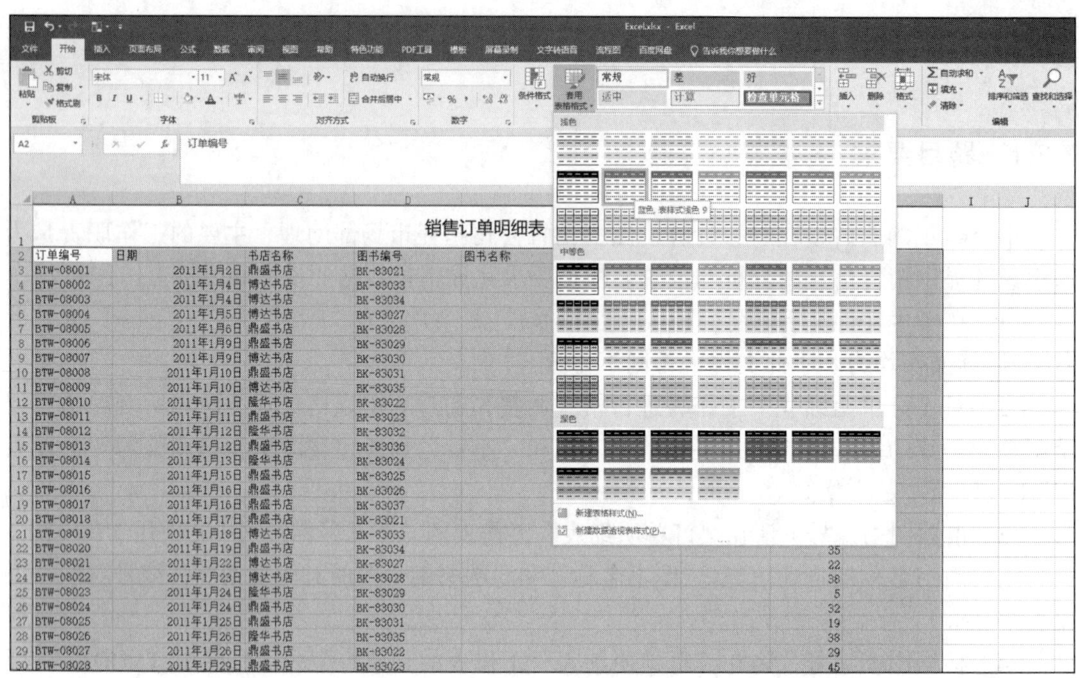

图 7-44 “套用表格格式”操作

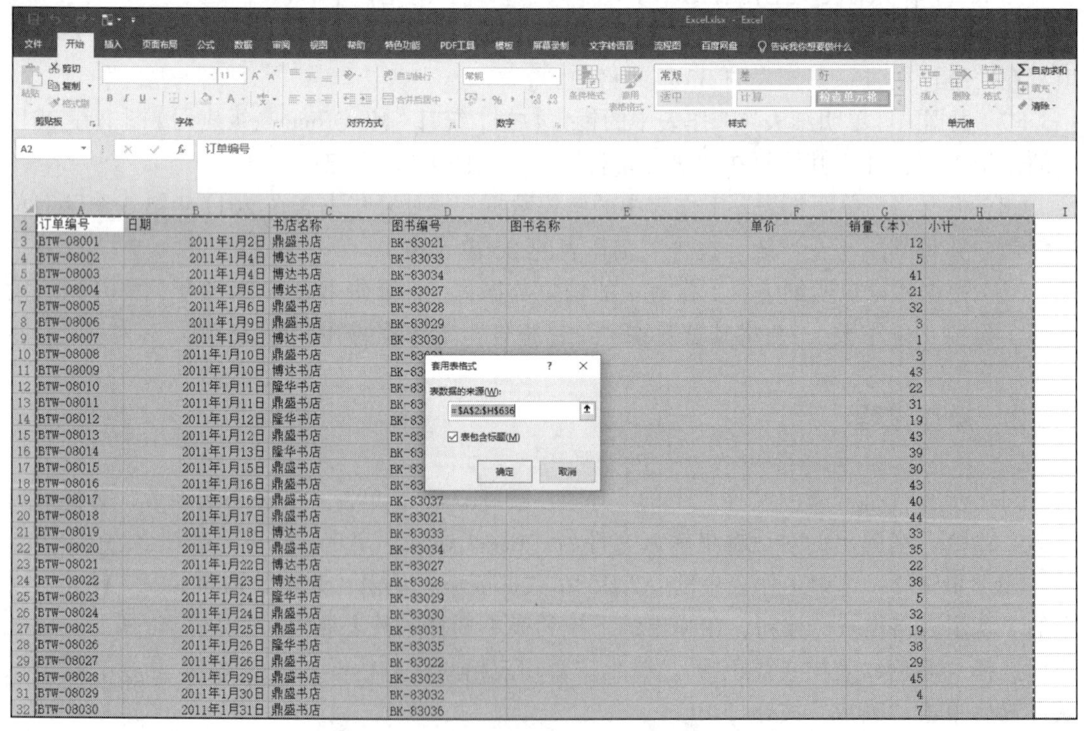

图 7-45 “套用格式”对话框

步骤 2：选中“单价”列，按住【Ctrl】键，同时选中“小计”列并右击，选择“设置单元格格式”命令，如图 7-46 所示，继而弹出“设置单元格格式”对话框，如图 7-47 所示，在“数字”选项卡下的“分类”组中选择“会计专用”命令，然后单击“货币符号（国家/地区）”下拉列表，选择“￥”选项，单击“确定”按钮。

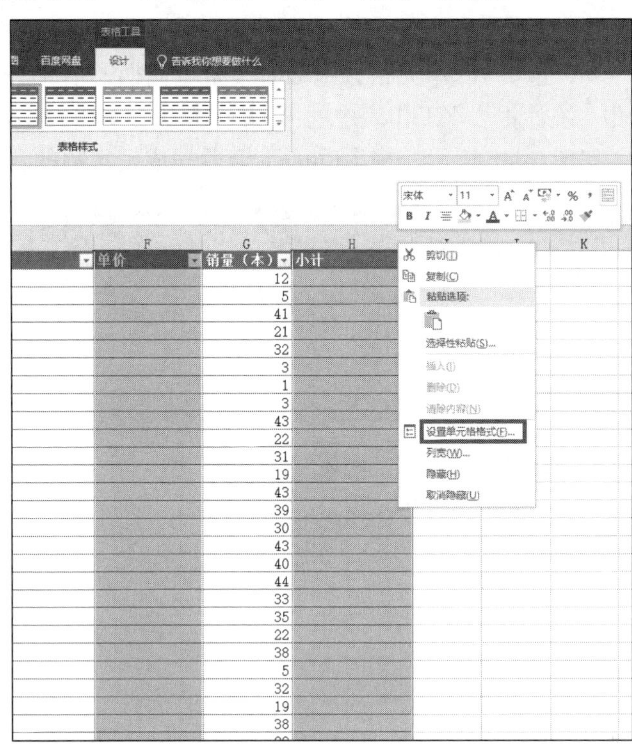

图 7-46　“设置单元格格式”

图 7-47　“设置单元格格式”对话框

（3）步骤：在“订单明细表”工作表的 E3 单元格中输入公式：=VLOOKUP(D3,编号对照!$A$3:$C$19,2,FALSE)，按【Enter】键完成图书名称的自动填充。

（4）步骤：在“订单明细表”工作表的 F3 单元格，在编辑栏中输入公式：=VLOOKUP(D3,编号对照!$A$3:$C$19,3,FALSE)，按【Enter】键进行计算，选中 F3 单元格，拖动右下角填充柄，填充 F 列数据。

（5）步骤：选中“订单明细表”工作表的 H3 单元格，在编辑栏中输入公式：=F3*G3，按【Enter】键进行计算，选中 H3 单元格，拖动右下角填充柄，填充 H 列数据。

（6）步骤 1：选中“统计报告”工作表中的 B3 单元格，在编辑栏中输入公式：=SUM(订单明细表!H3:H636)，如图 7-48 所示，按【Enter】键后完成销售额的自动填充。

图 7-48 “统计报告”表中输入公式

步骤 2：单击 B3 单元格右侧的“自动更正选项”按钮，选择“撤消计算列”命令，如图 7-49 所示。

图 7-49 撤销计算列操作

（7）步骤：选中“统计报告”工作表中的 B4 单元格，在编辑栏中输入公式：=SUMIFS(订单明细表!H3:H636,订单明细表!B3:B636,">="&DATE(2012,1,1),订单明细表!B3:B636,"<="&DATE(2012,12,31),订单明细表!E3:E636,"《MS Office 高级应用》")，按【Enter】键确认。

（8）步骤：选中“统计报告”工作表中的 B5 单元格，在编辑栏中输入公式：= SUMIFS(订单明细表!H3:H636,订单明细表!B3:B636,">="&DATE(2011,7,1),订单明细表!B3:B636,"<="&DATE(2011,9,30),订单明细表!C3:C636,"隆华书店")，按【Enter】键确认。

（9）步骤 1：选中“统计报告”工作表中的 B6 单元格，在编辑栏中输入公式：= SUMIFS(订单明细表!H3:H636,订单明细表!B3:B636,">="&DATE(2011,1,1),订单明细表!B3:B636,"<="&DATE(2011,12,31),订单明细表!C3:C636,"隆华书店")/12，按【Enter】键确认，然后设置该单元格格式保留 2 位小数（在这里默认是 2 位小数，所以不需要修改）。

步骤 2：“统计报告”表数据结果如图 7-50 所示，保存并关闭文件。

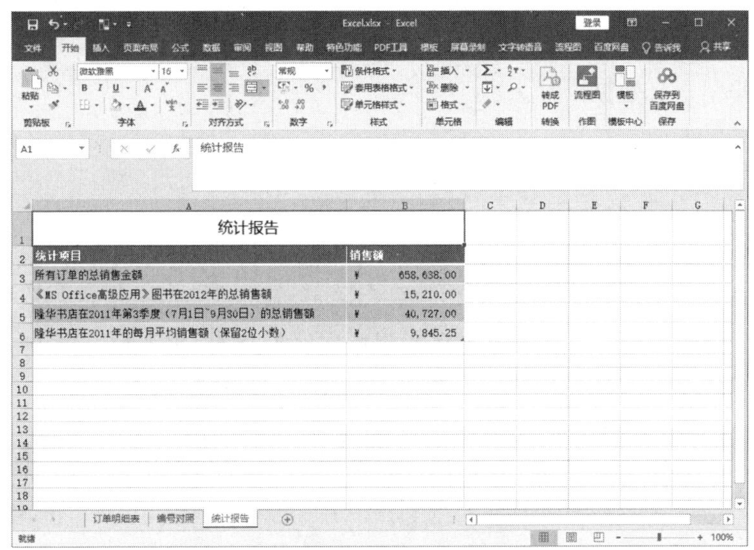

统计报告	
统计项目	销售额
所有订单的总销售金额	¥ 658,638.00
《MS Office高级应用》图书在2012年的总销售额	¥ 15,210.00
隆华书店在2011年第3季度（7月1日~9月30日）的总销售额	¥ 40,727.00
隆华书店在2011年的每月平均销售额（保留2位小数）	¥ 9,845.25

图 7-50　“统计报告”表数据结果

7.4　Excel 操作模拟题二

7.4.1　题目要求

小李是东方公司的会计，为节省时间，同时又确保记账的准确性，她使用 Excel 编制了员工工资表。请根据考生文件夹下“Excel 素材.xlsx”中的内容，帮助小李完成工资表的整理和分析工作。具体要求如下（提示：本题中若出现排序问题则采用升序方式）：

（1）在考生文件夹下，将“Excel 素材.xlsx”文件另存为“Excel.xlsx”（“.xlsx”为扩展名），后续操作均基于此文件，否则不得分。

（2）通过合并单元格，将表名“东方公司 2014 年 3 月员工工资表”放于整个表的上端、居中，并调整字体、字号。

（3）在“序号”列中分别填入 1 到 15，将其数据格式设置为数值、保留 0 位小数、居中。

（4）将“基础工资”（含）右侧各列设置为会计专用格式、保留 2 位小数、无货币符号。

（5）调整表格各列宽度、对齐方式，使得显示更加美观，并设置纸张大小为 A4yy.com、横向，整个工作表需调整在 1 个打印页内。

（6）参考考生文件夹下的“工资薪金所得税率.xlsx”文件内容，利用 IF 函数计算“应交个人所得税”列。（提示：应交个人所得税=应纳税所得额*对应税率-对应速算扣除数）

（7）利用公式计算“实发工资”列，公式为：实发工资=应付工资合计-扣除社保-应交个人所得税。

（8）复制工作表“2014 年 3 月”，将副本放置到原工作表的右侧，并将新工作表命名为“分类汇总”。

（9）在“分类汇总”工作表中通过分类汇总功能求出各部门“应付工资合计”、“实发工资”的和，每组汇总数据不分页。

7.4.2 操作过程

（1）步骤：打开考生文件夹下的“Excel 素材.xlsx”，单击“文件”选项卡，选择“另存为”命令。在弹出的对话框里输入文件名“Excel.xlsx”，单击“保存”按钮。

（2）步骤 1：在“2014 年 3 月”工作表中选中“A1:M1”单元格，单击“开始”选项卡下“对齐方式”组中的“合并后居中”按钮，如图 7-51 所示。

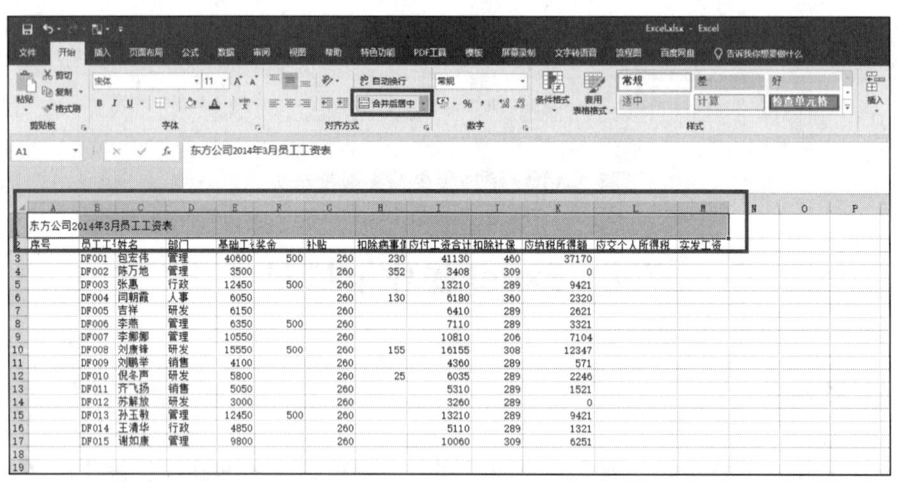

图 7-51 “合并后居中”操作

步骤 2：选中 A1 单元格，切换至“开始”选项卡下“字体”组，为表名“东方公司 2014 年 3 月员工工资表”选择合适的字体和字号，例如，选择设置为“黑体”和“20 号”。

（3）步骤 1：在“2014 年 3 月”工作表 A3 单元格中输入“1”，按住【Ctrl】键向下填充至单元格 A17。

步骤 2：选中“序号”列并右击，选择“设置单元格格式”命令，弹出“设置单元格格式”对话框，如图 7–52 所示。切换至“数字”选项卡，在“分类”列表框中选择“数值”命令，在右侧的“示例”组的“小数位数”微调框中输入“0”。

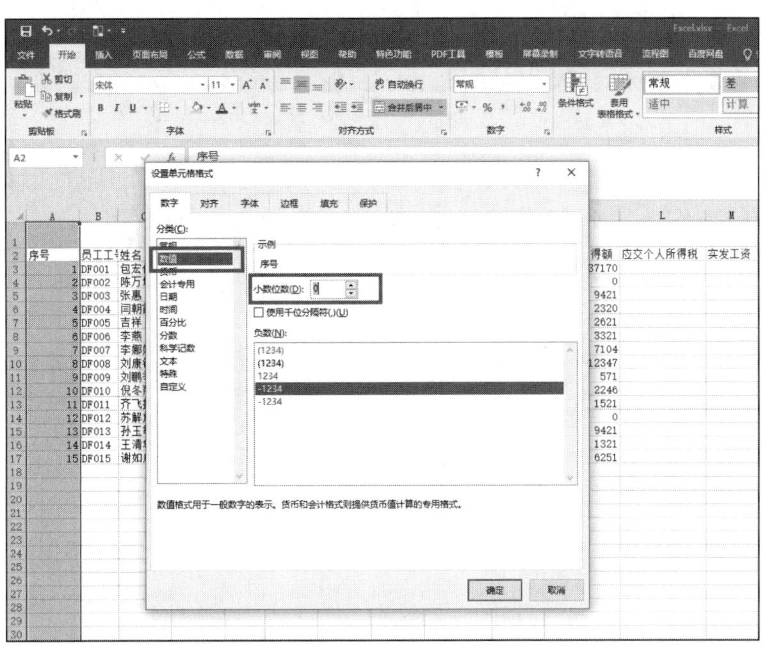

图 7–52　“设置单元格格式”对话框

步骤 3：在“设置单元格格式”对话框中切换至“对齐”选项卡，在“文本对齐方式”组中“水平对齐”下拉列表框中选择“居中”选项，如图 7–53 所示，单击“确定”按钮关闭对话框。

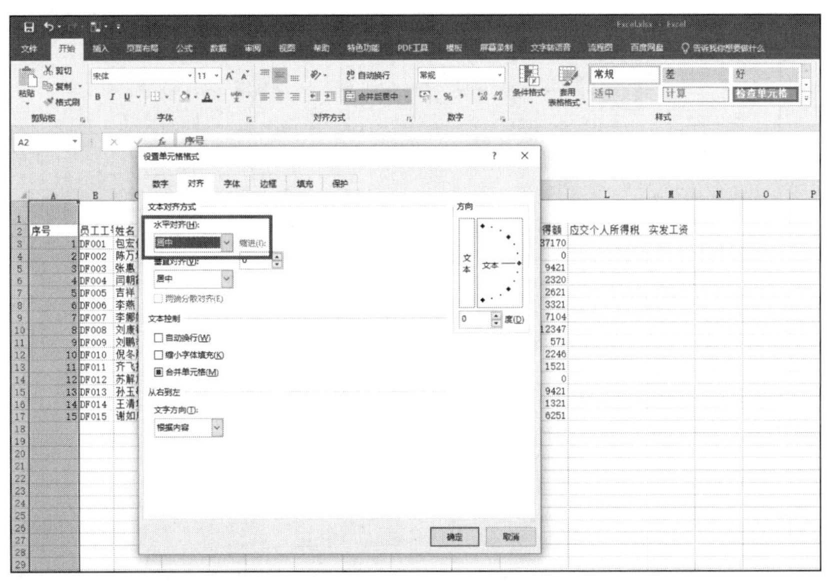

图 7–53　“单元格格式” – “对齐”操作

（4）步骤：在“2014 年 3 月”工作表选中 E:M 列，右击，选择“设置单元格格式”命令，弹出“设置单元格格式”对话框。切换至“数字”选项卡，在“分类”列表框中选择“会计专用”，在“小数位数”微调框中输入“2”，在“货币符号（国家/地区）”下拉列表框中选择“无”，如图 7-54 所示。

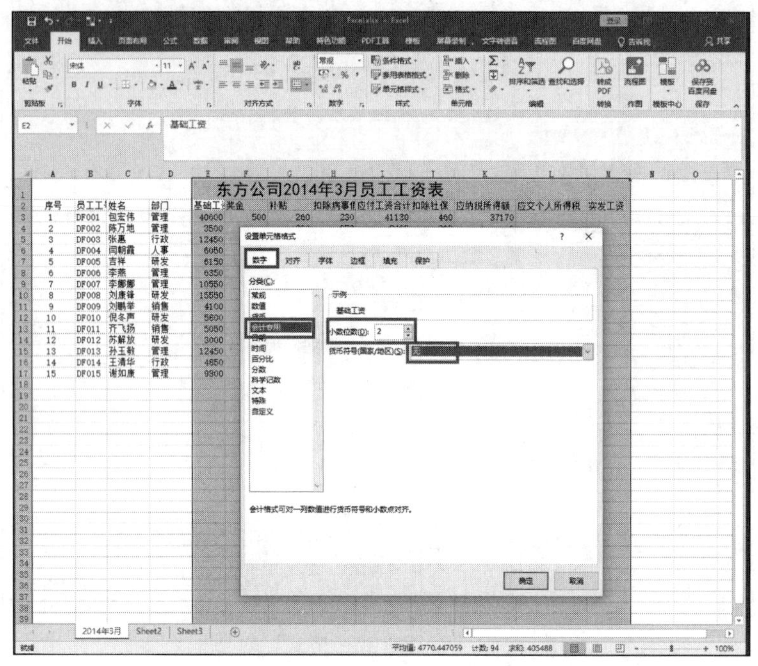

图 7-54 “设置单元格格式”-“会计专用”操作

（5）步骤 1：在“2014 年 3 月”工作表中，单击“页面布局”选项卡下“页面设置”组中的“纸张大小”按钮，在弹出的下拉列表中选择“A4”命令，如图 7-55 所示。

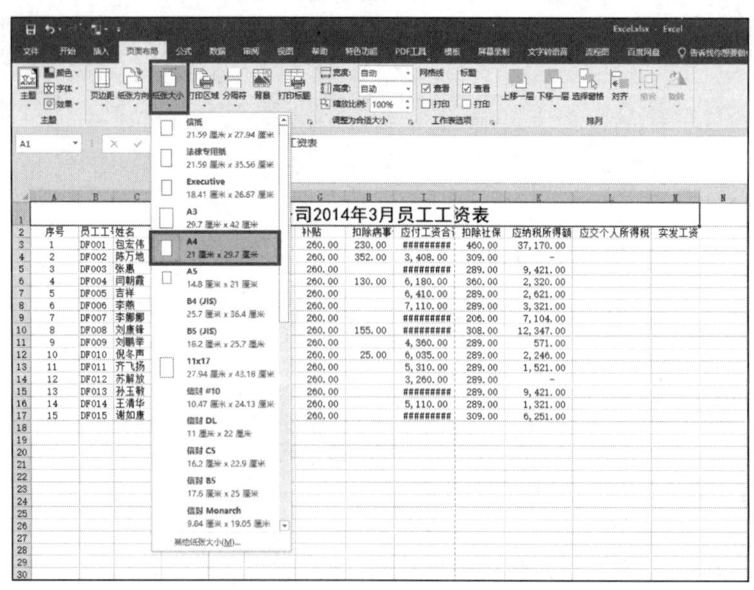

图 7-55 调整纸张为 A4 大小

步骤 2：单击“页面布局”选项卡下“页面设置”组中的“纸张方向”按钮，在弹出的下拉列表中选择“横向”命令，如图 7-56 所示。

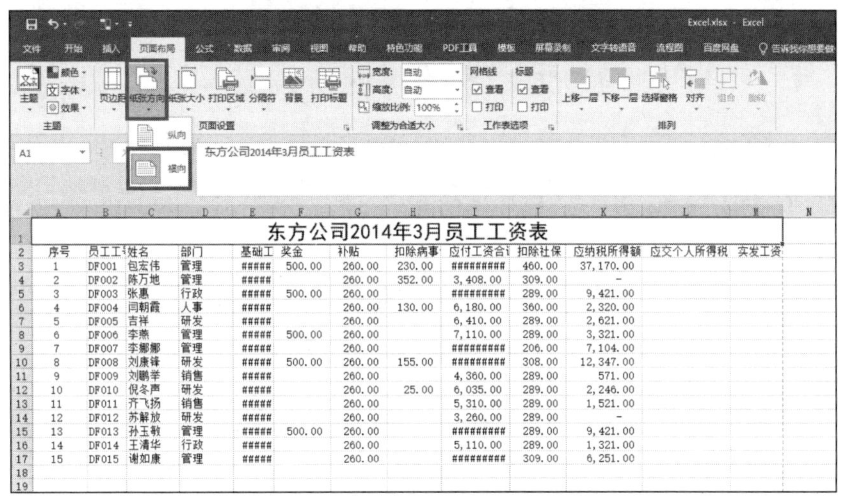

图 7-56　调整纸张方向操作

步骤 3：适当调整表格各列宽度、对齐方式，使得显示更加美观，可以使用“开始”选项卡下“单元格”组中“格式”下的“自动调整行高”、“自动调整列宽”命令来调整，如图 7-57 所示。

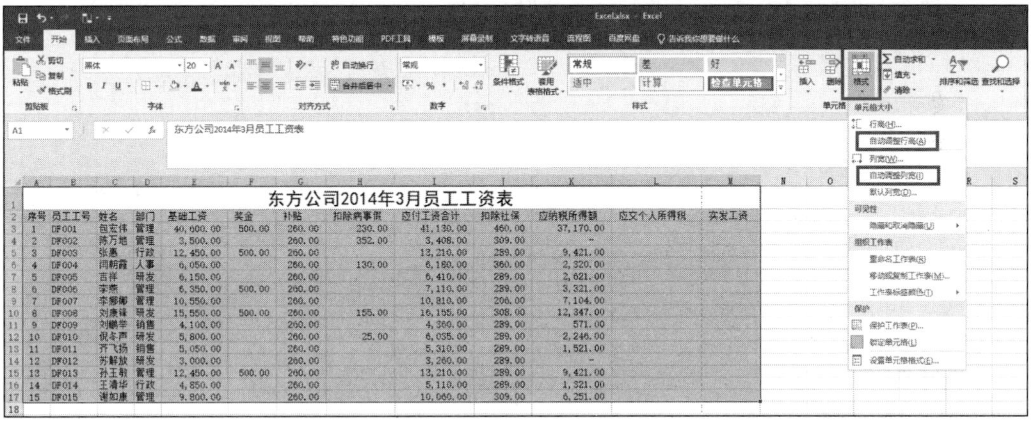

图 7-57　调整行高、列宽操作

步骤 4：选择“页面布局”选项卡，在“调整为合适大小”组中，设置“宽度”、“高度”均为“1 页”，如图 7-58 所示。

（6）步骤：选中“2014 年 3 月”工作表中的 L3 单元格，在编辑栏中输入公式：=IFERROR(K3*IF(K3>80000,45%,IF(K3>55000,35%,IF(K3>35000,30%,IF(K3>9000,25%,IF(K3>4500,20%,IF(K3>1500,10%,3%))))))-IF(K3>80000,13505,IF(K3>55000,5505,IF(K3>35000,2755,IF(K3>9000,1005,IF(K3>4500,555,IF(K3>1500,105,0)))))),"")，按【Enter】键后完成“应交个人所得税”的填充，然后向下填充公式到 L17 单元格即可。

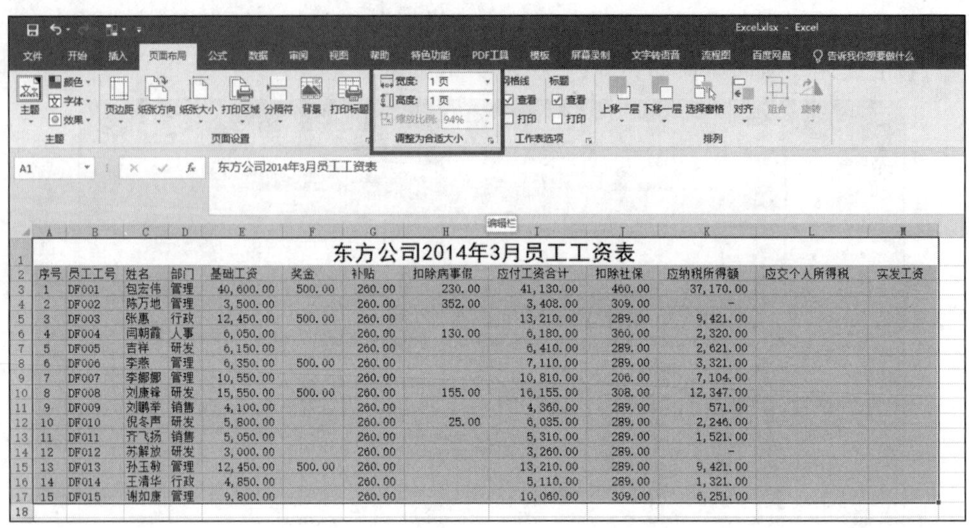

图 7-58　设置页面大小

（7）步骤：在“2014 年 3 月”工作表 M3 单元格中输入公式：=I3-J3-L3，按【Enter】键后完成“实发工资”的填充，然后向下填充公式到 M17 单元格即可。

（8）步骤 1：选中“2014 年 3 月”工作表并右击，在弹出的快捷菜单中选择“移动或复制”命令，如图 7-59 所示。

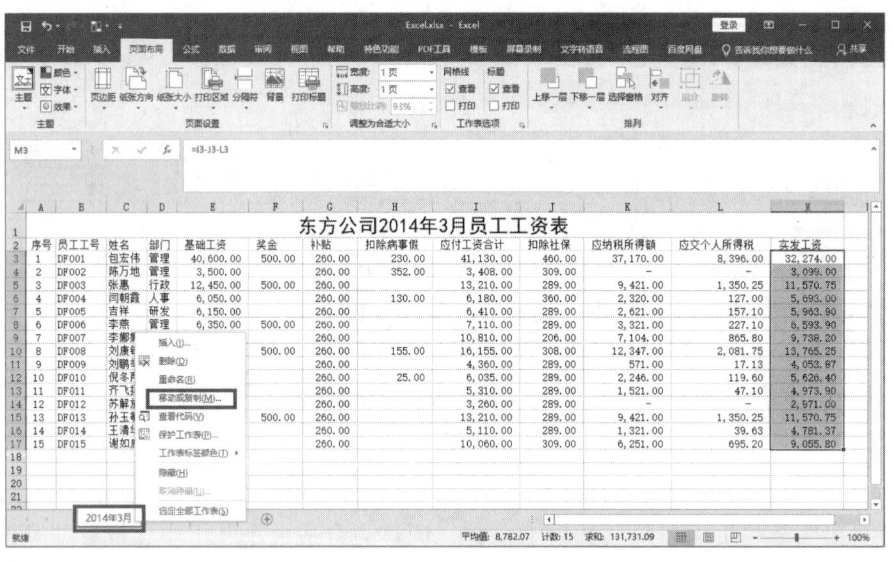

图 7-59　工作表的“移动或复制”操作

步骤 2：在弹出的“移动或复制工作表”对话框中，在“下列选定工作表之前”列表框中选择“Sheet2”，勾选“建立副本”复选框，如图 7-60 所示，设置完成后单击“确定”按钮即可。

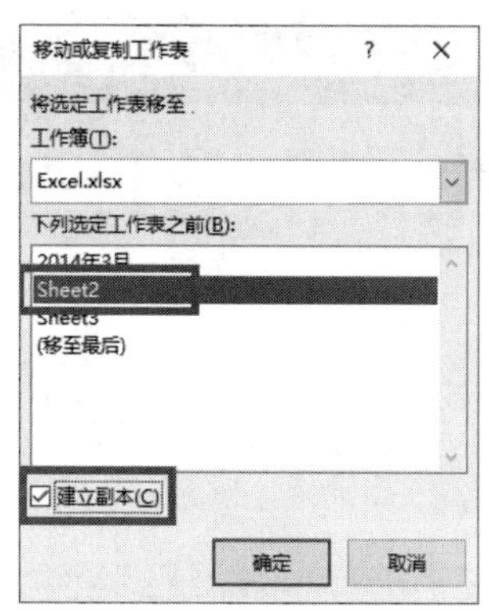

图 7-60　“移动或复制工作表”对话框

步骤 3：选中“2014 年 3 月（2）”工作表并右击，如图 7-61 所示，在弹出的快捷菜单中选择“重命名”命令，更改工作表名为“分类汇总”。

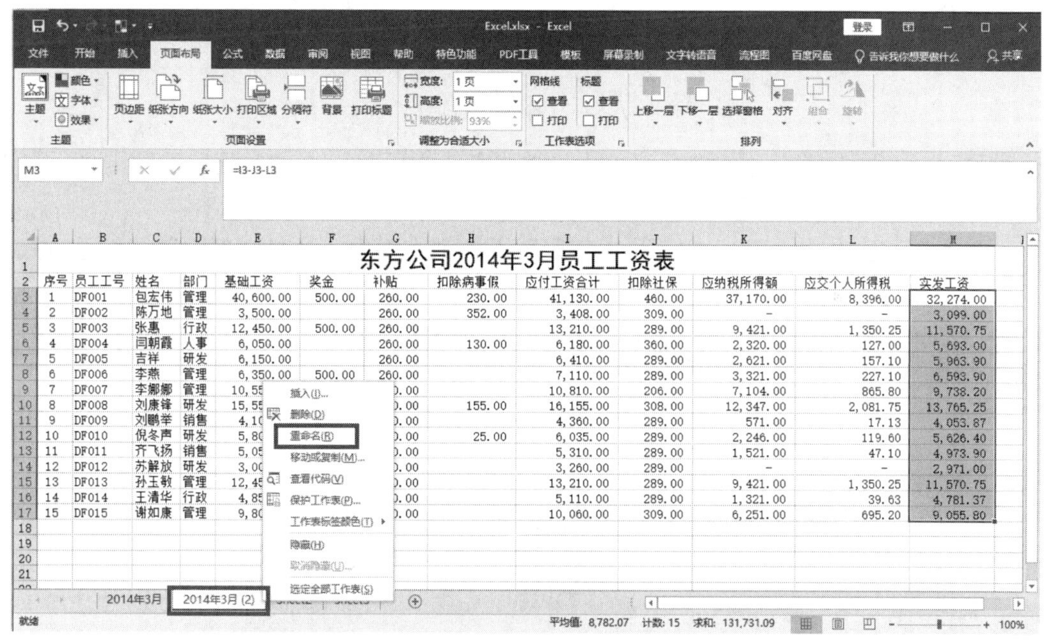

图 7-61　“重命名”操作

（9）步骤 1：在“分类汇总”工作表中，先选定 A2:M17 数据区域，单击“数据”选项卡下“排序和筛选”组中的“排序”按钮，弹出排序对话框。

步骤 2：在“排序”对话框中，“主要关键字”选择为“部门”，“次序”设置为“升序”，如图 7-62 所示，单击“确定”按钮。

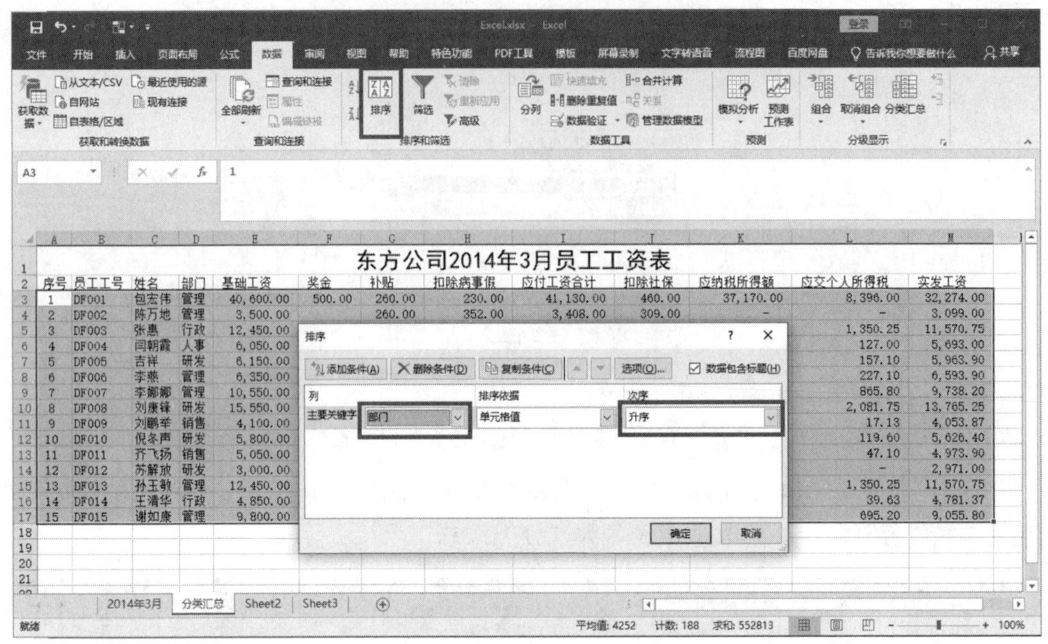

图 7-62 “排序”对话框

步骤 3：在要分类汇总的数据清单中，单击任一单元格，在“数据”选项卡中，单击“分级显示”组的“分类汇总”按钮。

步骤 4：如图 7-63 所示，在“分类字段”下拉列表框中，选择“部门”；“汇总方式”为“求和”；“选定汇总项”设置为“应付工资合计”，“实发工资”。

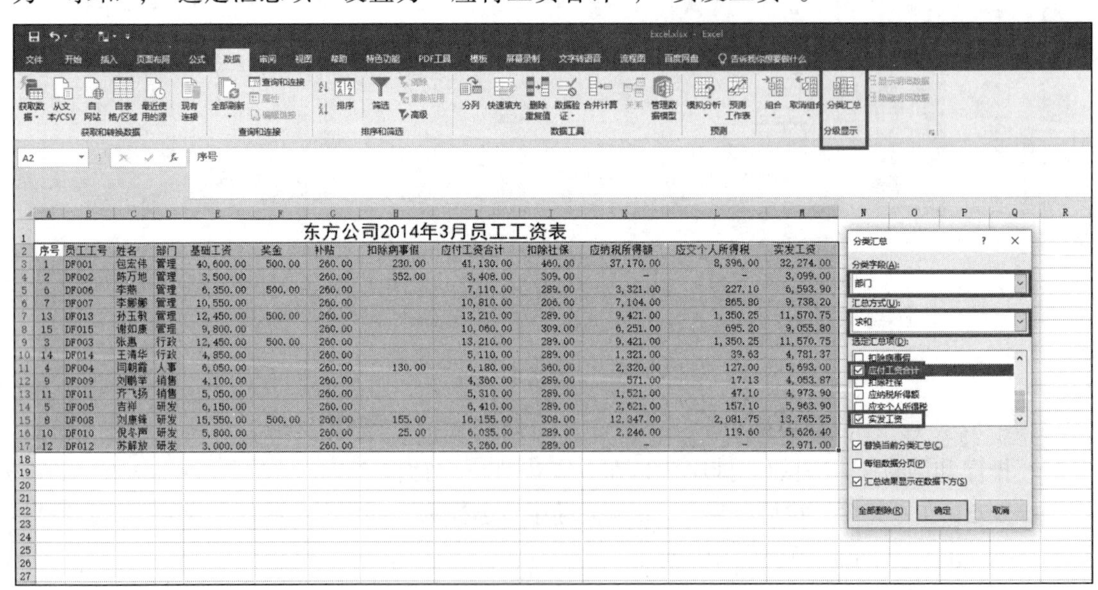

图 7-63 “分类汇总”操作

步骤 5：不要选中“每组数据分页”复选框，最后单击“确定”按钮。

步骤 6：保存并关闭文件。

7.5　PowerPoint 操作模拟题一

7.5.1　题目要求

校摄影社团在今年的摄影比赛结束后，希望可以借助 PowerPoint 将优秀作品在社团活动中进行展示。这些优秀的摄影作品保存在考试文件夹中，并以 Photo(1).jpg~Photo(12).jpg 命名。现在，按照如下需求在 PowerPoint 中完成制作工作：

（1）利用 PowerPoint 应用程序创建一个相册，并包含 Photo(1).jpg~Photo(12).jpg 共 12 幅摄影作品。在每张幻灯片中包含 4 张图片，并将每幅图片设置为“居中矩形阴影”相框形状。

（2）设置相册主题为考试文件夹中的“相册主题.pptx”样式。

（3）为相册中每张幻灯片设置不同的切换效果。

（4）在标题幻灯片后插入一张新的幻灯片，将该幻灯片设置为“标题和内容”板式。在该幻灯片的标题位置输入“摄影社团优秀作品赏析”；并在该幻灯片的内容文本框中输入 3 行文字，分别为“湖光春色”、“冰消雪融”和“田园风光”。

（5）将“湖光春色”、“冰消雪融”和“田园风光”3 行文字转换样式为“蛇形图片重点列表”的 SmartArt 对象，并将 Photo(1).jpg、Photo(6).jpg 和 Photo(9).jpg 定义为该 SmartArt 对象的显示图片。

（6）为 SmartArt 对象添加自左至右的“擦除”进入动画效果，并要求在幻灯片放映时该 SmartArt 对象元素可以逐个显示。

（7）在 SmartArt 对象元素中添加幻灯片跳转链接，使单击“湖光春色”标注形状可跳转至第 3 张幻灯片，单击“冰消雪融”标注形状可跳转至第 4 张幻灯片，单击“田园风光”标注形状可跳转至第 5 张幻灯片。

（8）将考试文件夹中的“ELPHRG01.wav”声音文件作为该相册的背景音乐，并在幻灯片放映时即开始播放。

（9）将该相册以文件名“PPT.pptx”（“.pptx”为扩展名）保存在考生文件夹下，否则不得分。

7.5.2　操作过程

（1）步骤 1：右击考生文件夹空白处，新建一个演示文稿。

步骤 2：打开演示文稿，单击“插入”选项卡下“图像”组中的“相册”下拉按钮，选择“新建相册”命令，如图 7-64 所示。

步骤 3：在弹出的“相册”对话框中，如图 7-65 所示，单击“文件/磁盘”按钮，弹出“插入新图片”对话框，如图 7-66 所示，按住【Ctrl】键，同时选中要求的 12 张图片，单击“插入”按钮。

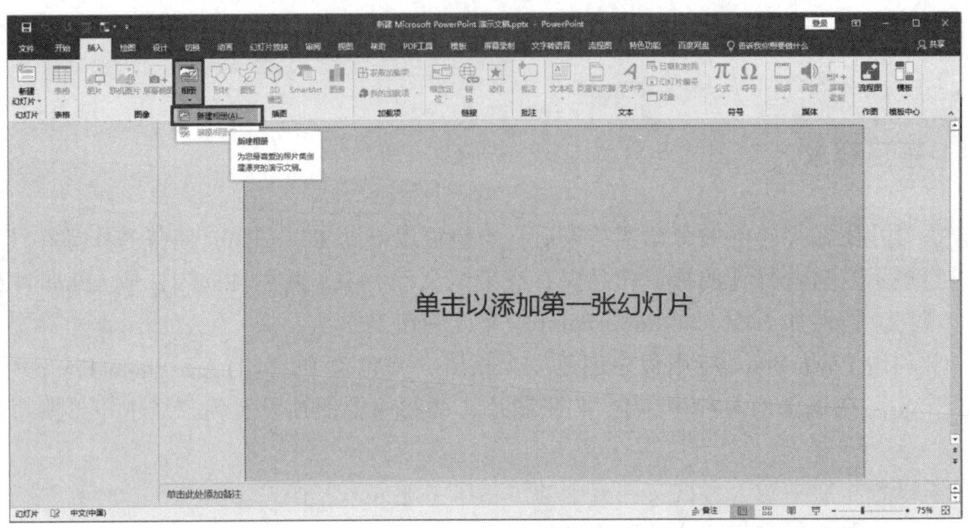

图 7-64 “新建相册”操作

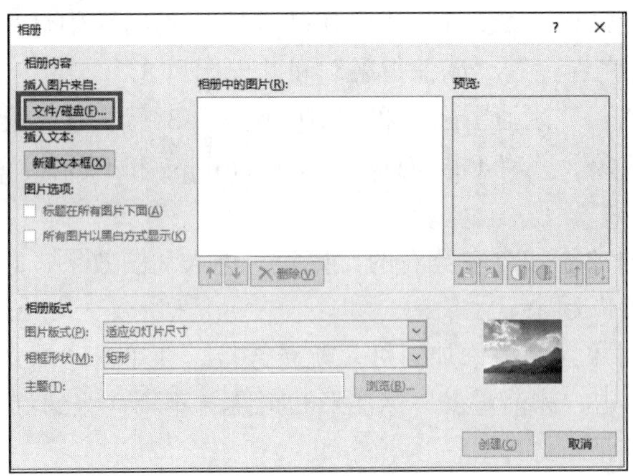

图 7-65 “相册”对话框

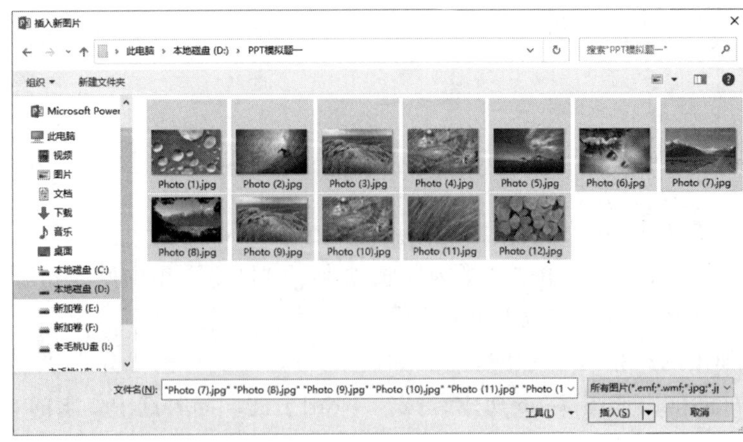

图 7-66 “插入新图片”对话框

步骤 4：回到“相册”对话框，如图 7-67 所示，在“图片版式”下拉列表中选择“4 张图片”，在“相框形状”下拉列表中选择“居中矩形阴影”，单击“主题”右侧的“浏览”按钮，在考生文件夹下选择“相册主题.pptx”，单击“选择”按钮，再单击“创建”按钮。

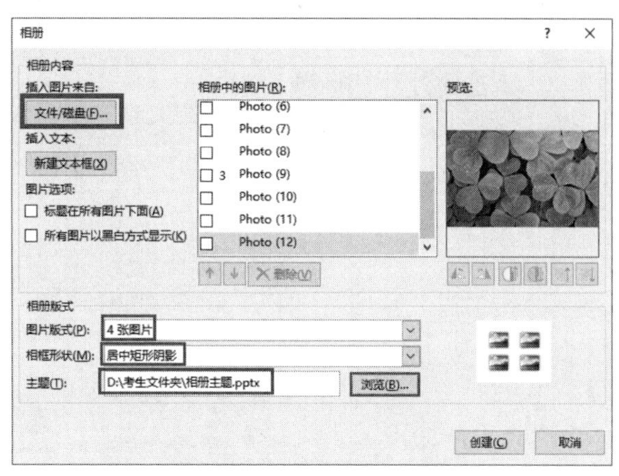

图 7-67　“相册”对话框内容设置

（2）步骤：在第 1 小题步骤 4 中已设置相册主题。

（3）步骤 1：选中第一张幻灯片，在“切换”选项卡下“切换到此幻灯片”组中选择合适的切换效果，如图 7-68 所示。

步骤 2：设置其他幻灯片为不同的切换效果。

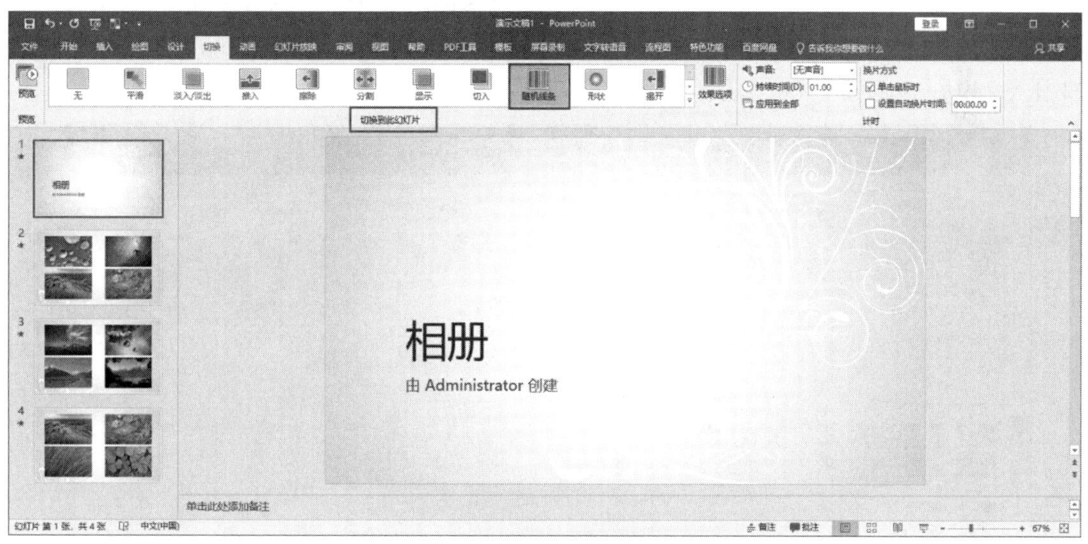

图 7-68　“切换”效果设置

（4）步骤 1：选中第一张幻灯片，单击“开始”选项卡下“幻灯片”组中的“新建幻灯片”下拉按钮，如图 7-69 所示，选择“标题和内容”样式。

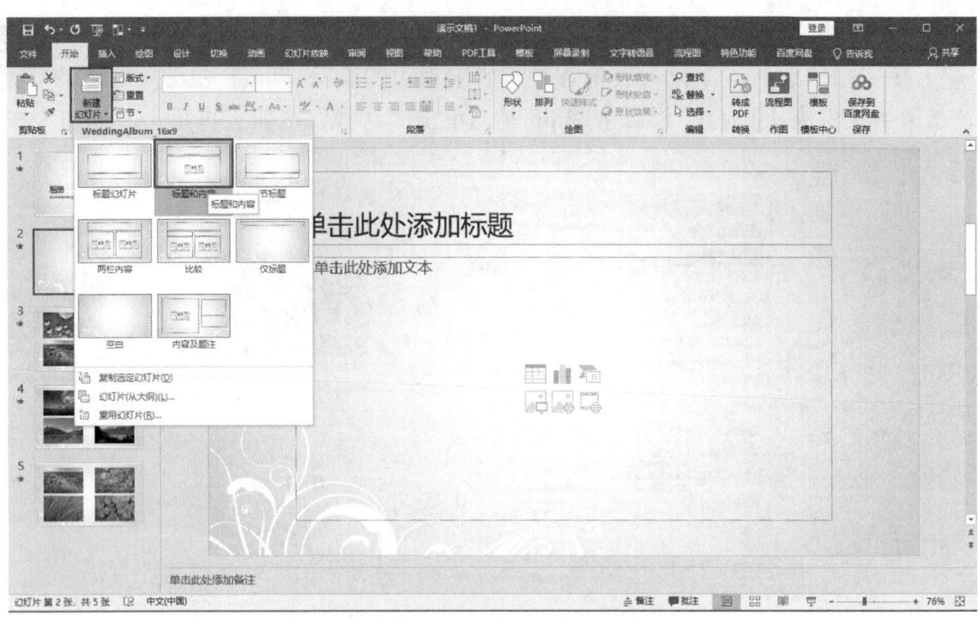

图 7-69 “新建幻灯片”操作

步骤 2：在该幻灯片的标题文本框中输入“摄影社团优秀作品赏析”，在内容文本框中输入 3 行文字，分别为“湖光春色”、“冰消雪融”和“田园风光”。

（5）步骤 1：选中“湖光春色”、“冰消雪融”和“田园风光”三行文字并右击，如图 7-70 所示，选择“转化为 SmartArt”中的“其他 SmartArt 图形”命令，如图 7-71 所示，在弹出的对话框中选择“图片”中的“蛇形图片重点列表”样式，单击“确定”按钮，效果如图 7-72 所示。

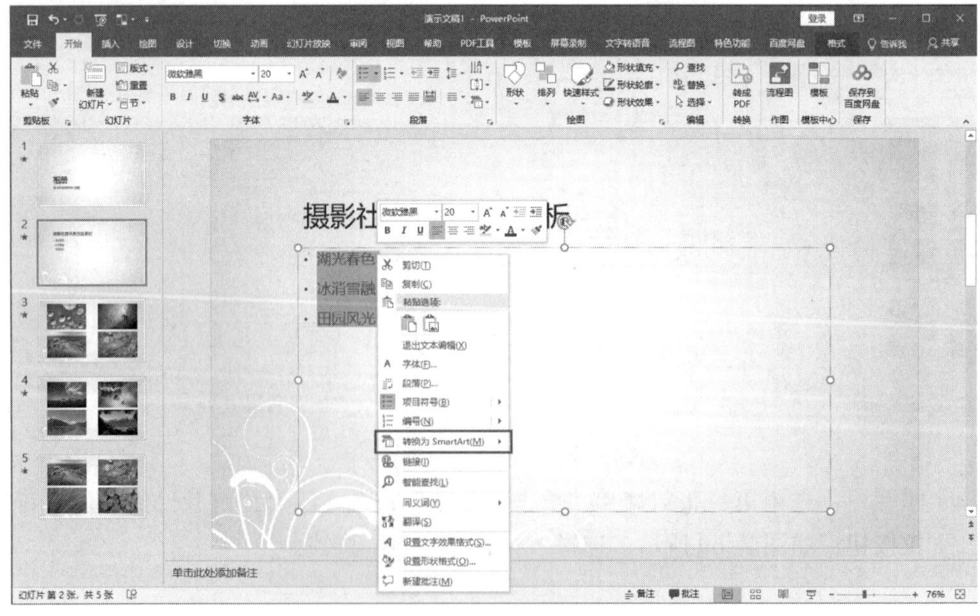

图 7-70 “转化为 SmartArt”操作

图 7-71　“蛇形图片重点列表”效果选项

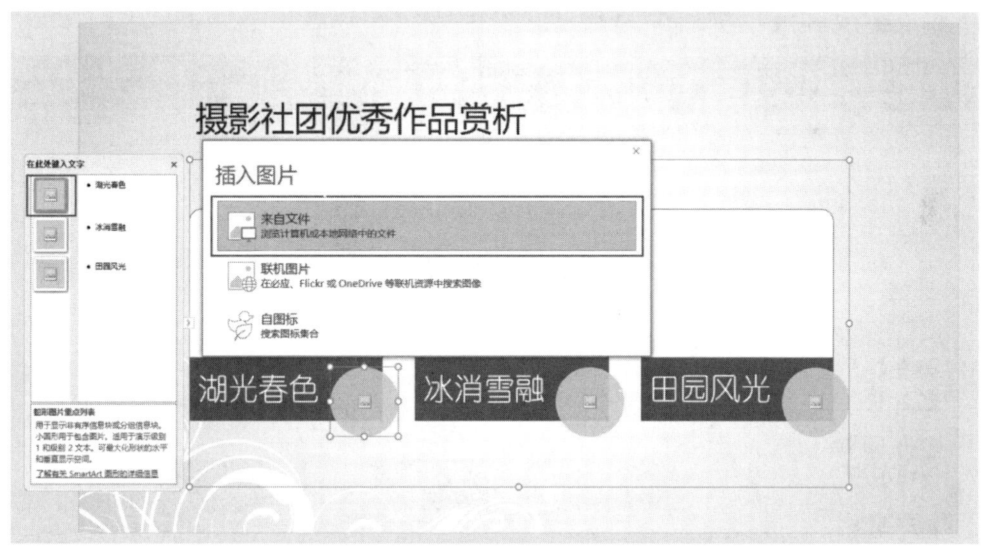

图 7-72　“蛇形图片重点列表”效果

步骤 2：单击“湖光春色”所对应的图片按钮，在弹出的“插入图片”对话框中选择“Photo(1).jpg”图片，如图 7-73 所示，单击“插入”按钮。

步骤 3：按照同样方法插入其他两张图片。

步骤 4：为新建的幻灯片设置与其他幻灯片不同的切换效果。

图 7–73 “插入图片”对话框

（6）步骤 1：选中 SmartArt 图形，单击“动画”选项卡下“动画”组中的“擦除”按钮。

步骤 2：单击“动画”选项卡下“动画”组中的“效果选项”下拉按钮，依次选中“自左侧”和“逐个”命令，如图 7–74 所示。

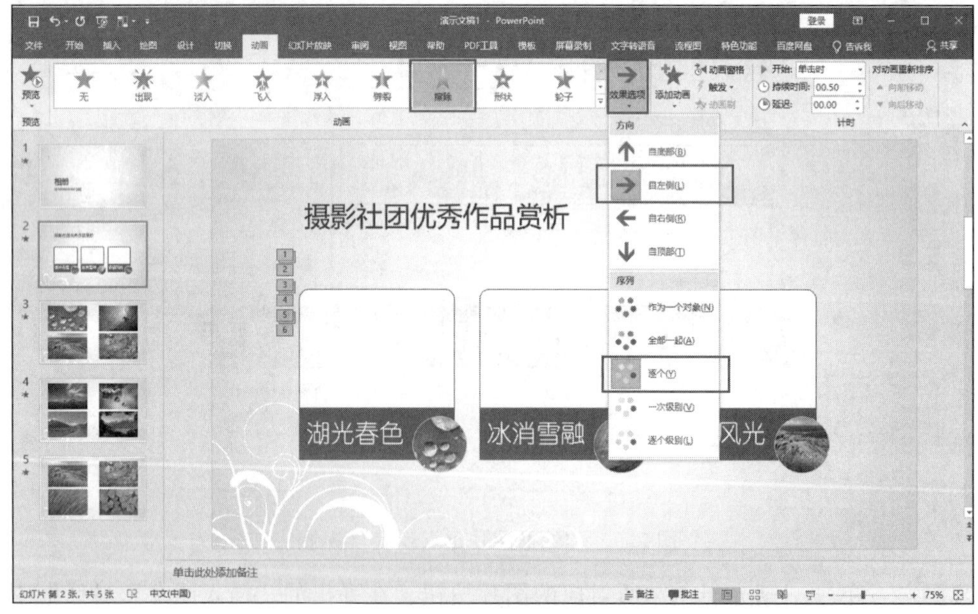

图 7–74 “擦除”动画设置

（7）步骤 1：选中 SmartArt 中的“湖光春色”标注形状，如图 7–75 所示，单击“插入”选项卡下“链接”组中的“链接”按钮，即可弹出“插入超链接”对话框，如图 7–76 所示。在“链接到”组中选择“本文档中的位置”选项，并在右侧选择“幻灯片 3”，单击“确定”按钮。

步骤 2：按照同样的方法设置另外两个超链接。

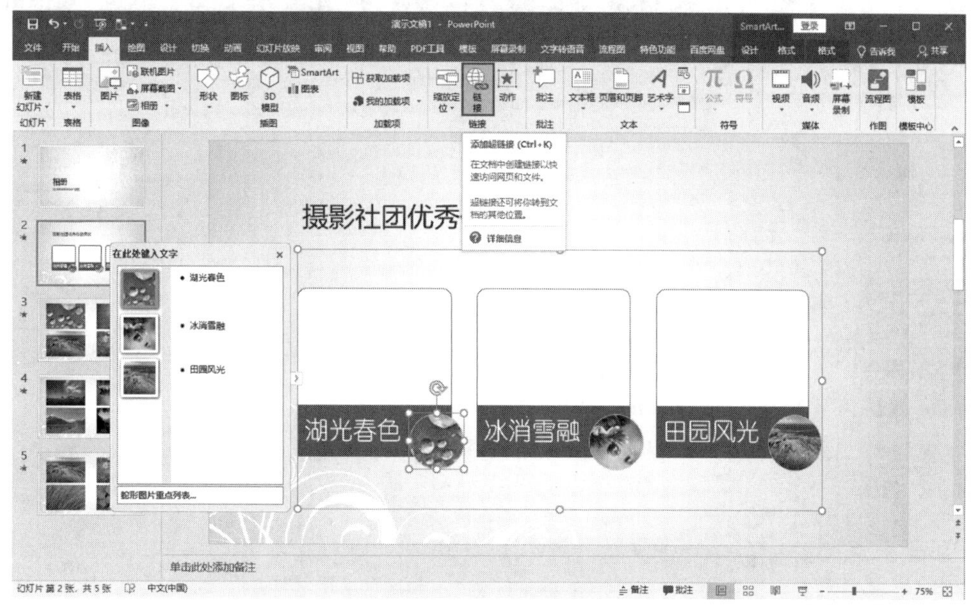

图 7-75　“链接”操作

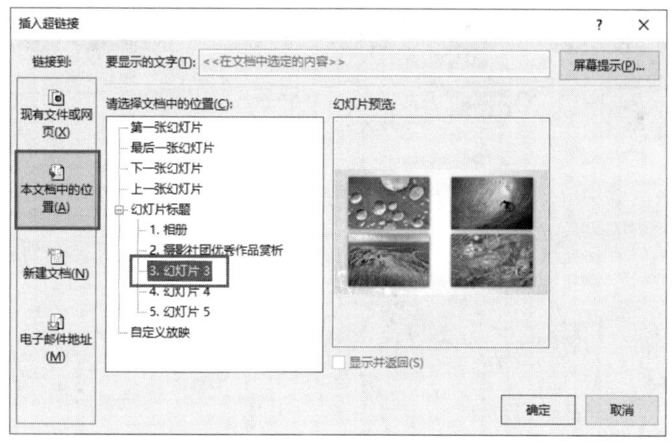

图 7-76　“插入超链接”对话框

（8）步骤 1：选中第一张幻灯片，如图 7-77 所示，单击“插入”选项卡下“媒体”组中的“音频”下拉按钮，选择“PC 上的音频”。在弹出的“插入音频”对话框中选中“ELPHRG01.wav”音频文件。单击“插入”按钮。

步骤 2：选中音频的小喇叭图标，将其拖动到合适的位置，如图 7-78 所示，在“音频工具-播放”选项卡的“音频选项”组中，勾选“循环播放，直到停止”和“跨幻灯片播放”复选框。

图 7-77 插入音频操作

图 7-78 插入音频操作设置

（9）步骤 1：单击“文件”选项卡下的“保存”按钮。

步骤 2：在弹出的“另存为”对话框中，打开考生文件夹，在“文件名”下拉列表框中输“PPT.pptx”，如图 7-79 所示，单击“保存”按钮，即可将该文件保存到考生文件夹中。

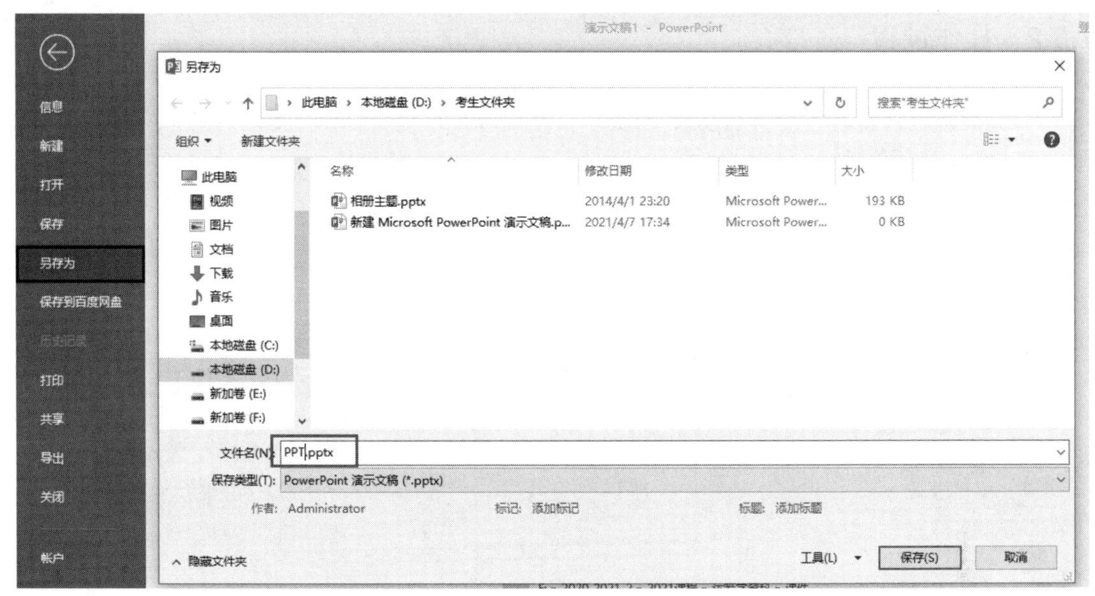

图 7-79　“另存为”操作

7.6　PowerPoint 操作模拟题二

7.6.1　题目要求

打开考生文件夹下的演示文稿 yswg.pptx，根据考生文件夹下的文件“PPT-素材.docx”，按照下列要求完善此文稿并以原文件名保存在考生文件夹下，否则不得分。

（1）使文稿包含七张幻灯片，设计第一张为“标题幻灯片”版式，第二张为“仅标题”版式，第三到第六张为“两栏内容”版式，第七张为“空白”版式；所有幻灯片统一设置背景样式，要求有预设颜色。

（2）第一张幻灯片标题为“计算机发展简史”，副标题为“计算机发展的四个阶段”；第二张幻灯片标题为“计算机发展的四个阶段”，在标题下面空白处插入 SmartArt 图形，要求含有四个文本框，在每个文本框中依次输入“第一代计算机”……“第四代计算机”，更改图形颜色，适当调整字体字号。

（3）第三张至第六张幻灯片，标题内容分别为素材中各段的标题；左侧内容为各段的文字介绍，加项目符号，右侧为考生文件夹下存放相对应的图片，第六张幻灯片需插入两张图片（“第四代计算机-1.JPG”在上，“第四代计算机-2.JPG”在下）；在第七张幻灯片中插入艺术字，内容为“谢谢！”。

（4）为第一张幻灯片的副标题、第三到第六张幻灯片的图片设置动画效果，第二张幻灯片的四个文本框超链接到相应内容幻灯片；为所有幻灯片设置切换效果。

7.6.2 操作过程

（1）步骤 1：打开考生文件夹下的演示文稿 yswg.pptx。在第一张幻灯片默认就是“标题幻灯片”，无须修改。

步骤 2：单击“开始”选项卡下“幻灯片”组中“新建幻灯片”下拉按钮，选择“仅标题”版式，如图 7-80 所示。按同样方法新建第三到第六张幻灯片为“两栏内容”版式，第七张为“空白”版式。

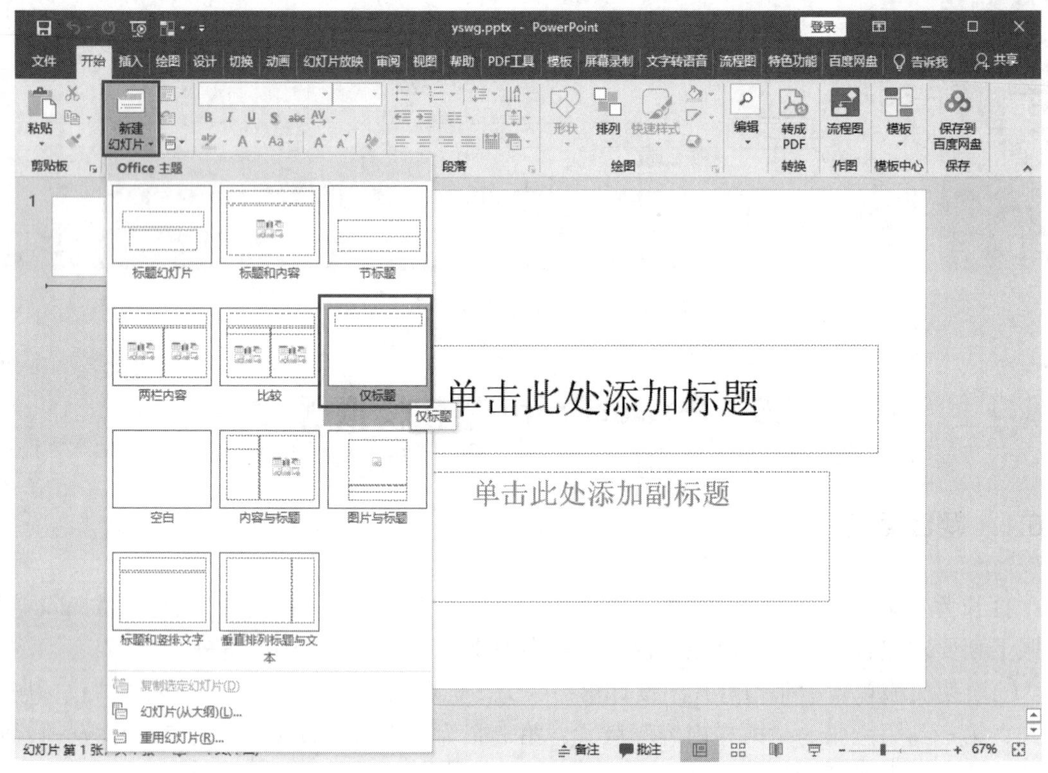

图 7-80 新建“仅标题”幻灯片

步骤 3：在“设计”选项卡下“背景”组中单击“背景样式”下拉按钮，在弹出的下拉列表中选择“设置背景格式”命令，弹出“设置背景格式”任务窗格，如图 7-81 所示，在“填充”选项卡下选中“渐变填充”单选按钮，单击“预设渐变”下拉按钮，选择任意一种颜色，然后单击“应用到全部”按钮，再单击“关闭”按钮。

（2）步骤 1：选中第一张幻灯片，如图 7-82 所示，在“单击此处添加标题”处输入“计算机发展简史”字样。在“单击此处添加副标题”处输入“计算机发展的四个阶段”字样。

步骤 2：选中第二张幻灯片，在“单击此处添加标题”处输入“计算机发展的四个阶段”字样。

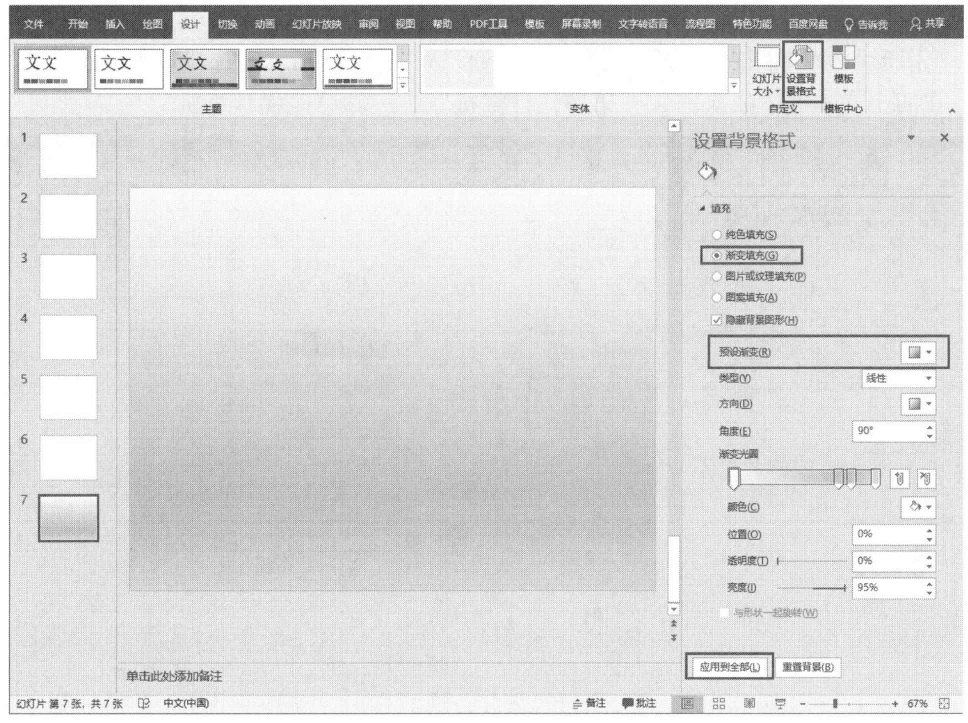

图 7-81 “设置背景格式”操作

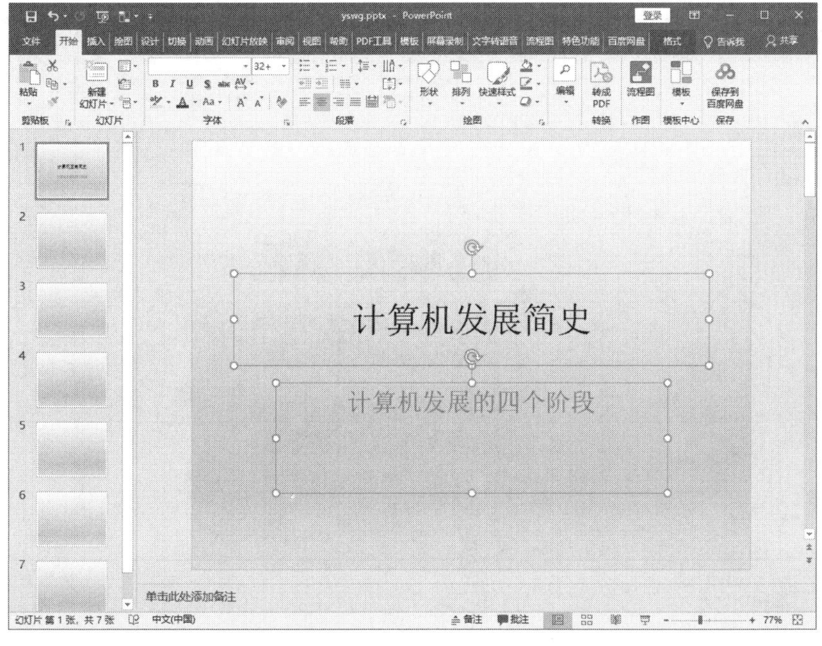

图 7-82 输入标题操作

步骤 3：选中第二张幻灯片，在“插入”选项卡下“插图”组中单击 SmartArt 按钮，弹出“选择 SmartArt 图形”对话框，如图 7-83 所示，选择“垂直框列表”，单击“确定”

按钮。此时默认的只有三个文本框，选中第三个文本框，在“SmartArt 工具–设计”选项卡下“创建图形”组中单击“添加形状”下拉按钮，如图 7–84 所示，选择“在后面添加形状”命令。在四个文本框中依次输入“第一代计算机”……“第四代计算机”。

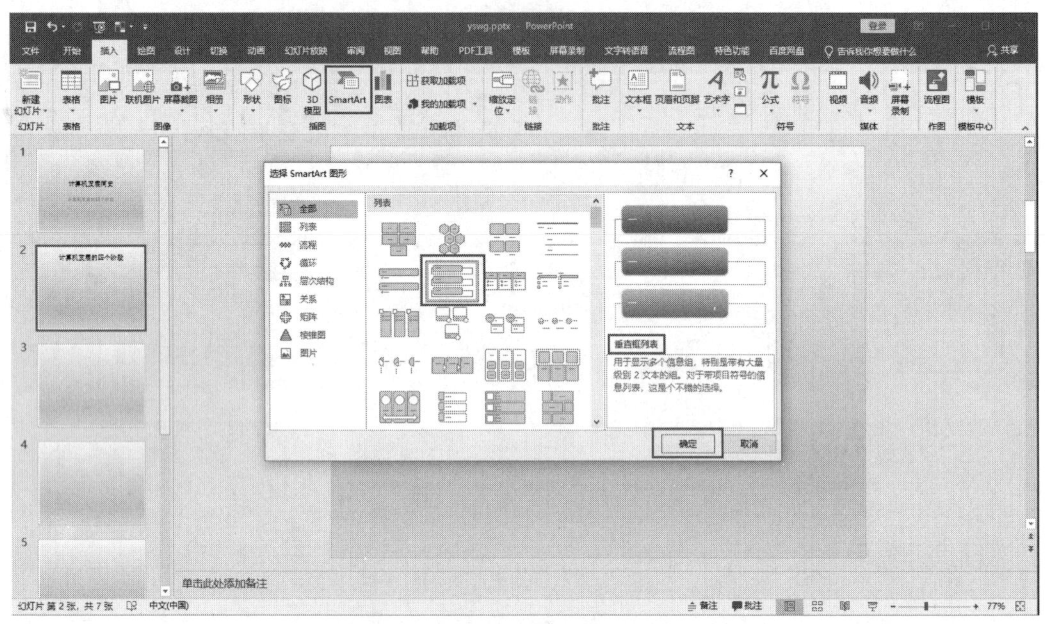

图 7–83 “选择 SmartArt 图形”对话框

图 7–84 “添加形状”操作

步骤 4：选中 SmartArt 图形，在“SmartArt 工具–设计”选项卡下“SmartArt 样式”组中单击“更改颜色”下拉按钮，如图 7–85 所示，选择任意一种颜色。

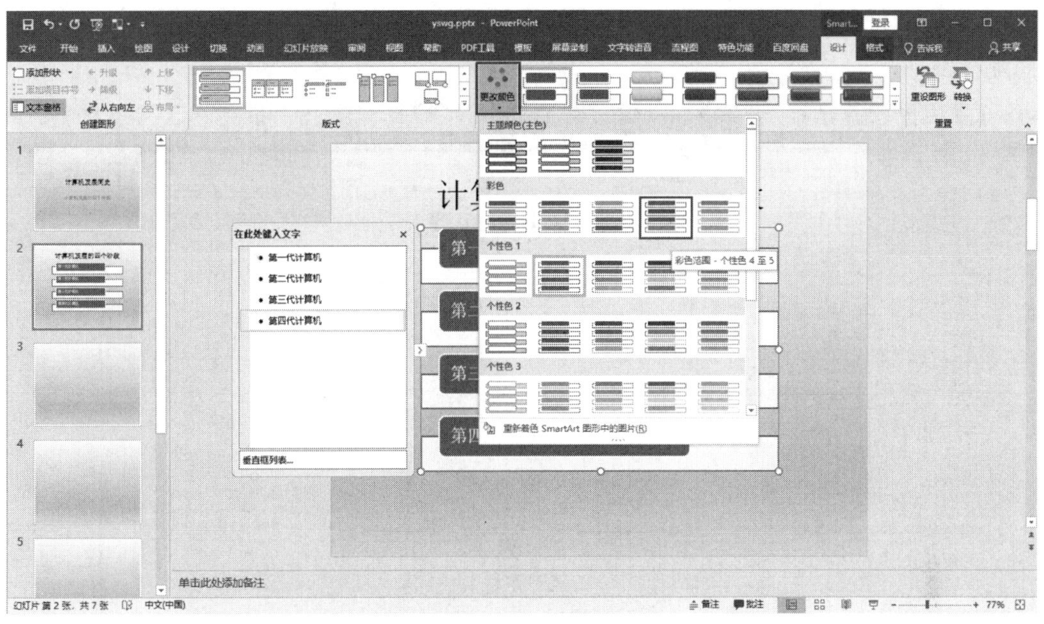

图 7-85　“更改颜色”操作

步骤 5：选中 SmartArt 图形，单击“开始”选项卡下“字体”组中的对话框启动器按钮，弹出“字体”对话框，如图 7-86 所示，可设置“中文字体”为“黑体”，“大小”为“28”，然后单击“确定”按钮。

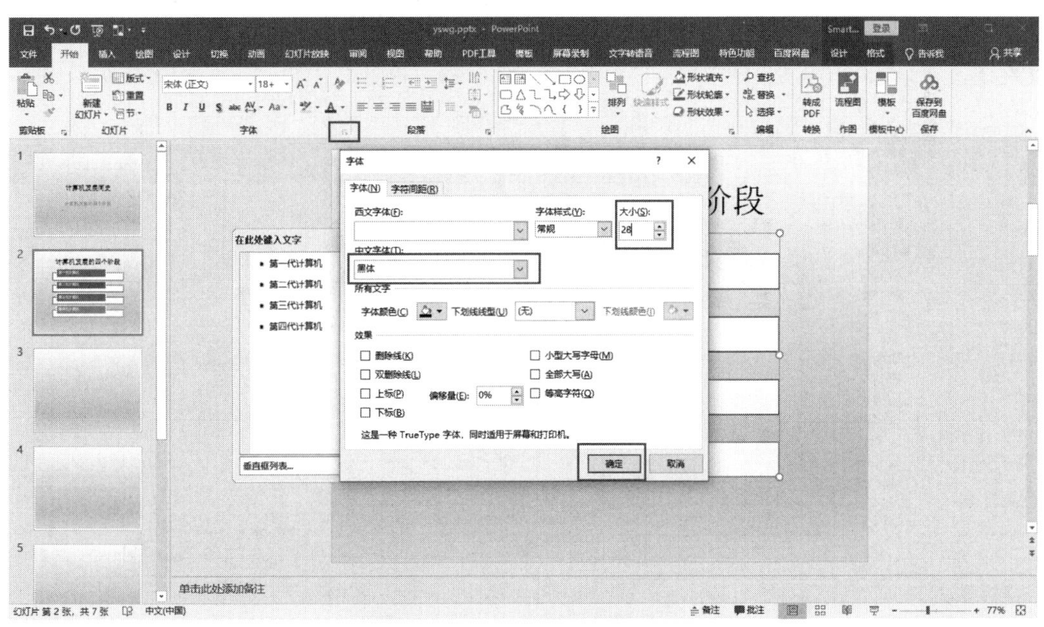

图 7-86　“字体”对话框设置

（3）步骤 1：选中第三张幻灯片，在“单击此处添加标题”处输入“第一代计算机：电子管数字计算机（1946–1958 年）”字样。将素材中第一代计算机标题下的文字内容复制粘贴到该幻灯片的左侧内容区，必要时删除多余空格。选中左侧内容区文字，单击“开始”

选项卡下“段落”组中的“项目符号”下拉按钮，如图 7-87 所示，选择“带填充效果的钻石形项目符号”。

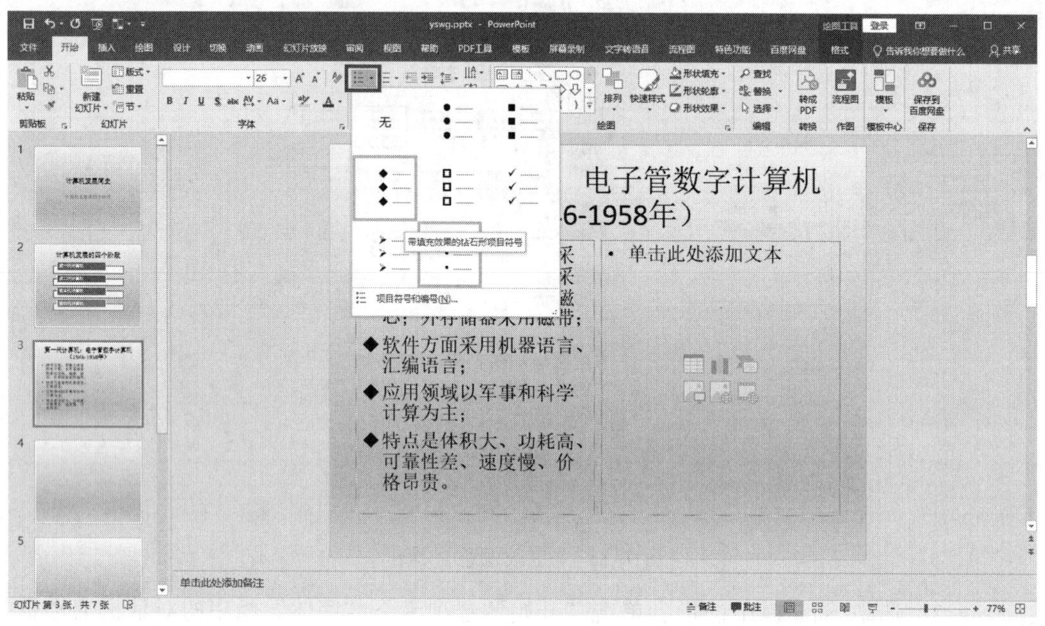

图 7-87　选择“项目符号”

步骤 2：选中右侧内容区，单击“插入”选项卡下“图像”组中的“图片”按钮，弹出“插入图片”对话框，如图 7-88 所示，从考生文件夹下选择“第一代计算机.jpg”，单击“插入”按钮。

图 7-88　“插入图片”对话框

步骤 3：按照上述同样方法，设置第四张至第六张幻灯片，效果如图 7-89 所示。

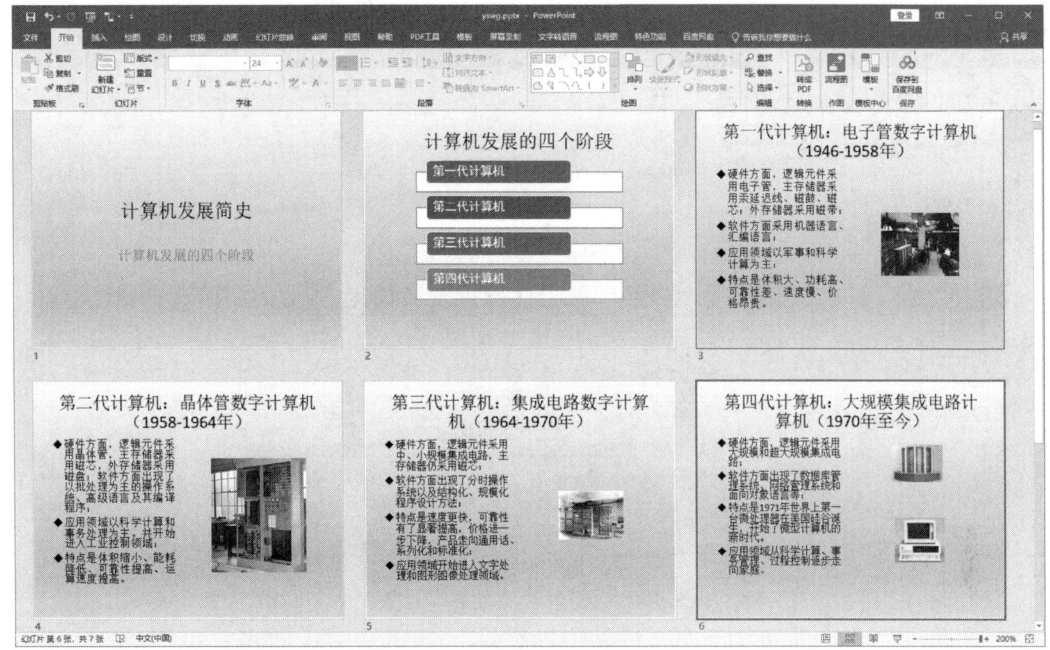

图 7-89　插入图片后的效果

步骤 4：选中第七张幻灯片，单击“插入”选项卡下“文本”组中的“艺术字”下拉按钮，任意选择一种艺术字样式，输入文字“谢谢!”，如图 7-90 所示。

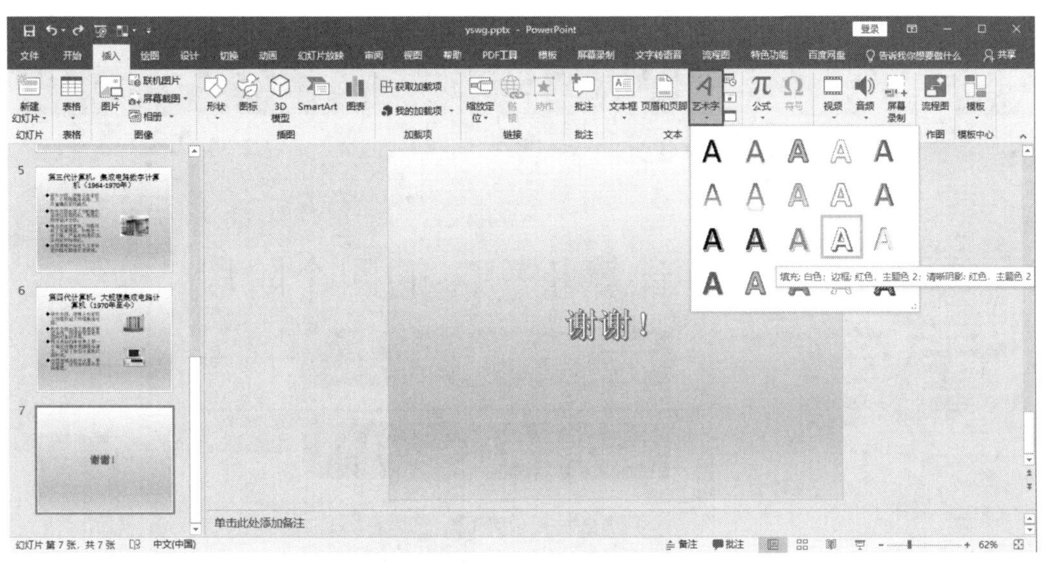

图 7-90　插入“艺术字”效果

（4）步骤 1：选中第一张幻灯片的副标题，单击“动画”选项卡，在“动画”组中选择一种动画效果，如图 7-91 所示，并按同样的方法为第三到第六张幻灯片的图片设置动画效果。

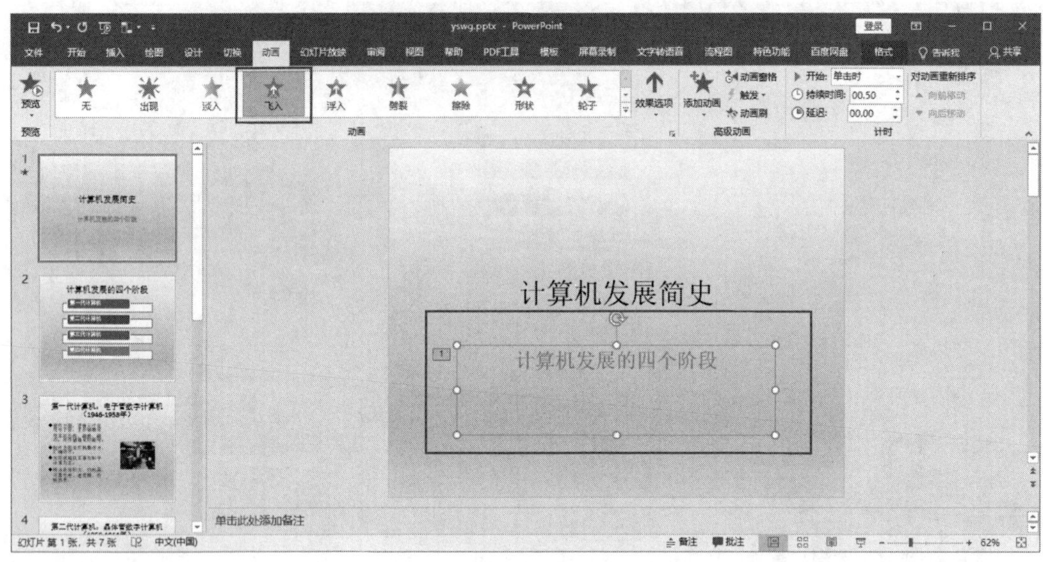

图 7-91　幻灯片“动画”设置

步骤 2：选中第二张幻灯片 SmartArt 图形中第一个文本框的文字内容，单击“插入”选项卡下“链接”组中的“链接”按钮，如图 7-92 所示，弹出“插入超链接”对话框，在“链接到:”下单击“本文档中的位置”选项，在“请选择文档中的位置”中单击第三张幻灯片，如图 7-93 所示，然后单击“确定”按钮。按照同样方法将剩下的三个文本框超链接到相应内容幻灯片。

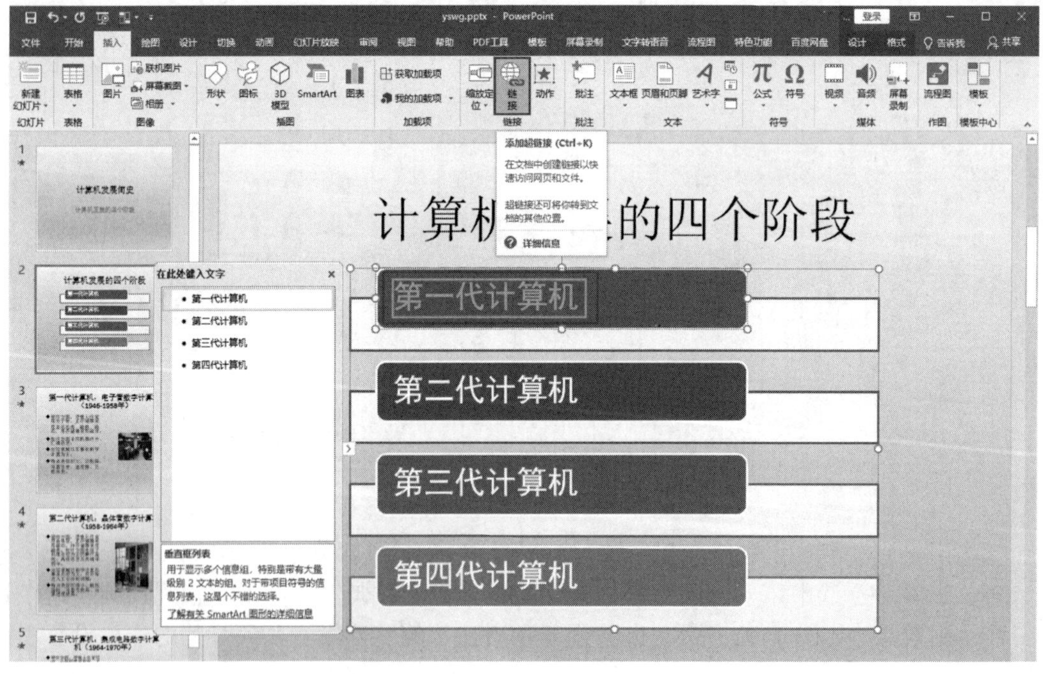

图 7-92　插入“链接”操作

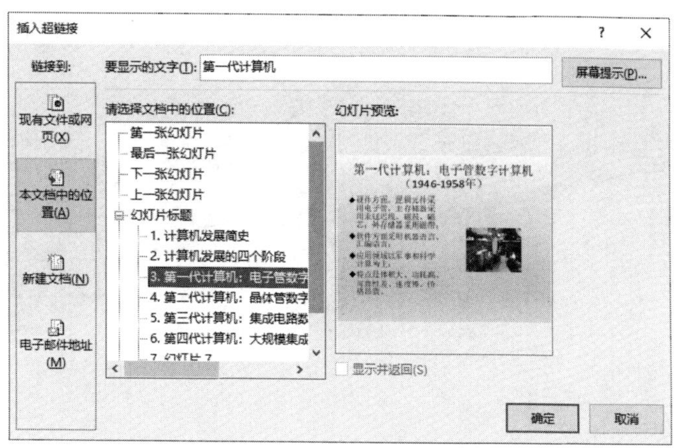

图 7-93　“插入超链接”对话框

步骤 3：在“切换”选项卡下“切换到此幻灯片”组中选择一种切换方式，再单击“全部应用”按钮，如图 7-94 所示。

图 7-94　“计时”设置及应用

步骤 4：保存并关闭文件。

附 录

习题参考答案

第 1 章 Word 2019 高级应用

一、选择题

1. A 2. B 3. D 4. A 5. C 6. D 7. A 8. A 9. A 10. A
11. D 12. A 13. C 14. D 15. B 16. C 17. D 18. D 19. B 20. C
21. C 22. D 23. B 24. D 25. D 26. C 27. B 28. C 29. D 30. C
31. B 32. D 33. C 34. D 35. C 36. D 37. A 38. C 39. C 40. D
41. C 42. C 43. D 44. D 45. C 46. A 47. C

二、判断题

1. √ 2. × 3. × 4. × 5. × 6. × 7. √ 8. × 9. × 10. √
11. × 12. × 13. × 14. × 15. × 16. × 17. × 18. × 19. √ 20. √
21. √ 22. √ 23. √ 24. √ 25. √ 26. × 27. × 28. × 29. √ 30. √
31. × 32. √ 33. √ 34. √ 35. √

第 2 章 Excel 2019 高级应用

一、选择题

1. A 2. D 3. B 4. A 5. C 6. C 7. C 8. B 9. B 10. B
11. D 12. A 13. A 14. B 15. B 16. C 17. A 18. C 19. A 20. D
21. D 22. B 23. B 24. D 25. D 26. B 27. D 28. B 29. A 30. A
31. A 32. A 33. D 34. B 35. B 36. B 37. C 38. A 39. B 40. A
41. B 42. B 43. D 44. A 45. A 46. C 47. A 48. C 49. C 50. D
51. B 52. D 53. A 54. A 55. C 56. D 57. B 58. B 59. C 60. A
61. B 62. D 63. C 64. C 65. A 66. D 67. C 68. D 69. B 70. A
71. D 72. C 73. D 74. B 75. B 76. D 77. A 78. A 79. C 80. C

二、判断题

1. × 2. √ 3. × 4. √ 5. × 6. × 7. × 8. √ 9. × 10. ×
11. × 12. √ 13. √ 14. √ 15. √ 16. √ 17. × 18. × 19. × 20. ×
21. √ 22. × 23. √ 24. × 25. √ 26. × 27. × 28. √ 29. √ 30. ×
31. × 32. √ 33. √ 34. × 35. √ 36. √ 37. × 38. × 39. × 40. ×
41. × 42. × 43. √ 44. √ 45. √ 46. × 47. √ 48. √ 49. √ 50. √
51. √ 52. × 53. √ 54. × 55. √ 56. √ 57. √ 58. × 59. √ 60. √

第 3 章　PowerPoint 2019 高级应用

一、选择题

1. A 2. B 3. D 4. D 5. C 6. A 7. D 8. A 9. D

二、判断题

1. √ 2. × 3. √ 4. × 5. × 6. √ 7. √ 8. √ 9. √